トランジスタ技術 SPECIAL

No.125

キロ・ワット超を制御する電力変換技術の実際

パワーエレクトロニクス技術教科書

CQ出版社

CONTENTS
トランジスタ技術 SPECIAL

共同執筆　伊東 淳一　伊東 洋一

特集　パワーエレクトロニクス技術教科書

第1章　まずは，パワエレって何？ から入りましょう
効率よく電気エネルギーを制御する技術……………………………………4
- 1-1 パワーエレクトロニクスとは？　■ 1-2 損失の小さいスイッチング増幅　■ 1-3 パワエレの難しさ　■ 1-4 実際のパワエレ装置のしくみ　**Column** パワエレは基本技術と理論がミックス！
- **Column** 単相三線式の電源　**Column** パワエレを変える次世代ワイドバンドギャップ半導体 GaN と SiC

第2章　弱電と強電の世界の常識と非常識
パワエレとほかの技術の違い…………………………………………………14
- 2-1 パワエレ技術の独特な部分　■ 2-2 相違技術　■ 2-3 共通技術　■ 2-4 発展技術
- **Column** 制御理論の発展によるパワエレ装置の発展

第3章　パワーエレクトロニクスの主役であるスイッチング素子を使いこなす
スイッチング用パワー半導体…………………………………………………24
- 3-1 パワエレのキモ：スイッチングで電力変換　■ 3-2 スイッチングにより発生する課題　■ 3-3 スイッチング素子の種類　■ 3-4 効率を考えたIGBTとMOSFETの上手な使い分け　■ 3-5 モジュールの利用　■ 3-6 スイッチング素子の簡易的な選定方法
- **Column** もっと知りたいあなたへ：ソフト・リカバリ特性と微小オンパルス

第4章　絶縁を理解してパワエレ回路を確実に動かす
強電部と弱電部の絶縁…………………………………………………………34
- 4-1 絶縁する理由　■ 4-2 スイッチング素子の駆動方法　■ 4-3 駆動回路部の絶縁方法　■ 4-4 駆動回路の電源の絶縁方法　**Column** 絶縁の定番素子フォトカプラを選定するポイント

第5章　弱電回路の世界と違い，大型部品が多いので，上手な使い方が小型化のポイント
コンデンサとリアクトル………………………………………………………46
- 5-1 パワエレにおける受動部品の役割　■ 5-2 パワエレによく使われるコンデンサ　■ 5-3 リアクトル　■ 5-4 受動部品の設計例　**Column** リプルの計算

第6章　スイッチング素子などの主要部品のパワエレ的に美しい配置とは？
確実に動かすための実装術……………………………………………………55
- 6-1 回路図にはないインダクタンス/キャパシタンス成分　■ 6-2 寄生インダクタンスの対策　■ 6-3 浮遊キャパシタンスの対策　■ 6-4 部品レイアウトのこつ　■ 6-5 主回路の電源構成　■ 6-6 ノイズ対策　**Column** スナバ・コンデンサの容量設計　**Column** ノイズの種類とその対策

● **本書の内容**

　パワーエレクトロニクス（パワエレ）は難しく捉えられがちですが，主回路（強電部）と制御回路（弱電部）に分けて考えれば，主回路は抵抗，コンデンサ，リアクトル（コイル），スイッチの四つしか出てきません．制御回路は，電子回路技術そのものです．ただし，大電力を扱う主回路と微小信号を扱う制御回路を一つの箱に入れるので，多少，違った感覚が必要になります．

　本書では電子回路技術と同じ部分と異なる部分に着目しながら，解説していきます．実際の部品選定や，設計して動かすにはどうしたらいいのかに重点を当てます．最後まで読めば，電気・電子工学の理論，技術を使って，あたかもブロックを組み立てるようにパワエレ機器が設計できるようになるでしょう．

　また，本書では，理解を進めるために太陽光発電用パワーコンディショナを例にとり，いろいろな技術を説明していきます．太陽光発電用パワーコンディショナは構成が簡単ですが，パワエレのさまざまな基本要素を含んでいます．太陽光発電用パワーコンディショナのしくみがわかれば，モータ駆動，スイッチング電源，充電器や無停電電源装置などさまざまパワエレ機器に応用できます．

CONTENTS

表紙・扉デザイン　ナカヤ デザインスタジオ（柴田 幸男）
本文イラスト・マンガ　いとう ころやす

No.125

第7章　高電圧・大電流と弱電が混在するパワエレならでは…
電圧や電流の検出回路　……………………………………………………　66
■ 7-1 検出回路の役割　■ 7-2 電圧検出　■ 7-3 電流検出　■ 7-4 位相検出　■ 7-5 異常発生時の検出とそのときの処理

第8章　大電力を扱うためコレが装置の大きさを左右する
パワエレ装置の冷却技術　…………………………………………………　74
■ 8-1 太陽光発電インバータのどこを冷やす？　■ 8-2 放熱フィンの熱抵抗の計算方法　■ 8-3 スイッチング素子の損失計算法　■ 8-4 ヒートシンクの選び方とスイッチング素子の取り付け方　■ 8-5 実際の装置　■ 8-6 熱流体解析ソフトウェアの利用

第9章　スイッチングによりどうやって電圧・電流が変換されているか
電力変換のしくみ　…………………………………………………………　86
■ 9-1 電力変換器の基本法則　■ 9-2 電力変換の基本回路とバリエーション　■ 9-3 出力電圧の制御　■ 9-4 相似回路：機械系と電気系の対応　■ 9-5 双対回路　Column 三相インバータの電圧利用率

第10章　電圧・電流を自在に制御するために…
制御理論とその使い方　……………………………………………………　97
■ 10-1 太陽光発電用インバータのどこを制御するか　■ 10-2 系統連系インバータの等価回路モデル　■ 10-3 パワエレで使う制御理論　■ 10-4 制御系の特性を表す便利なグラフ：ボード線図　■ 10-5 系統連系インバータのブロック線図

第11章　ハードウェアとソフトウェアの構成のコツ
制御装置の構成　……………………………………………………………　108
■ 11-1 太陽光発電用パワーコンディショナに見るパワエレ制御のためのハードウェア　■ 11-2 パワエレ制御装置を構成する七つの回路　■ 11-3 ソフトウェアの構成　■ 11-4 学習向けのパワエレ制御ボードFPEG-C　Column パワエレ制御装置のプリント板実装

第12章　帯域や安定性をねらい通りに設計する
制御系の構成方法　…………………………………………………………　120
■ 12-1 パワエレの電流・電圧制御系　■ 12-2 制御系の性能を表す三つの特性　■ 12-3 電流制御系のゲイン設計例：PI制御　■ 12-4 電流制御系のゲイン設計例：比例制御とフィードフォワード制御　■ 12-5 机上計算を現実のものにする　■ 12-6 実際は離散時間系も混在する　Column 規格化による設計　Column 制御系の性能を上げるヒント

第13章　作る前に帯域や安定性をパソコンで確認する
パワエレ装置の設計とシミュレーションの活用　…………………………　136
■ 13-1 設計のケーススタディ　■ 13-2 パワエレ用シミュレーション　■ 13-3 設計の最適化

第14章　いろいろなものと融合するパワエレの果てしない広がり
実用化技術と発展技術　……………………………………………………　146
■ 14-1 太陽光発電用パワーコンディショナの実用化技術　■ 14-2 単相交流から三相交流への発展　■ 14-3 系統連系インバータから交流モータ・インバータへの発展　■ 14-4 最後に　Column 回転磁界とモータの回る原理　Column 究極の交流-交流電力変換器 マトリックス・コンバータ

索引　………………………………………………………………………………………　158
執筆者紹介　………………………………………………………………………………　160

▶ 本書の各記事は，「トランジスタ技術」に掲載された記事を再編集したものです．初出誌は各章の章末に掲載してあります．記載のないものは書き下ろしです．

第1章 効率よく電気エネルギーを制御する技術

まずは, パワエレって何? から入りましょう

本章では, パワーエレクトロニクスの使われているところを紹介し, 基本であるスイッチングを使う理由やパワエレの難しさ, 実際のパワエレ装置などを紹介します. パワエレのイメージをつかんでください.

1-1 パワーエレクトロニクスとは?

● 電気の形を使いやすく変える技術

太陽光をはじめとする再生可能なエネルギーによる発電が脚光を浴びています. 節電の観点からはLED照明, 家電製品の省エネルギー化も注目されています. 電気は光, 熱, 動力に変換できる便利なエネルギーなので, さまざまな場所で使われています. しかし, 省エネルギーを達成するには, その用途にあうように電気の形(交流・直流, 周波数, 大きさ)を変える必要があります. このように電気を上手に使うために電気の形を変える技術が「パワーエレクトロニクス」, 略してパワエレです.

● 電気を利用するところすべてにパワエレあり

図1に示すようにパワエレという技術は, 電子回路技術(アナログ, ディジタル, CPU)と電力技術, 制御技術が融合されています.

最近は, スマート・グリッド, ハイブリッド・カーや電気自動車など, ますます利便性と省エネルギーが求められています. パワエレは, 市場の発展とともに,

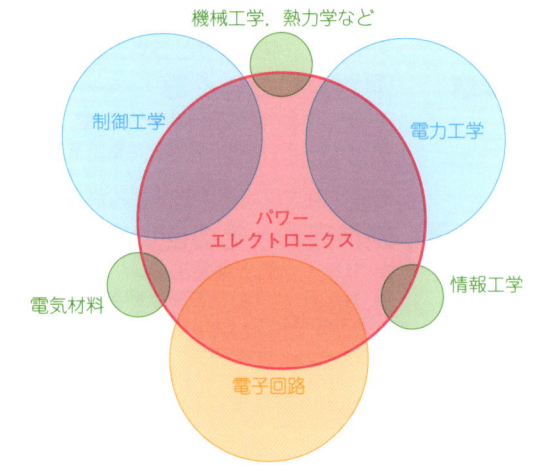

図1 電子回路や電力工学, 制御工学の技術が融合した「パワーエレクトロニクス」

いろいろな技術分野と融合しています. 例えば, サーバ用電源を極限まで小型化, 高効率化するために, 熱力学, 流体, 構造解析, 電子材料の技術も必要です.

パワエレは「電気を上手に使うために電気の形を変える技術」であり, 図2に示すようにさまざまな装置

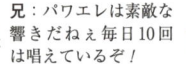

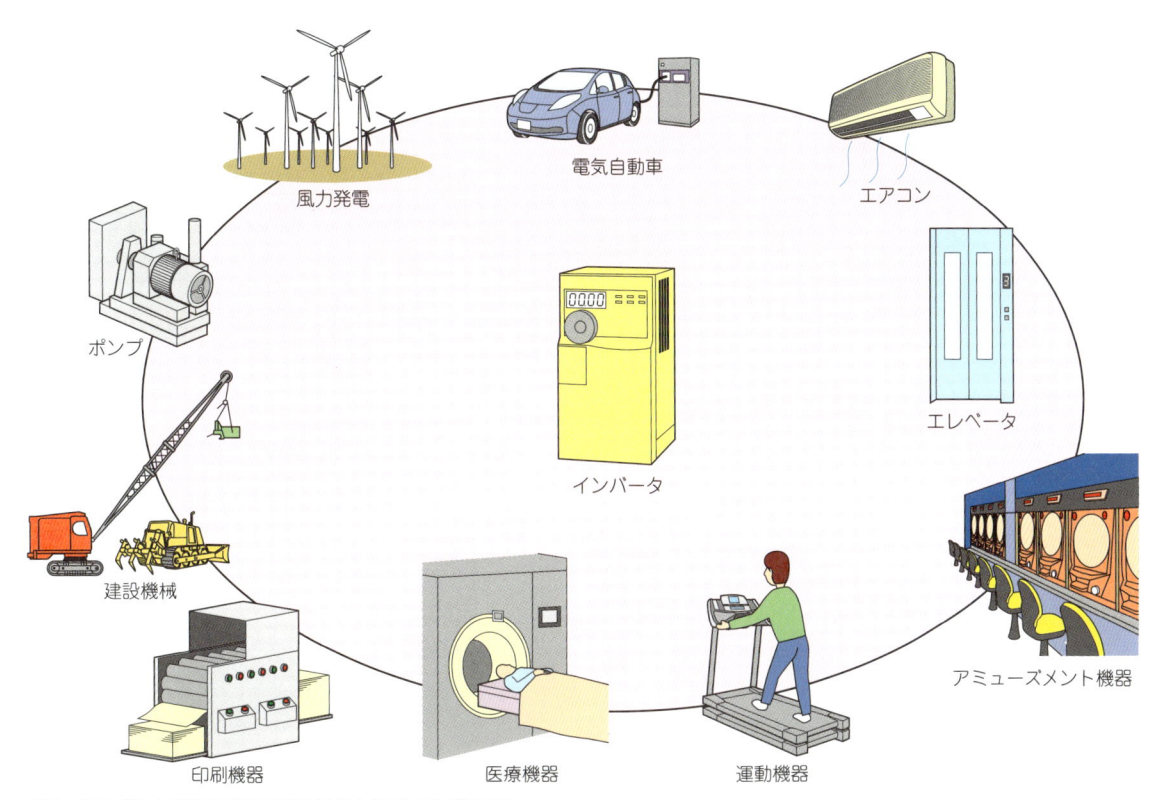

図2 さまざまな産業や家庭で盛んに使われているパワエレ

に使われています．みなさんが電気を使っていれば必ず「パワエレ」のお世話になっているハズです．携帯電話，パソコンのアダプタ，液晶テレビ，照明，エアコン，冷蔵庫，洗濯機，エレベータ，電気自動車，鉄道，アミューズメント施設の動力，工場で使用されるコンベア，クレーン，ファンなどきりがありません．ただ，潜んでいるのでなかなか気が付きません．悲しいかな「潜んでいる」っていうのが悩ましいですね．

● パワエレ装置の構成例

図3に示すのは，パソコンや液晶テレビなどに搭載されている電力の回路ブロック図です．電力変換器とは，交流から直流，直流から交流に変換したり，電圧や電流の大きさや周波数を変えたりする装置のことです．パソコンや液晶テレビにはさまざまな電力変換器が中に入っていて，安定した電力を供給しています．

図4のように今話題のスマートグリッドやスマートハウスでは，電力を上手に貯蔵し消費することが重要

うさぎ：パワエレはすごいエレキ・ギターの略だとおもったよぉ

1-1 パワーエレクトロニクスとは？　5

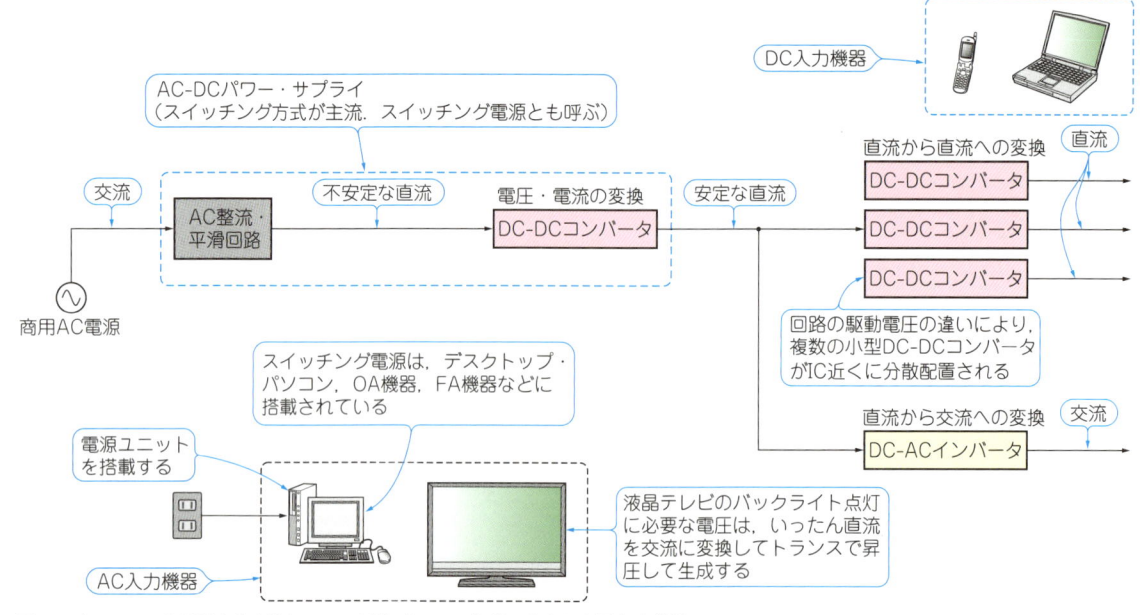

図3 パワエレにより電力を変換してテレビやパソコンなどに安定した電力を供給

　です．これは自然エネルギーを使った家屋の将来像です．どこにどのような電力変換器が使用されているのか一例を示します．

　太陽光パネルとのインターフェースの他にも，電気自動車，燃料電池，風力発電機などで電力変換器が必要です．さらに，これらの電力変換器に指令を送るコントローラが重要です．コントローラは発電状態やバッテリの状態に応じて，最大効率になるように電力の発電と貯蔵を決め，各電力変換器に指令を送ります．将来，コントローラがなくなり，各電力変換器が自分自身で考えて動作する可能性もあります．

● **小信号の電子回路との比較**

　パワエレ装置は大きな電流・電圧を扱います．周波数は高くありません．電圧と電流は瞬時値として扱い，高速に制御します．電圧や電流を調整する速さを示す制御時定数で言えば，パワエレではミリ秒の単位です．

　図5にパワエレの扱う電力容量と周波数の関係を示します．電子回路で高周波といえば，数十MHzからGHz帯を指すと思いますが，パワエレの世界では数

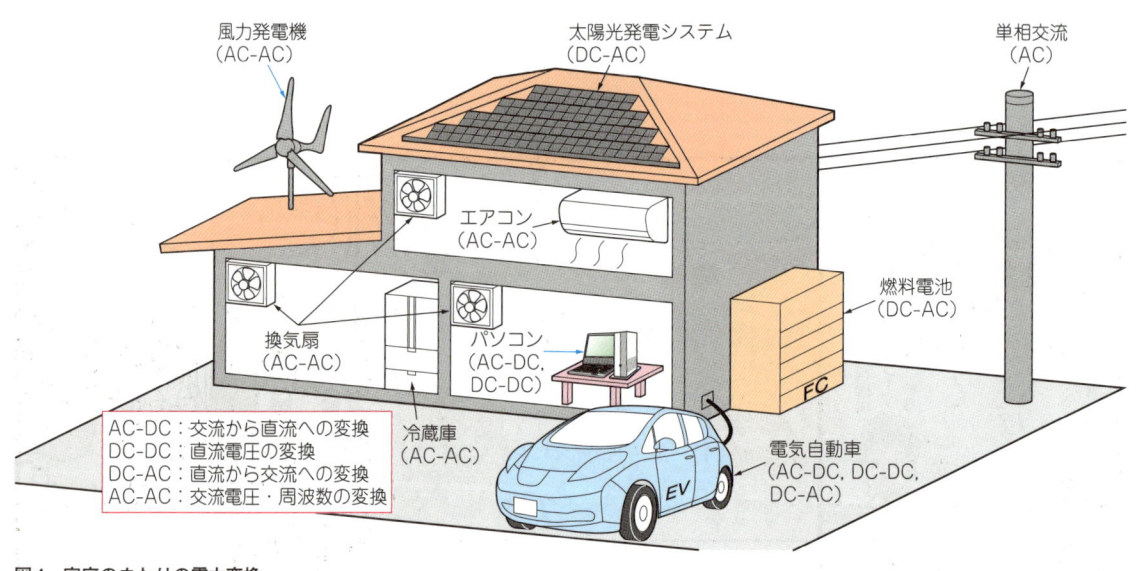

図4　家庭のまわりの電力変換
身のまわりの至るところで上手に電力変換している．

6　第1章　効率よく電気エネルギーを制御する技術

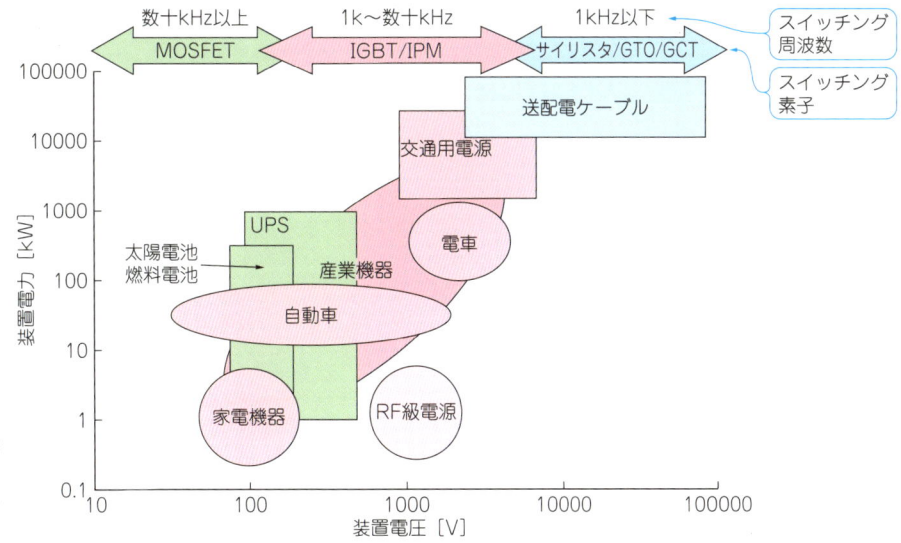

図5
パワエレで扱う電圧とスイッチング周波数
大電力になるほど，スイッチング周波数は低くなる．

十kHzでも「高周波スイッチング」という言葉を使います．

扱う電圧と電流は非常に大きくて，電子回路では数十V（アナログ回路の電源でも±15V程度）ですが，太陽光インバータでは，接続する交流電源に応じて，100V，200V，230V，400Vなどの電圧があります．直流部の電圧は800～1200V程度です．電流についても同様で電子回路では1A，2Aはパワー・アンプの領域ですが，パワエレでは，「小電流」といった感覚です．用途によっても異なりますが，家庭用の太陽光発電用パワーコンディショナで，4k～7kW程度なので，扱う電流は40A以上です．一方，携帯電話の電源電力は，数Wですが，この電源にもパワエレの技術が詰まっています．

以上のようにパワエレが使われている分野は幅広く，本書では，主に1kW以上の電力を扱うパワエレを説明します．

1-2 損失の小さいスイッチング増幅

● 効率はもっとも重要な性能

パワエレの最大の特徴は半導体によるスイッチング動作を使うことです．これは何故でしょうか？

太陽光パネルの出力にパワー・アンプをつないで，DC-AC変換すると交流電圧を得ることができます．このとき，効率が問題となります．パワー・アンプにはA級，B級などの回路方式（動作モード）がありますが，B級アンプの最大理論効率は78％と低く，10kWの装置であれば，2.2kWも熱で捨てることになります．

この問題を解決できるのが，スイッチング技術です．電子回路の世界ではD級増幅と呼ばれます．kWクラスの大容量では単に単相の交流信号の増幅だけでなく，直流電圧の大きさを変換したり，三相交流を出力したりと，さまざまな形を扱うため，単なるD級増幅とは区別して扱うことが多いです．

スイッチングを用いると，理論的には最大効率は100％となります．このため，大電力を扱う世界ではスイッチング動作により，電圧，電流または電力を調整します．

図6に線形増幅（A級）とスイッチング増幅の違いを示します．線形増幅ではトランジスタに常に電圧が加わった状態で電流が流れます．トランジスタによる損

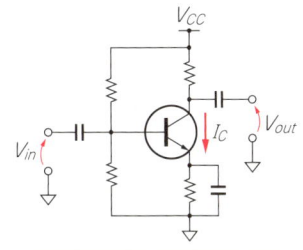

トランジスタに I_C V_{CE} の損失が発生する

（a）線形増幅

スイッチONのとき，$V_{CE}=0$
スイッチOFFのとき，$I_C=0$
理想的には効率100％

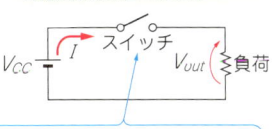

スイッチのON/OFFの時間比率を変えることで負荷の電圧の平均値を制御する（PWM変調信号）

図6 スイッチング増幅による高効率化

（b）スイッチングによる電圧制御なら原理的に効率100％

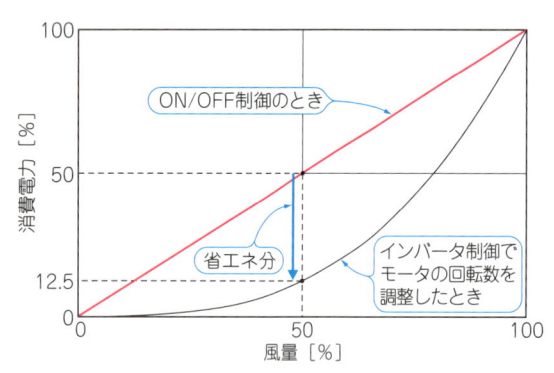

図7 インバータを使うとON/OFF制御に対して省エネになる理由
モータの回転数を変えたとき，消費電力は風量の3乗に比例する．風量50％の場合，インバータ制御により電力消費量は1/8になる．

失は電流×電圧で発生します．スイッチング増幅では，スイッチがONしていれば，電圧はゼロです．スイッチがOFFしていれば，電流はゼロです．従って，常に電流×電圧はゼロとなり，原理的に損失は発生しません．

　負荷に供給する電力はスイッチのON/OFFの時間比率を調整することで，制御できます．スイッチのタイミングを調整する電力より，遙かに大きい制御された電力を負荷に供給できます．

　スイッチのON/OFFの調整を数k～数百kHzで行いますが，機械式のスイッチでは高い周波数でスイッチングできません．そこで，IGBTやパワーMOSFETなどの電力用半導体素子を使うわけです．

● **エアコンの省エネ効果**

　そもそも「電気を上手に使う」とはどういうことでしょう？身近にある省エネ効果が大きいエアコンを例に説明しましょう．

　エアコンは冷たい空気を出すために，一度冷媒を圧縮して温度を上げ，それをラジエータで冷やしてから再び膨張させることで，元の温度より低い気体を得ます．それを熱交換して室内に送り込みます．この圧縮させるときにコンプレッサを使用しますが，このコンプレッサの駆動にインバータが使われます．

　図7のようにポンプやコンプレッサでは，モータの回転数を変えて風量を調整します．このとき消費電力は送り出す風量の3乗に比例して増加します．例えば，コンプレッサから送り込む風量を1/2とすれば，モータの回転数をインバータで調整すると，消費電力は1/8（＝1/2³）となります．ON/OFF制御では，100％流量か0％流量の時間的な平均で流量1/2になります．このときは，消費電力も100％出力の1/2の50％です．インバータでモータの回転数を調整すれば，消費電力は約40％（＝1/2－1/8＝3/8）の省エネです．

● **太陽光発電の高効率化技術**

　太陽光発電でも，「電気を上手に使う」は大事なポイントです．太陽光パネルは理想電源ではないので，電流をたくさん取ると電圧が下がってしまい，取りすぎると電圧はゼロになってしまいます．また，電流を取らないと電力は取り出せません．そこで，常にパネルの電力が最大になるように，電圧の大きさを見ながら電流を調整し電力を制御することで，太陽光パネルが受ける太陽エネルギーを最大限活かすことができます．これを最大電力制御と言います．

＊

　このようにパワエレは，IGBTやMOSFETなどの半導体スイッチング素子を使って電力を制御して「電気を上手に使う」技術なのです．そのため，電気エネルギーを利用しているほとんどのところで，活躍しています．

1-3　パワエレの難しさ

● **エネルギーを送るのが大事**

　電子回路で扱う小信号モデルの世界とパワエレの世界は何が違うのでしょうか？最も大きな違いは，パワエレでは，エネルギーを扱うことです．信号の場合は，アナログにせよ，ディジタルにせよさまざまな手段で情報を伝えますが，パワエレでは，エネルギーを「送る」ことが重要です．

● **回路構成とパワエレならではのこと**

　図8にパワエレの装置の構成を示します．パワエレ装置は，
①電力変換する主回路
②主回路のスイッチング素子をON/OFFさせるタイミングを決定したり，過電流か過電圧から破壊を防ぐための保護を行ったりする制御回路
③主回路や電源，負荷の状態を検出して制御回路に伝える検出回路
④速度，位置，トルク，電力などの物理量の目標値を与えたり，装置を起動/停止などを行ったりするインターフェース部
から構成されています．

▶**ポイント1：回路図にない要素を考える**

　実際のパワエレ装置には，配線抵抗，配線インダクタンス，浮遊容量，絶縁，発熱，冷却，構造などさまざまな要素がでてきます．

　図9に主回路の構成例とそれに付随する寄生要素を示します．回路図に現れませんが，ノイズ低減，損失低減，小型化の観点から，実際に設計する際には重要な要素です．

▶**ポイント2：さまざまな物理量を扱う**

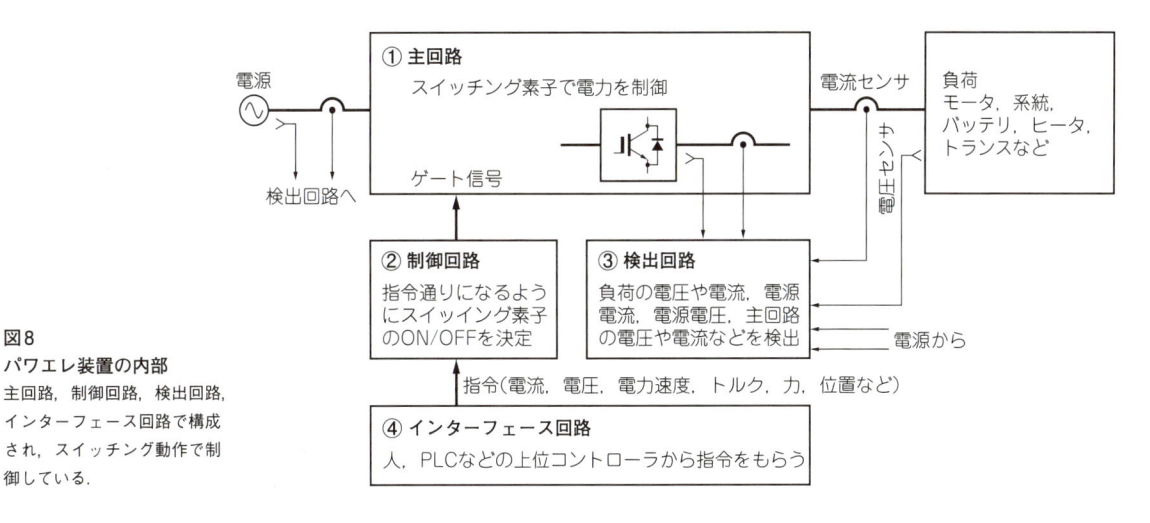

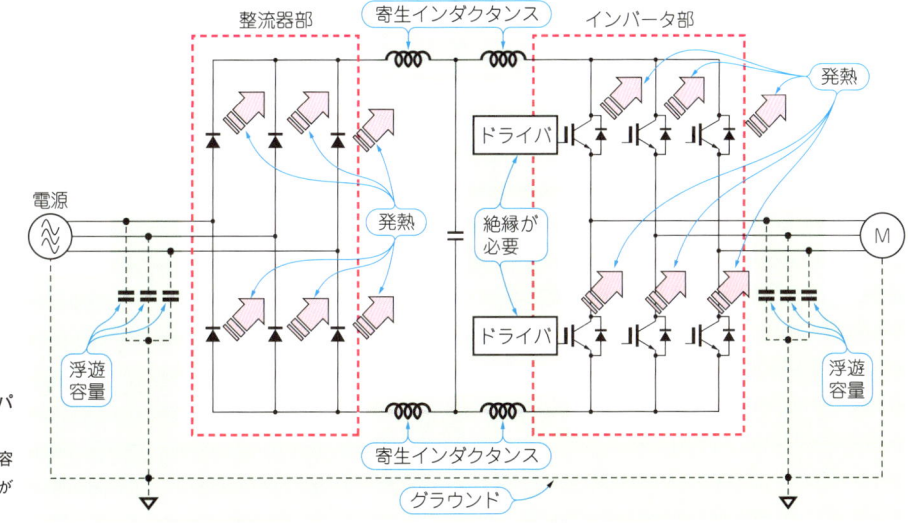

図8
パワエレ装置の内部
主回路，制御回路，検出回路，インターフェース回路で構成され，スイッチング動作で制御している．

図9
主回路で考慮する寄生パラメータ
配線インダクタンス，浮遊容量，絶縁，発熱などの要素が実際の回路にはある．

　用途によって，OPアンプでのアナログ制御やマイコン，DSPによるディジタル制御を使って，パワエレの世界では位置，速度，回転数，トルク，力，電力，電圧，電流などさまざまな物理量を制御します．これらはエネルギーを持っており，正確に無駄なく制御するためにはフィードバック制御がよく使われます．例えば，電流，電圧を扱う場合には1 ms以下の時間でフィードバック制御を行うので，うかつにフィルタなどの時間遅れ要素を入れられません．フィードバック制御ではループ内に遅れ時間があると，応答が低下してしまいます．また位置や力などを扱うときは機械系の剛性が問題になります．機械系の共振を考えた制御系を構築する必要が出てきます．

▶ポイント3：高電圧な主回路と他の回路は絶縁する

　負荷や電源，場合によっては主回路内部の電流と電圧を検出して，制御回路の扱える電圧レベルに変換します．主回路が扱う高電圧が制御回路に加わらないように，絶縁が必要です．場合によっては非絶縁のままにすることもあります．ディジタル制御で行うにしても電流と電圧の検出はアナログ回路です．発熱体(主回路)のすぐ近くにある制御回路は影響を受けて温度ドリフトします．

　インターフェース部は人間や他の機器とのインターフェースを行うため安全上，絶縁が必要です．また，上位コントローラとの共通プロトコルへの対応やさまざまな通信方式への対応が必要です．

▶ポイント4：主回路から発生するノイズを対策する

　EMC(ノイズ)も重要な問題です．電子回路でもノイズの問題は悩ましいですが，パワエレは同じ装置の中に，ノイズ発生源である主回路と制御回路を詰め込む必要があり，外に出すノイズ，外から受けるノイズだけでなく，自分自身の出すノイズとの戦いもあります．

　主回路のスイッチング周波数は数kHzから数十kHzです．スイッチング素子のオン時間，オフ時間は数十〜数百nsと非常に短い時間で，数百V，数十Aの電圧電流が変化するので，大きなノイズを発生します．

1-3　パワエレの難しさ　　9

太陽光発電用インバータだと，キャリア周波数は10 kHz程度，直流電圧は約300 Vです．それがIGBTなどのスイッチング素子を使うと，300 Vを200 ns程度で遮断します．つまり，1500 V/μsのスピードで遮断するので，そのときに出る放射電界は，かなり大きくなります．

● 注意しなくてはいけない設計のポイント

浮遊容量があれば漏れ電流も発生します．パワエレの場合，ノイズの発生限となる主回路が制御回路のすぐ横にあります．想像してみてください．20×20 cm程度の同じ基板上で300 Vの配線と，DSP，マイコン用の3.3 Vや1.5 Vの信号が混在しています！ノイズ低減，絶縁，放熱のためには距離を取らねばならず，配線抵抗やインダクタンスを減らすためには極力近づけなくてはならず，しかも，アナログとディジタルも混在しています．こんな基板屋泣かせの基板が他にあるでしょうか？このようなものを，どうやって設計すれば良いのでしょうか？

筆者らの経験から言わせてもらうと，パワエレはしょせん融合技術なので，関連する技術をもう一度基本に立ち返って理解し，設計すれば良いのです．主回路と制御回路でアースが共通となる場合でも「一点アース」が基本なのは変わりません．難しいですが，逆にいうとパズルのようでおもしろいです．

1-4　実際のパワエレ装置のしくみ

● 太陽光発電に使うパワーコンディショナの例

太陽光パネルは直流しか出力できないので，交流に変換する装置が必要です．この時利用する電力変換装置をパワーコンディショナと呼んでいます．パワーコンディショナとは太陽光発電用インバータに系統連系するための保護装置がついたものを言います．

一口に太陽光発電用パワーコンディショナと言っても，家庭用，産業用，メガ・ソーラ向けなどさまざまなものがあります．主回路は同じような回路で使われている技術はそれぞれ共通していますが，設計コンセプト（例えば効率重視か，コスト重視なのか，小型軽量重視なのか）がかなり違います．

太陽光パネルから出力される電圧と電流は直流なので，パワーコンディショナで交流に変換します．交流

パワエレは基本技術と理論がミックス！ Column

パワエレの始まりは，1957年，サイリスタが発明されてからだと言われています．ちなみにトランジスタの発明は1947年ですのでその10年後です．1970年代に入るとパワートランジスタが実用化され，1980年代後半には今主流のパワー MOSFETやIGBTが実用レベルになり，製品に使われるようになりました．パワエレはスイッチング素子の技術革新とともに発展してきました．

第1世代をサイリスタ，第2世代をパワートランジスタ，第3世代をパワー MOSFET，IGBTと言えるでしょう．サイリスタは，図5にもある通り，高圧大電流のパワエレでは，いまだに王座の位置にいます．50年以上，使われているというのは世の中あまり例にないかもしれません．まさにキング・オブ・パワエレですね．このような歴史の流れの中，筆者らがパワエレの世界に入ったのは20年以上も前で，パワエレの第2世代と第3世代の切り替わりの時です．

筆者らがパワエレ世界に足を踏み入れた当時，パワエレの教科書というのはありませんでした．なにやら電気学会より「半導体電力変換回路」という高価で難しい本はありました．浅学非才な学生だったので，理解困難でしたが，今になって思えば，なか

なか味のある本でした．絶版となったのが悔やまれます．結局は，学部の時に使った教科書を再学習しました．授業では何に役に立つのかわからなかった難しい式も，「なるほどこういう風に使うのか．便利！」と感動したものです．

昔話が長くなりましたが，小信号との違いは，下記の教科書をひも解けば理解できるわけです．

発熱：熱力学
絶縁：電気材料
配線インダクタンス，浮遊容量：マイクロ波工学，電磁気学
制御遅れ：制御工学，過渡現象
電圧，電流：電気工学，電力工学，送配電工学
速度/位置検出：物理学

このようにパワエレ機器では，実装面積が広く，浮遊のインピーダンスや自分自身がノイズを出すことから理論設計と実際の間に大きな開きがあり，これらをエンジニアは「経験」で埋めています．しかし，だんだん製品が小型化，高効率化，高性能化してきて「経験」だけでは追いつけません．本書では，「経験」に基づきながら，少しずつ理論を交えて，このすき間を実践的に埋めていきます．

に変換された電力は，100 Vの系統を介して，家庭内のエアコンや洗濯機など一般機器に供給されます．電力が不足する場合は，電力系統から電力を受電し，過剰な場合は電力を回生(売電)します．系統の停電時などは，電力系統からパワーコンディショナを切り離して，自立運転することで，系統が停電しても家庭の電気機器を使うことができます．

実際に日本ではパワーコンディショナは単相三線式がよく用いられます．単相三線式の場合，直流部のコンデンサを二つの直列接続で構成して，その中点をグラウンド(中性線)に接続する方法や，出力フィルタのコンデンサを2直列にして，中点をつくって，グラウンドにする方法があります(詳細はColumn参照)．

● パワーコンディショナの内部回路

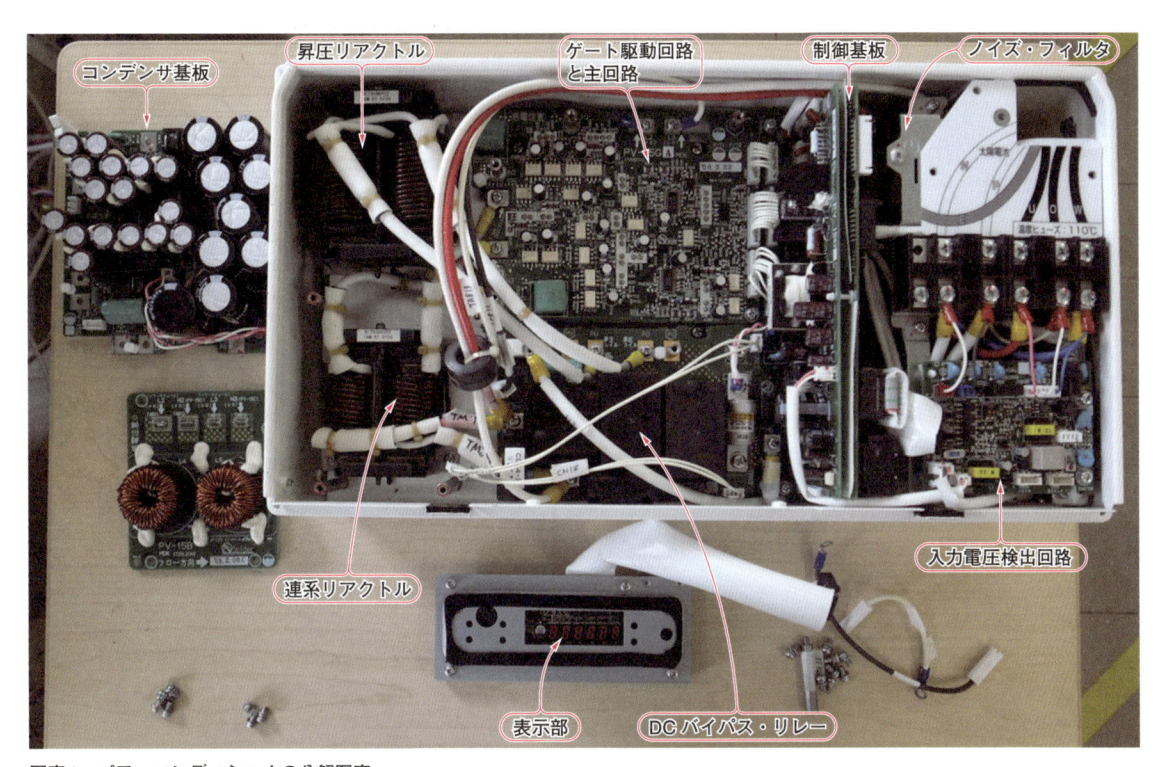

写真1はパワーコンディショナの分解写真の例です．一つの箱の中に大電流を流す連系リアクトルや昇圧リアクトル，数百Vを平滑するコンデンサ基板が入っています．DCバイパス・リレーは太陽電池パネルの発電電圧が大きいとき，昇圧チョッパをバイパスします．これらは数Aの電流が流れるため，大きな部品です．

太陽電池の電力を制御する制御基板や入力電圧を検出する基板などのアナログ回路やディジタル回路もこれらの部品の近くにあります．写真1では見えませんが，ゲート駆動回路基板の下にパワー素子があります．このように弱電と強電が混在し，一つの箱の中に入っていることがパワエレの難しさの一因です．

図10にパワーコンディショナの構成例を示します．この構成例は原理を説明しやすいように周辺機器や主回路の高周波絶縁を省略していますが，基本的な回路と機能の構成を示しています．詳細は次章以降で説明していきます．パワーコンディショナの主回路は，
①太陽光パネルの電圧を制御するチョッパ回路
②電源と接続(連系)するインバータ
③インバータの高調波やノイズを低減するフィルタ
からなります．製品によっては，絶縁のため，チョッパとインバータ間に絶縁型DC-DCコンバータが挿入されます．絶縁型DC-DCコンバータは，直流をいったん数十kHzから数百kHzの交流に変換し，トランスで絶縁して再び直流に戻します．いったん高周波にすることにより，トランスを小さくできます．

▶電力が最大になるように太陽光パネルからの電流を制御する

制御回路は
①太陽光パネルの電圧，電流，電力系統の電圧，インバータの電圧を検出する検出部分と，
②最大電力制御や系統連系を制御するマイコン部，
③パワー・デバイスを駆動するドライブ回路

写真1 パワーコンディショナの分解写真
主回路，制御回路，検出回路やリアクトル，コンデンサなどが一つの箱に詰まっている．

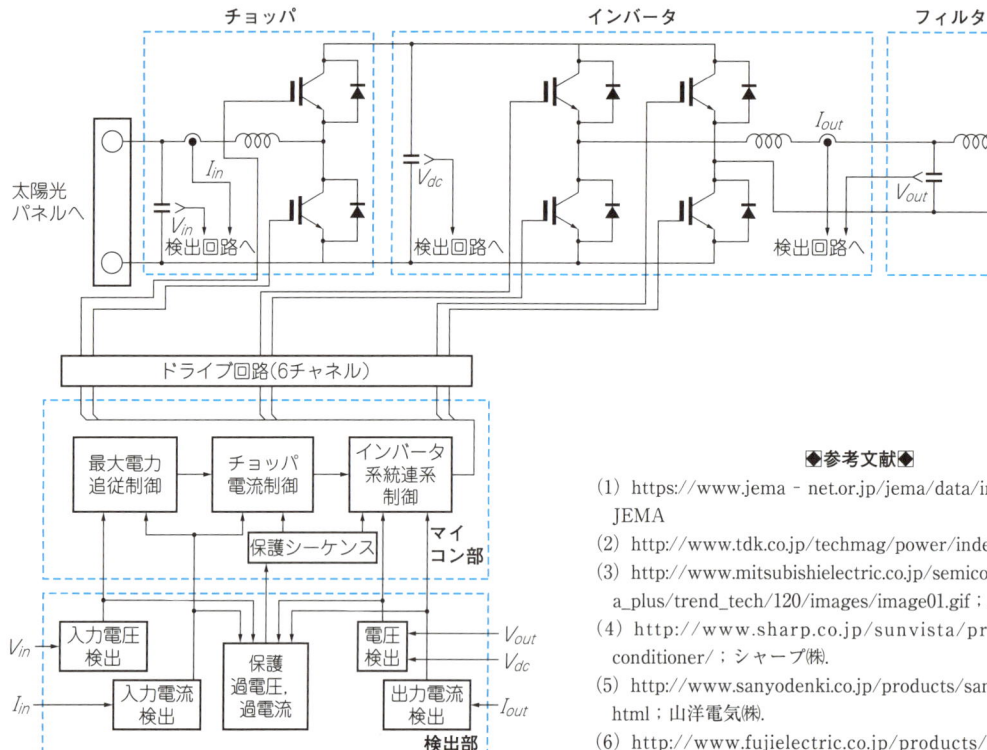

図10 太陽光発電用パワーコンディショナのブロック線図
今後各章で回路や機能に焦点を当ててパワエレを解説していく.

◆**参考文献**◆
(1) https://www.jema-net.or.jp/jema/data/inverter005.pdf；JEMA
(2) http://www.tdk.co.jp/techmag/power/index.htm；TDK㈱.
(3) http://www.mitsubishielectric.co.jp/semiconductors/triple_a_plus/trend_tech/120/images/image01.gif；三菱電機㈱.
(4) http://www.sharp.co.jp/sunvista/product/power_conditioner/；シャープ㈱.
(5) http://www.sanyodenki.co.jp/products/sanups/pvinverter.html；山洋電気㈱.
(6) http://www.fujielectric.co.jp/products/power_supply/conversion/power_conditioner/megasolar.html；富士電機㈱.

（初出：「トランジスタ技術」 2012年5月号）

からなります．
　太陽光パネルで発電する電力は光量によって，変化します．その変化に応じて電力が最大になるように，チョッパから引き込む電流（太陽光パネルから取る電流）を制御します．チョッパの出力側は系統連系できるように，系統電圧の最大値より十分高い電圧に制御します．

▶ **電流と電圧を同相に制御する**
　インバータ部では，系統に連系する電流を電源電圧と同相（力率1）で，かつ正弦波になるように制御します．系統に流し込む電流については高調波やEMIの規制があるので，この規制を遵守するように，フィルタにて高調波成分を取り除きます．このとき，電流の制御を正しく行っていないと，低次高調波が発生し，フィルタのサイズが大きくなります．

単相三線式の電源　　　　　　　　　　　　　　　Column

　私たちが日常使うのは単相交流100Vです．たとえばテレビの電源プラグを壁にあるコンセントに差し込みます．発電所の電力は三相交流で，高圧系統（鉄塔と送電線）を使用し変電所に送られます．ここで6.6 kVに降圧されて電柱を使い町中を配線されています．実は道を歩いていると見かける電線は三相交流6.6 kVなのです．そして，図Aのように電柱の上にある変圧器で三相交流を単相三線式200Vまたは単相二線式100Vに降圧して家庭に引き込んでいます．三相のバランスが良くなるよう各家庭に配電します．単相も三相も1相に着目して考えれば同じであるため本章では単相2線200Vに絞って解説しています．

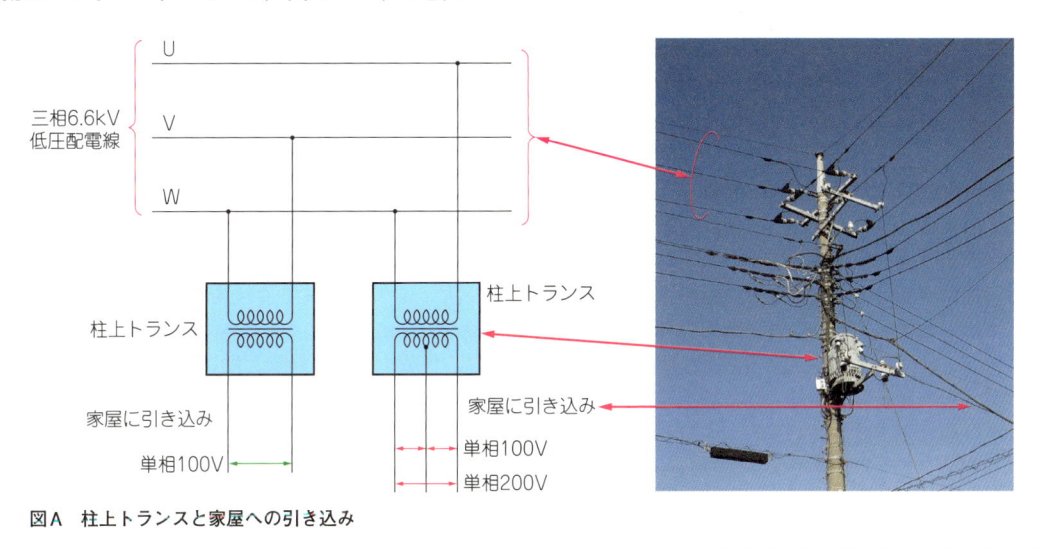

図A　柱上トランスと家屋への引き込み

パワエレを変える次世代ワイドバンドギャップ半導体GaNとSiC　　　Column

　いままで，サイリスタ，ダイオード，IGBT，MOSFETなどの材料としてシリコンが使われてきましたが，最近はSiCやGaNによるワイドバンドギャップ半導体が注目されています．ワイドバンドギャップ半導体は，シリコンに比べて，物性的に高速で動作できたり，オン抵抗を小さくできたりします．特にSiCで作られたショットキーバリアダイオードはリカバリがほとんど発生せず，非常に理想に近いダイオード特性となります．このため，損失低減だけでなく，ノイズ低減にも効果があり，エアコンなどにも採用されてきています．

　図BにSiCを使った場合の三相インバータの損失の比較を示します．ダイオードをSiCに置き換えただけで15%～30%，すべてを置き換えると50%の損失低減となります．

　2013年現在，コストがシリコンに比べて，高いため，本格的な普及はこれからですが，電力変換器

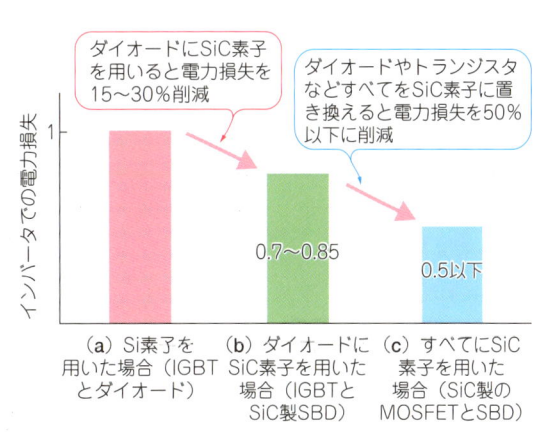

図B　SiCを使った場合の効果
出展：http://www.rohm.co.jp/web/japan/gd2

の低損失化，低ノイズ化，小型化かなどの切り札として今後の発展が期待できます．

1-4　実際のパワエレ装置のしくみ　　13

第2章 弱電と強電の世界の常識と非常識

パワエレとほかの技術の違い

パワエレは難しいとよく言われますが，電子回路や電力工学と何が違うのでしょうか？ 本章では，太陽光発電用パワーコンディショナに使われている技術を中心に，電子回路や電力工学との相違技術，共通技術，発展技術を解説します．

2-1 パワエレ技術の独特な部分

● 太陽光発電用インバータって何？

図1に示すのは，第1章で説明した太陽光発電用のパワーコンディショナの構成です．私たちが通常使う電力は交流ですが，太陽光パネルは直流電力しか発生できません．しかも，太陽の日射量により発電電力は変わります．そこで，直流電圧を交流電圧に変換し，さらに発電電力が最大になるように調整する役割をするのがインバータやチョッパです．これらにはパワエレの技術が詰まっています．

表1にパワエレと他の技術との同じ点(共通技術)と違う点(相違技術)をまとめました．さらにパワエレを発展させる応用技術を示します．

▶違うところ(相違技術)

主回路は，太陽光の発電した直流電力と商用電源系統の交流電力に変換します．パワエレで使っている部品の種類は電子回路で使っているものと同じ受動部品(抵抗，コンデンサ，リアクトル)ですが，違った使い方をするので，定格電流や定格電圧などの仕様が異なります．また，回路には主回路と制御回路，強電部と弱電部があると考えたときに，パワエレ回路特有の性質が見えてきます．kW以上の回路を扱うため，電子部品の役割と強電部との絶縁を考えなくてはなりません．

さらに，電力を変換するための回路は1種類ではありません．用途や要求仕様に応じていろいろな回路構成(回路トポロジー)があり，パワエレ特有です．

加えて実装技術や冷却技術は，主回路からの発熱や発生ノイズを低減する技術であり，インバータの小型・軽量化を実現するために進化し続けています．特に，実装や冷却は経験と勘に頼っている部分が大きいので，パワエレ技術の中でも差がつきやすく，そのくせ，コストや性能に利いてくるやっかいな技術です．

▶同じところ(共通技術)

主回路を制御する回路やその構成(制御方法)においては，伝達関数，ボード線図，フィードバック制御をはじめとした古典制御理論と，オブザーバ，状態方程式などの現代制御理論を適用できます．また，制御回路のアナログ，ディジタル技術は弱電と同じです．

2-2 相違技術

● 違いその1：素子選定技術

表2に主回路に使われる部品とその役割を示します．小信号の電子回路とパワエレで物理的な意味は変わ

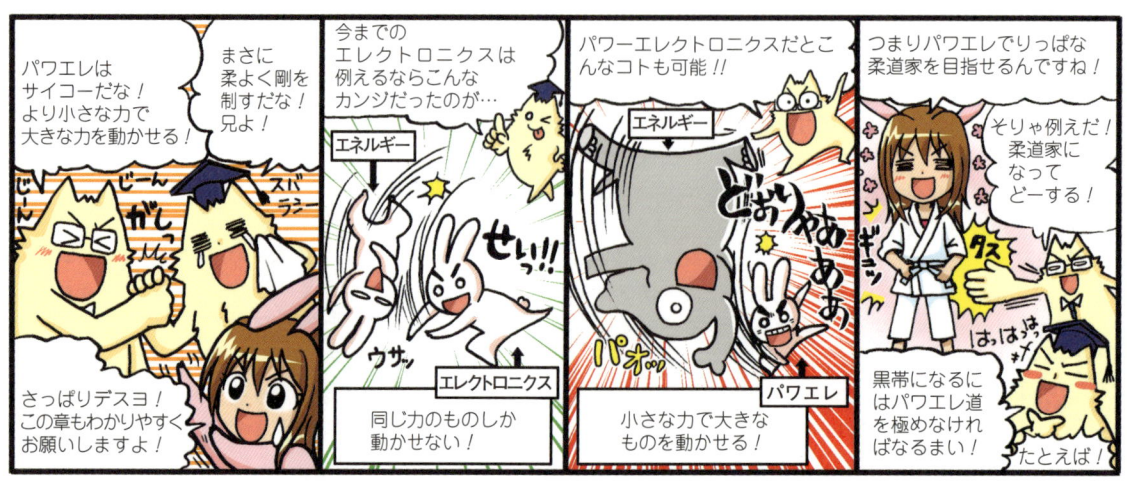

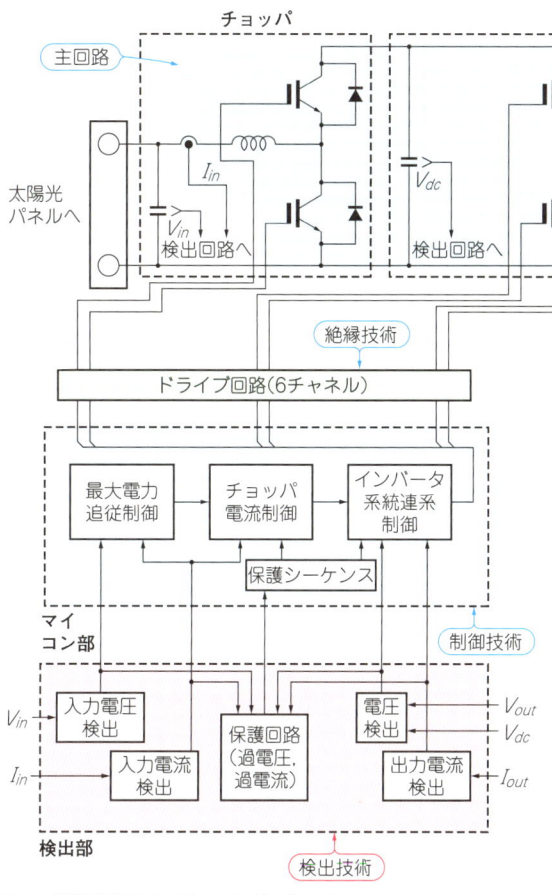

図1 太陽光発電用パワーコンディショナ
制御や検出／実装などパワエレの要素技術がたくさん詰まっている．

表1 強電（パワエレ）と弱電の相違技術と共通技術
他の技術を応用してパワエレを発展させることができる．

種別	構成部	キーワード
相違技術	素子選定技術	IGBT，MOSFET ゲート駆動回路，
	絶縁技術	主回路と制御回路間，高電圧印加部
	主回路の構成	小型化受動部品：L，C，R スイッチング素子を組み合わせた電力回路 電圧，電流サージ，ノイズ
	冷却技術	熱の集中，拡散，対流
	実装技術	応力，寿命，温度
	信頼性	検出回路，保護回路，信頼性工学
共通技術	制御技術	パワエレ回路のモデリング インバータ制御，チョッパ制御
	電子回路技術 （アナログ， ディジタル）	制御回路
	プログラミング	組み込みソフトウエア （C言語，アセンブラ）
発展技術	高効率・ 小型化技術	3レベルインバータ，階調制御
	絶縁型と 非絶縁型	商用トランス，高周波トランス，トランスレス
	大容量化と 高電圧化	並列，多重，マルチレベル回路
	瞬時制御	空間ベクトル，ベクトル制御
	HDL	FPGA，GAL（VHDL，Verilog）

りませんが，抵抗は電力を消費する要素，リアクトルとコンデンサは，エネルギーを蓄える要素であることを理解しておくことが重要です．パワエレにおける電力変換では，受動素子の性質を利用します．

▶**エネルギーを蓄えるコンデンサとリアクトル**

コンデンサに電流が流れ込むとコンデンサ両端の電

パワエレを漢字にすると，ズバリ「金」
フフフどうです？

2-2 相違技術

表2 パワエレ回路で使われる部品とその役割

部品	記号	役割	イメージ
抵抗	—/\/\/—	電力を消費する	・過渡現象がない ・熱としてエネルギーを放出する
リアクトル	—⦿⦿⦿—	エネルギーを蓄える	・電流は電圧の積分 ・電流を蓄える
コンデンサ	—||—	エネルギーを蓄える	・電圧は電源の積分 ・電圧を蓄える
電圧源	—(〜)—	電圧を発生する	・インピーダンスはゼロ
電流源	—(○)—	電流を発生する	・インピーダンスは無限大
スイッチ	—/ —	電流または電圧を遮断する	・ON：インピーダンス　ゼロ ・OFF：インピーダンス　無限大

圧が徐々に上昇し，電界としてエネルギーを蓄えます．電流は，急に増えたり，減ったりできます（例えば0 Aから100 Aに数μsで変化できます）が，両端の電圧は急に変化しません．

リアクトルは電圧が印加されると電流が徐々に増加し，磁界としてエネルギーを蓄えます．一方両端の電圧は，急に増やしたり，減らしたりできます（例えば0 Vから100 V）が，電流は急に変化しません．

リアクトルとコンデンサは同じエネルギーを蓄える受動部品です．電流と電圧についてちょうど正反対の性質をもっています．

▶電圧源と電流源

コンデンサとリアクトルを理解するには電圧源と電流源の性質も理解しておく必要があります．電圧源は電圧一定と言う性質をもち，その出力インピーダンスはゼロです．電流源は電流を一定に流せる性質をもち，その出力インピーダンスは無限大です．

コンデンサの値が無限大に大きくなれば，電圧源として働きます．リアクトルの値が無限大に大きくなれば，電流源として働きます．

スイッチは電圧や電流を切り刻んで調整します．この調整する1サイクルの時間をスイッチング周期といいます．無限大のリアクトル値ではなくても，スイッチング周期中に電流を一定に保つことができていれば電流源と見なせます．

● 実際のインバータにおける使用部品例

実際の単相インバータの主回路（図2）と部品（写真1）を示します．この主回路では，入力直流電圧はDC170 V，出力電圧はAC100 V，50 Hz，電流はAC10 A，定格容量は1 kW，パワー半導体素子のスイッチング周波数は20 kHzです．

▶主回路素子

スイッチング周波数が20 kHzなのでIGBTまたはMOSFETが使えますが，耐圧は250 V以上を選択する必要があります．内蔵の逆並列に入っているダイオードの特性も重要です．「ファスト・リカバリ」とデータシートに書いてあるものを選んでください．

▶交流リアクトル

リアクトル値は，パーセント・インピーダンス5％前後が目安です．巻き線の太さは電流10 Aに適したものを選びます．20 kHzで磁束が変化するので，商用トランスのコアだと損失が大きすぎます．積層コアであれば，アモルファス鋼板や板厚0.05 mmのケイ素鋼板を使います．

▶交流コンデンサ

コンデンサ容量について，交流リアクトルとのLCフィルタのカットオフ周波数が1～2 kHzとなるものを選びます．リアクトル同様，20 kHzの成分の電流が流れるので，これに耐えられる材質のフィルム・コンデンサを選定します．

● 違いその2：絶縁技術

▶絶縁のために必要な数ミリの距離は基板上では決して小さくない

図3にパワエレの主回路と制御回路，さらにユーザ・インターフェースと絶縁する境界を破線で示します．

JIS規格（JIS C6950-1）よれば，主に強化絶縁と機能絶縁，基礎絶縁と付加絶縁に区別しています．これらは，目的に応じて回路間の絶縁距離の要求度合いが違います．

例えば，主回路とボタンや表示パネルなど人が触るインターフェース回路との間の絶縁は，強化絶縁が要求され，主回路の電圧がDC400 Vの場合，ユーザ・インターフェース回路との距離は8 mm以上です．主回路内で機能的に絶縁されていればよい回路の場合，正と負の信号間の距離は4 mm必要です．

実際に製品設計をしていくと，この数mmのために基板を大きくしたり，製品内部のレイアウトを大きく変更したりしなければなりません．これはパワエレ設計者にとっては大きな壁です．

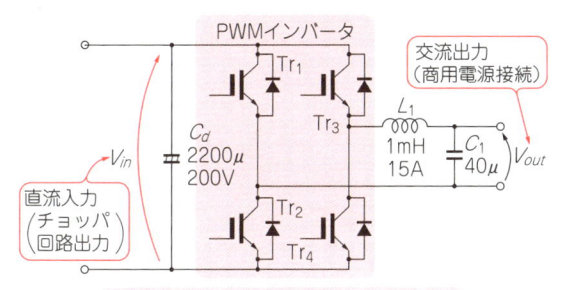

図2 実際の単相インバータの主回路
チョッパ回路からの直流を交流に変換する

IGBT Tr₁〜Tr₄
MGD623N(サンケン電気),
600 V, 50 A

交流リアクトル L_1
アモルファス・チョーク・コイル
AMシリーズ(日本ケミコン),
0.8 mH, 10 A

交流コンデンサ C_1
メタライズド・ポリプロピレン・フィルム・コンデンサ
TACDシリーズ10μF, AC100V
(日本ケミコン)

直流コンデンサ C_d
アルミ電解コンデンサ
LXSシリーズ2200μF, 200 V
(日本ケミコン)

写真1 主回路に使われるキー・パーツ

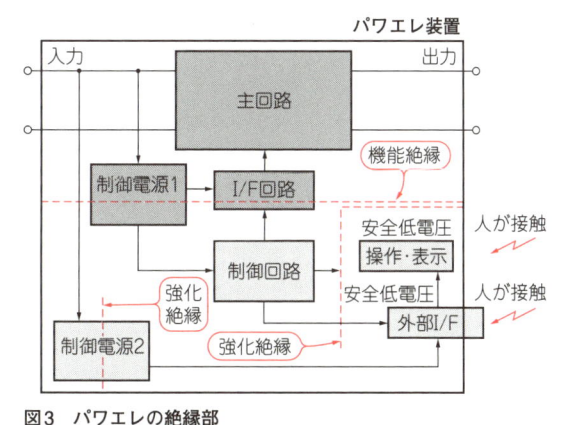

▶絶縁できていないと漏れ電流による誤動作を起こす

パワエレの場合，絶縁したつもりでも絶縁できていないこともあります．

例えば，**図3**で主回路が**図2**のようなインバータとします．制御電源1にスイッチング電源を使用し，主回路と絶縁して制御回路の電源を作ったとします．このとき，スイッチング電源の1次側と2次側の結合容量が100 pFだったとすると，主回路から制御回路に制御電源1の結合容量を通して，次のような漏れ電流 I_{leak} が流れます．この電流が制御回路の誤動作を引き起こします．

$$I_{leak} = 170\,V \times 2\pi \times 20\,kHz \times 100\,pF = 2\,mA$$

● 違いその3：主回路の構成

図2に直流から交流に変換する単相インバータの主回路を示しましたが，一例として，商用の単相交流を入力として任意の単相交流を出力するためには，**表3**に示すような回路が考えられます．

交流から直流，直流から交流と2段の電力変換をする回路は(a)と(b)です．両者を比較すると(b)の方が素子数が少なく安価です．1線共通なので絶縁トランスも不要です．(a)の回路は入力と出力の電位がスイッチング周波数で変動するので，実際の製品で使うには絶縁トランスを入れる必要があります．

このように(a)と(b)の回路は，単相交流から単相交流の電力変換を行う点は同じですが，それぞれユニークな特性があります．この特性を用途や仕様に応じて使い分けていくのが，パワエレの主回路の面白さです．

単相交流から単相交流を得る回路だけでもちょっと考えても数種類あります．用途に応じてマッチする主回路のトポロジーを考えて，新しい回路構成を発明すれば，自分の名前を付けられます．みんなの役に立つようなものであれば，世界中に広がり，付けた名前が使われます．主回路技術は，パワエレ技術者の花形です．みんなにわかりやすいという点で，パワエレの制御技術で特許を取るよりも主回路で特許を取った方が目立つでしょう．

● 違いその4：冷却技術

写真2に1 kVAの無停電電源装置(UPS)の内部写真を示します．制御回路と主回路を別の基板で構成しています．両者を一つの基板で作る場合もありますが，容量が大きいパワエレ装置は定格容量によって何種も存在し，ラインナップ化を簡単にするため，制御回路は別基板として使用する場合が多いです．

主回路基板の下がスイッチング素子の駆動回路(ドライブ回路)であり，制御回路と主回路の間を絶縁して，スイッチのON/OFF信号を送っています．主回路のスイッチング素子はヒートシンクが付いています．ファンが右側にあり，左から右に強制的に風を流しています．電解コンデンサは温度により寿命が左右されるので，一番涼しい左，風上側に実装されています．

損失を予測したり，場合によっては熱流体が抜けるようすをシミュレーションしたり，いろいろありますがこの辺が冷却技術です．

図3 パワエレの絶縁部
パワエレの主回路と他の回路を絶縁して設計する．

2-2 相違技術

表3 電力変換回路方式のいろいろ

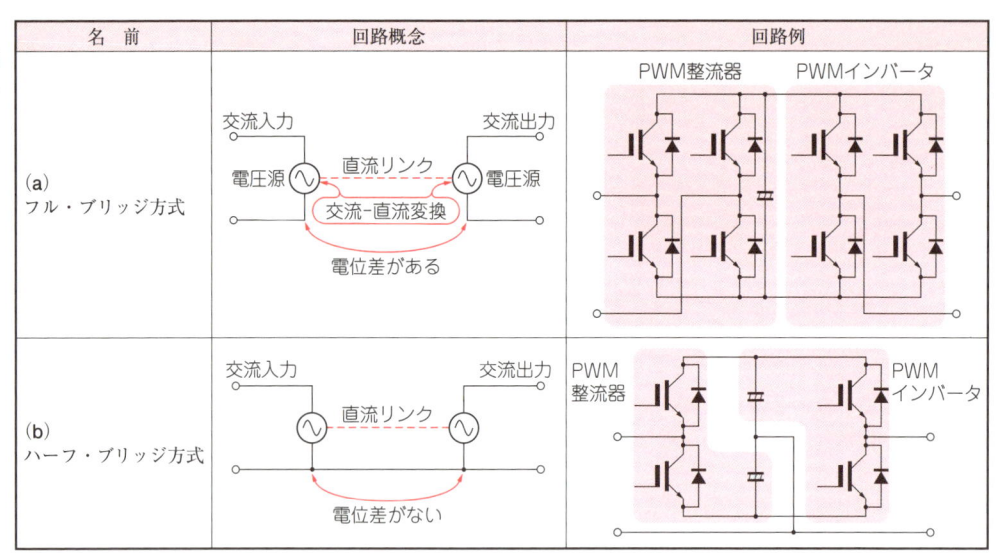

名前	回路概念	回路例
(a) フル・ブリッジ方式	交流入力─電圧源─直流リンク─電圧源─交流出力／交流-直流変換／電位差がある	PWM整流器　PWMインバータ
(b) ハーフ・ブリッジ方式	交流入力─直流リンク─交流出力／電位差がない	PWM整流器　PWMインバータ

● ノイズに強い実装技術

写真3に，ヒートシンクを外した写真2のUPSの主回路を示します．この変換器は単相交流から単相交流を得るものです．パワーMOSFETで構成され，MOSFETはほぼ一列に並んでおり，主回路図との対比が難しいです．

回路図と同じように素子を配置したのでは，配線インダクタンスが大きくなり，スイッチング素子のサージにより効率の悪化や素子の破壊につながり，上手な設計とは言えません．

写真3では，スイッチング・サージの原因となる配

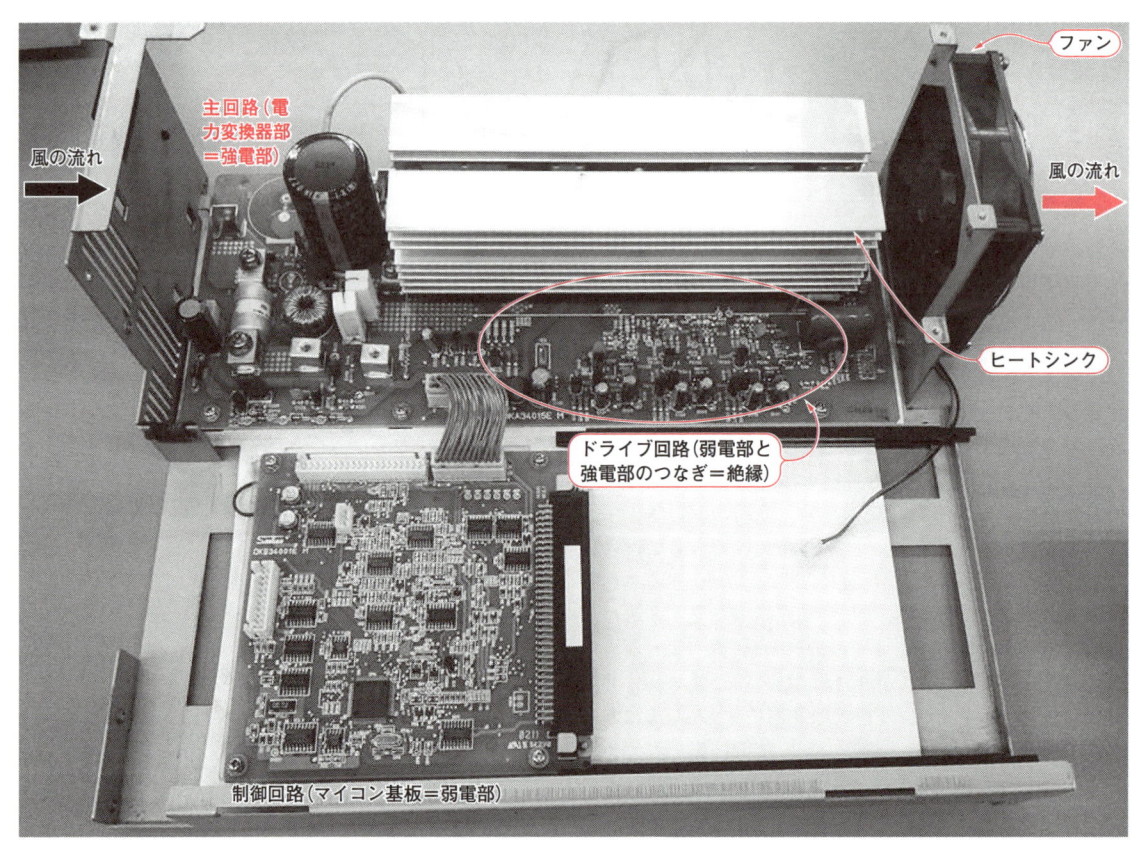

写真2 ヒートシンクとファンで冷却している無停電電源装置(UPS)の内部の様子
主回路と制御回路をドライブ回路のスイッチング素子で絶縁している．また，スイッチング素子はヒートシンクとファンで冷却している．

第2章　パワエレとほかの技術の違い

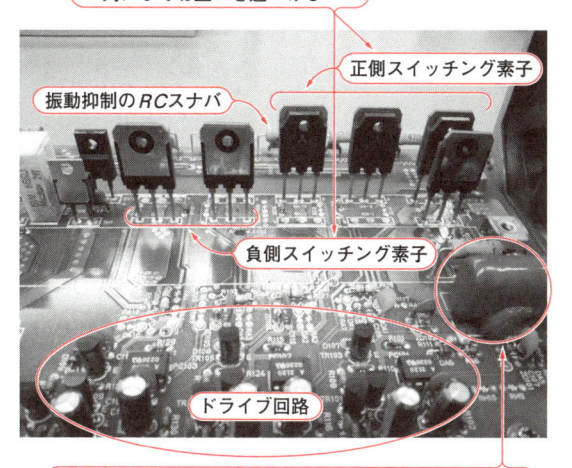

写真3 配線インダクタンスを抑えるようにMOSFETを実装する
回路図のように実装するのではなく，サージが小さくなる配置を考える．

線インダクタンスが極力小さくなるように，一列に素子を配置しています．MOSFET奥に抵抗とコンデンサがありますが，スナバ回路の役割をしています．これらのスナバ回路は積極的にサージを取るものではなく，EMC対策でMOSFETのスイッチング時の振動を抑制するためのものです．サージ低減は原則主回路の配線パターンの工夫で行うのが主流です．

● 違いその6：信頼性

パワエレ製品は，24時間連続稼働しているものが多いので，止まると大なり小なり社会が混乱します．そこで，システムの信頼性を上げるための工夫もしなければなりません．

新幹線のモータもインバータ制御されています．一つのインバータに異常があっても，補助インバータが起動するので，何事もなかったように走り続けることができます．

携帯電話の基地局もパワエレを使った電源で構成されています．こちらも1台が壊れても携帯電話が不通になることはありません．

このようにパワエレは信頼性を重視します．同じ回路を二つ以上もつ冗長構成や，ノイズを考慮したフィードバック，装置などの定数（パラメータ）変動の補償など，信頼性を上げる技術をいろいろ使ってシステムを設計しています．

2-3 共通技術

● 制御技術

図4に制御系から見たパワエレ製品の構成を示しま

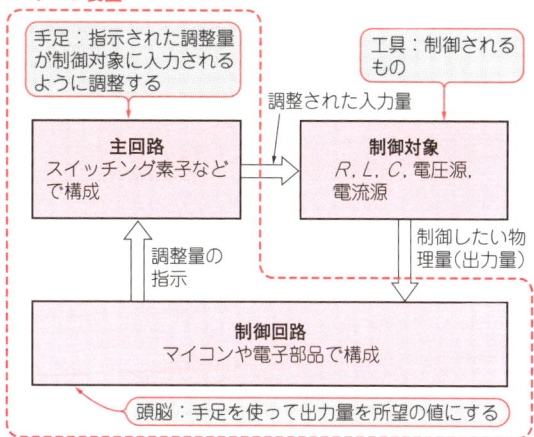

図4 パワエレ装置の制御
パワエレでも，制御対象をフィードバックで制御する．

す．制御回路は制御対象から制御量をフィードバックします．フィードバックした制御量が目標値（指令値）に一致するように操作量を主回路の増幅器に送り増幅器は制御対象に増幅した操作量を送ります．電力変換器（パワエレ装置）は制御上，増幅器（アンプ）となり，制御的には主回路は主役から脇役になります．制御対象は等価回路で記述すれば，表2で示した要素，R, C, Lの組み合わせです．

▶負荷の等価回路はR, C, Lと電源

図5にパワエレでよく使う負荷の等価回路を示します．(a)の同期機/永久磁石(PM)は電機機器の教科書によく載っているものです．

一方，(b)は図1に示した太陽光発電用インバータの交流側連系制御の等価回路です．連系インバータの等価回路とPM(永久磁石)モータを回すインバータの等価回路を比べると，同期リアクタンスが系統リアクトルに，逆起電力が交流電源に対応しています．つまり，両者は制御的には同じです．

本書で勉強することによって，太陽光発電用インバータの制御方法が理解できればモータ制御に応用ができます．結局のところパワエレの制御対象は表1に示した抵抗とリアクトルとコンデンサと電圧源などで表せます．

▶パワエレは小信号で大電力をフィードバック制御しているだけ

図6に示すように，最終的には主回路と制御回路から構成されるパワエレ装置とフィードバックのブロック線図との対比がすぐにできるようになると，パワエレを身近に感じるのではないでしょうか．

主回路では何十，何百A，またはkW，-MWを扱っており，一方，制御回路では3.3Vの電圧でマイコンが動いています．小さな信号がMWの電力を制御し

2-3 共通技術 19

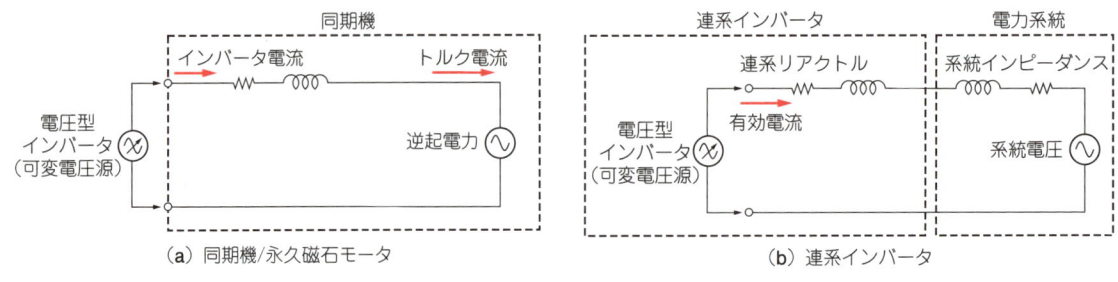

図5 パワエレ装置につながる負荷の等価回路
しょせんR，C，Lの組み合わせ．

(a) 同期機/永久磁石モータ

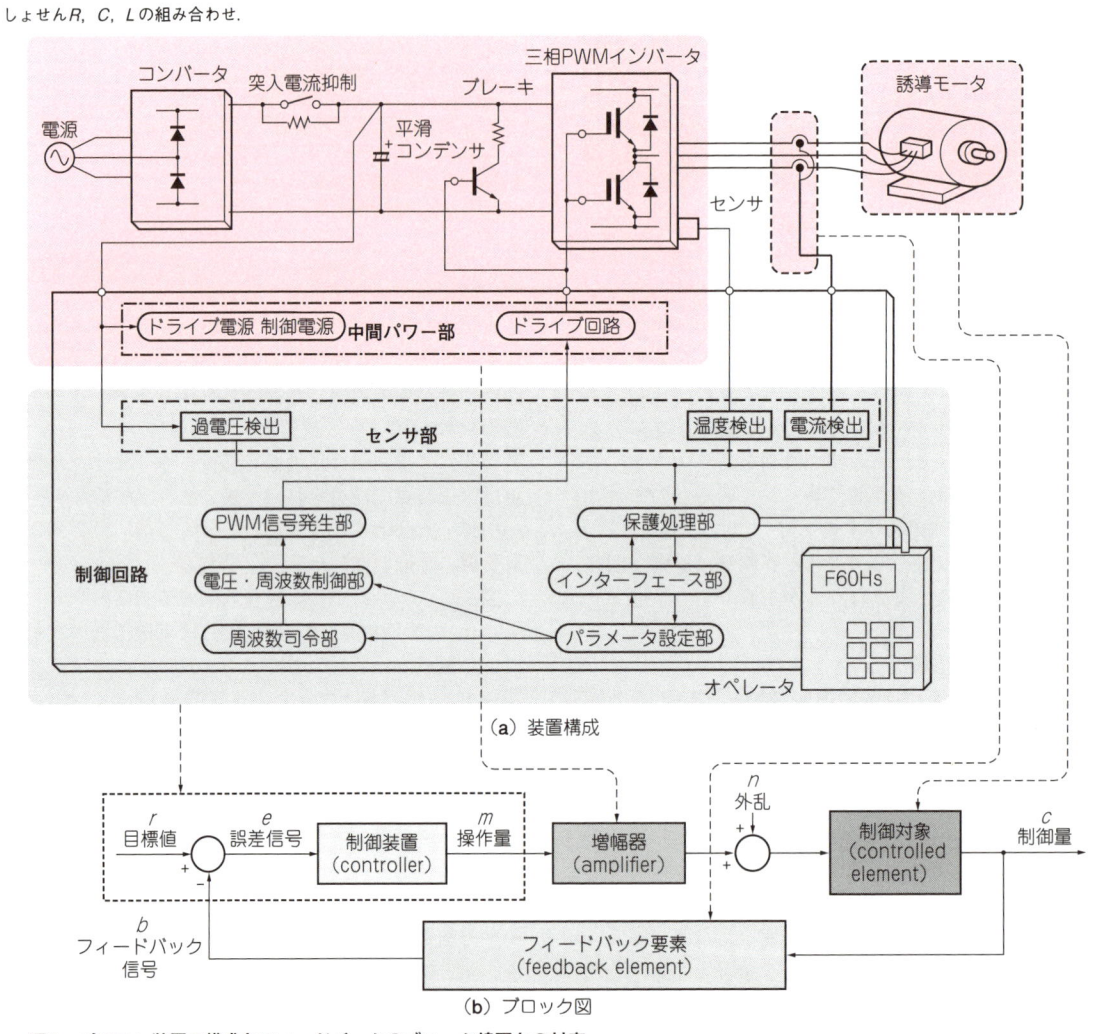

(b) 連系インバータ

(a) 装置構成

(b) ブロック図

図6 パワエレ装置の構成とフィードバックのブロック線図との対応

ているわけです．「柔よく剛を制す」の精神ですね．パワエレの面白さです．

● **電子回路技術**

　ディジタルICやアナログIC，マイコンの回路技術は共通に使えます．トラ技で年度初めに特集される「失敗しない〜回路」などの事例集はとても参考になります．筆者らも駆け出しのころはずいぶんお世話になりました．主回路が交流電力を扱う場合や直流でも電力が双方向に制御されるものからは正負のフィードバック信号を扱いますのでアナログ回路もそのように設計する必要があります．主回路からのノイズ除去のためのフィルタのほかに主回路が破壊した場合に備え，フィードバック信号の入力段の過電圧保護も忘れずに行いましょう．上述しましたが最近のマイコンやFPGAは3.3 Vで動作しますので，24 Vや5 Vで動作してい

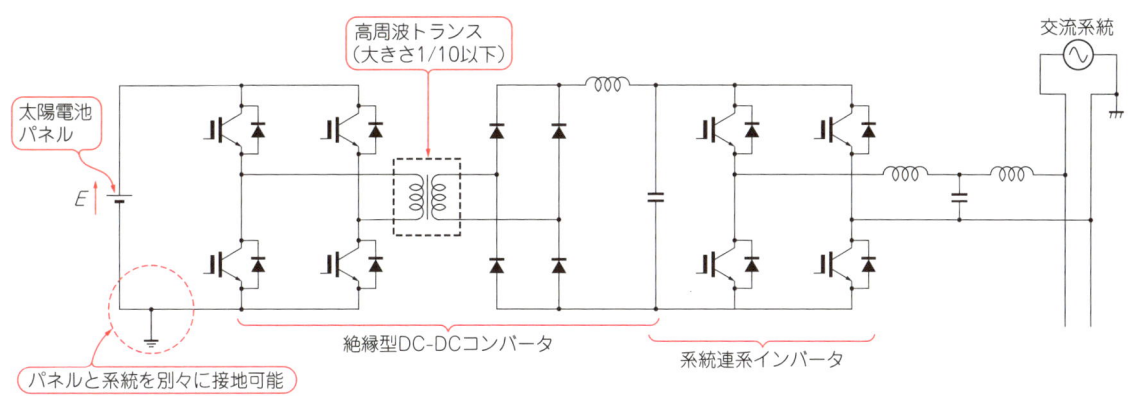

図7 絶縁形DC-DCコンバータを使ったパワーコンディショナの構成例

た時代とは違いますので常に最新の回路テクニックを雑誌等で知っておく必要があります．

● プログラミング

マイコンやPFGAはプログラムで動いており，プログラミングの技術は共通に使用できます．マイコンにおいては"組み込み系ソフトウェア"と言われている技術です．独立行政法人 情報処理推進機構が発行する組込みソフトウェア開発向けコーディング作法ガイド（SEC規約）に従ってコーディングをすることや解析ツール（例えばQA・C）を利用するとソフトウェアの保守性・信頼性を高めることができます．プログラムの構成としてOS上で動かすことは稀です．メインルーチンは積極的には活用せず，インバータのスイッチング周波数（キャリア周波数）に従った一定期間の割り込みルーチンをはじめ，複数の割り込みルーチンで構成されます．言語はCを使用しますが，最近はブロック図で入力できCコードを出力するツールがあります．初心者にとっては入りやすいです．アセンブラで書くことはまずないでしょう．

2-4 発展技術

● 絶縁形と非絶縁形

同じ太陽光発電用インバータでも少しでも効率を上げたり，小型化したり，性能を上げるため，さまざまな主回路技術が使われます．図1はチョッパとインバータからなっており，非絶縁方式ですが，ノイズに加えて地絡の保護等の観点から，トランスによる絶縁をほどこした回路もあります．絶縁形にすることによって，太陽パネルと電源を別々に接地できます．図1の回路でも出力に商用周波数のトランスを接続して，トランスを介して系統連系することもできます．しかし，商用周波数のトランスは大型なので，高い周波数のDC-DCコンバータを接続して，絶縁します．図7は絶縁方式の太陽光インバータの一例です．昇圧チョッパの代わりに，絶縁形のDC-DCコンバータを使用します．初段のインバータで数十kHzの周波数に変換して，トランスを駆動します．このとき，トランスの鉄心断面積は周波数に反比例しますので，周波数を10倍にすれば，体積を1/10にできます．

● 高効率化・小型化技術

図8に3レベルインバータの回路図を示します．ハーフブリッジインバータは$\pm E/2$のどちらかの電圧しか出せませんが，3レベルインバータは$\pm E/2$に加えて"0"を出力することができます．その結果，出力電圧を階段状に制御でき，出力電圧高調波を低減できます．このため，インバータと系統の間にある連系リアクトルを小さくでき，小形化，高効率化をはかることができます．3レベルインバータは図9(a)のようなNPC方式の他に図9(b)のようなTタイプ方式が最近出てきています．Tタイプ方式は高耐圧のスイッチング素子が低オン電圧で実現できるようになったため現れた回路方式です．NPC方式に比べて導通損が少なく，高い効率が得られます．さらに，図9(c)のよう

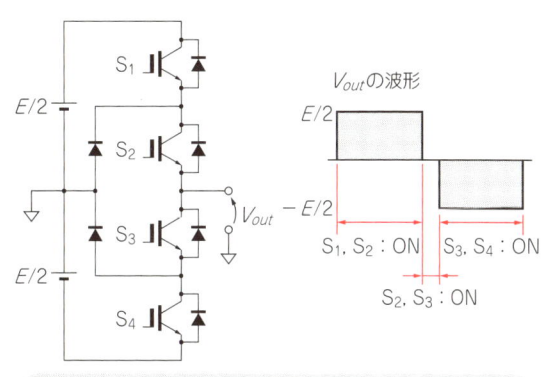

従来のインバータは$E/2$または$-E/2$しか出力できないが，3レベル・インバータでは'0'を出力できる．
その結果，出力電圧の高調波が減り，連系リアクトルやフィルタ（図1のL_2, L_3, C_3）を小型化できる

図8 3レベルインバータの動作

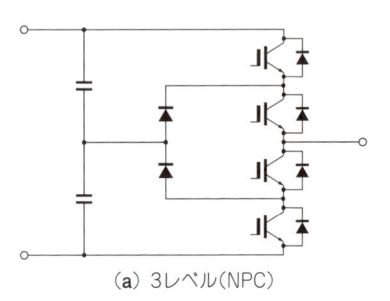

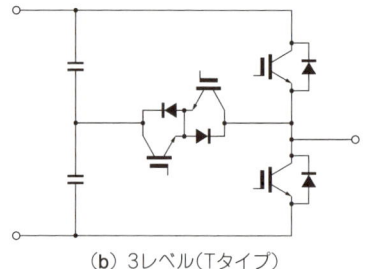

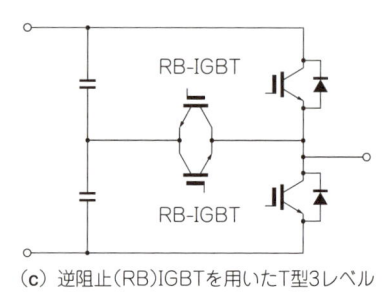

(a) 3レベル(NPC)　　　(b) 3レベル(Tタイプ)　　　(c) 逆阻止(RB)IGBTを用いたT型3レベル

図9　3レベルインバータの回路構成
3レベル(T型)は3レベル(NPC)より電流が通過する素子数が少なくなるので，導通損を低減できる．

に中性点のスイッチに逆耐圧をもつ逆阻止IGBT(RB-IGBT)を適用して，さらに高効率化を図っている方式もあります．

図10の階調制御方式は，3レベルインバータよりももっと出力電圧の制御性をよくした回路です．出力電圧が異なる単相フルブリッジを直列に接続し，出力電圧を作ります．この回路は7レベルの階段状の波形を得ることができます．スイッチング損失は電圧の変化幅に比例し，また低耐圧のセルではオン電圧の小さいMOSFETを使用することによって高効率を得ることができます．また，低耐圧単相インバータは，平均電力がゼロになるように高速で制御することによって，主インバータからエネルギーを融通しています．

● **大容量化と高電圧化**

パワエレのおもしろさは扱う電力容量，定格によって違います．例えば太陽光発電には，数kWの家庭用から「メガソーラ」と呼ばれる大規模なものがあります．風力発電も小型から大型ものがあり，発電単価を下げるため，年々大型化が進みます．

大規模なシステムほど高効率化が求められます．家庭用パワコン(パワーコンディショナ)の効率は95%前後ですが，3 MWの風力発電に使われるものは99%の効率です．99%という数字だけを見ると，損失は少ないようですが，1%とは30 kWの損失です．したが

って，より高効率と低コスト化を目指して主回路の大容量化と高電圧化が進んでいます．代表的な主回路の技術としては，主流となってきたマルチレベルインバータやモジュラーマルチレベルコンバータ(MMC：Modular Multilevel Converter)があります．

モジュラーマルチレベルコンバータは図11のようにチョッパを一つのセルとして，直列に接続することで，電力変換を実現します．メリットは電圧が各セルに分散するので，一つのセルの耐圧が低くていいこと，電圧が違う仕様があっても，直列セル数を変えれば対応できること，同じセルをたくさん作るので低コスト化が見込めること，などがあります．また，出力電圧

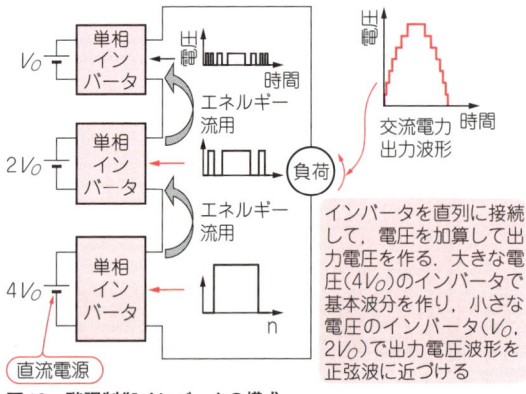

図10　階調制御インバータの構成

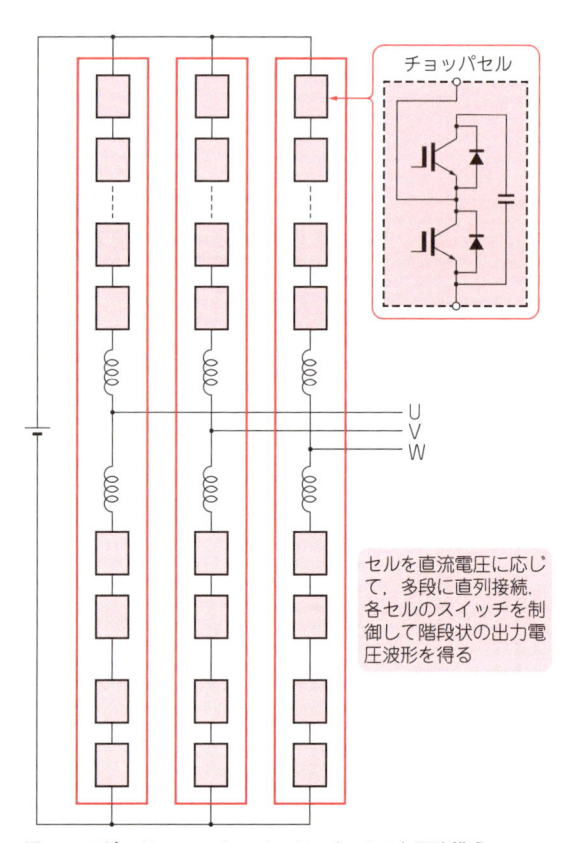

図11　モジュラーマルチレベルインバータの主回路構成

も階段状になるので出力フィルタを小型化できたり，モータの巻き線にかかるストレスを小さくできます．

また，最近，制御装置にも大きな革新があります．マイコンやDSPが安価になり，OPアンプを使ったアナログ制御からデジタル制御に置き換わっています．この結果，より高度な制御ができるようになり，性能向上や信頼性向上が図られています．さらにFPGA (field-programmable gate array) の適用により高速サンプリングでのデジタル制御が可能となり，パワエレ装置の性能は飛躍的に発展することが期待されています．

* *

第2章は，太陽光発電インバータに使われている技術を中心に，電子回路や電力工学との相違技術，共通の技術，そして発展技術ということで説明をしました．次章からは，表1にある構成部分とキーワードに従い，いよいよパワエレの内容を解説していきます．

◆参考文献◆
(1) 電気学会大学講座 基礎電気機器学；オーム社．
(2) 電気学会半導体電力変換システム調査専門委員会；パワーエレクトロニクス回路；オーム社．
(3) 赤木，金澤，藤田，難波江；瞬時無効電力の一般化理論とその応用；電気学会論文誌B，第107巻7号，1983年．

(4) 高橋；電力における瞬時空間ベクトルとその応用；電気学会誌，109巻7号，1989年．

(初出：「トランジスタ技術」 2012年6月号)

制御理論の発展によるパワエレ装置の発展　Column

● 瞬時値制御

パワエレを支える技術には主回路技術のほかに，制御技術もあります．パワエレの制御技術の発展に大きく寄与した理論に三相交流の瞬時有効電力と瞬時無効電力を明確にしたP-Q理論があります．

従来は，図Aにあるように正弦波の1周期の電圧と電流の位相差により，有効電力，無効電力，皮相電力を定義していました．つまり，少なくとも商用電源 (50 Hz または60 Hz) の1周期 (20 ms または16.6 ms) を経過しないと，それぞれの電力が検出できませんでした．

P-Q理論が提唱されてから，瞬時に三相の有効電力と無効電力が検出でき，数ミリ秒の制御も可能になりました．

その後，使いやすいように，いろいろな表現法で瞬時電力を定義が提唱されましたが，本質はP-Q理論と同じです．次にベクトル表現をしたものを示します．

$$a = VI^* = p + jq$$

ただし，a：瞬時皮相電力 [W]，V：瞬時電圧ベクトル [V]，I：瞬時電流ベクトル [A]，p：瞬時有効電力 [W]，q：瞬時無効電力 [Var]
*：共役ベクトル

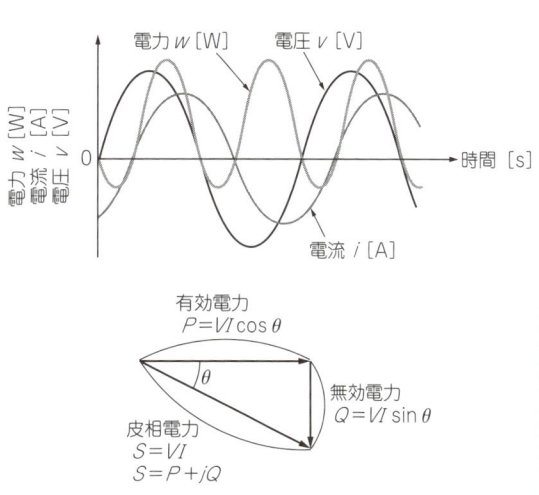

図A　瞬時電力制御とフェーザ図
従来の交流理論では有効電力の大きさは1周期ぶん情報がないとわからなかった．

結果を見ると，$a = p + jq$と表され，なんだ図Aにある$S = P + jQ$と変わらないじゃないかと思うでしょう．そうです，ここにたどり着くまで延々と議論があったのです．逆に，交流理論と同じ式であることがものごとの単純さを物語っています．これ以上はあまりにもディープな世界なので本書では扱いません．

第3章 パワーエレクトニクスの主役であるスイッチング素子を使いこなす

スイッチング用パワー半導体

この章では，パワエレの核心部である半導体スイッチング素子，とくにIGBTやMOSFETについて説明します．パワエレにはいろいろなスイッチング素子があり，定格電圧や電流，用途に応じた選定が必要です．

3-1 パワエレのキモ：スイッチングで電力変換

● スイッチング素子を使って電力を調整

パワエレのキモはなんと言っても，スイッチング素子で電圧や電流を切り刻んで，希望の大きさや周波数に制御することです．スイッチング素子を使って制御することは，パワエレの最も重要な部分です．

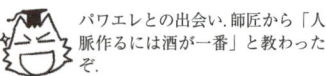

図1に太陽光発電用パワーコンディショナの構成を示します．私たちが普段使う電力は交流ですが，太陽光パネルは直流電力しか発生できません．しかも，太陽の日射量により発電電力は変わります．そこで，直流電圧を交流電圧に変換し，さらに発電電力が最大になるように調整するのはインバータやチョッパの役割です．今回，紹介するスイッチング素子はチョッパやインバータに使われています．

● トランジスタで線形増幅しない理由

パワエレが小信号回路と最も違うところは，電圧や電流の扱い方です．小信号回路では信号（情報）として扱うのに対し，パワエレではエネルギー（電力）として扱います．

小信号回路では信号から電力を発生させるとき，「増幅」という手段を使いますが，パワエレは「電力変換」という考え方がしっくりきます．

信号を増幅するだけなら，A級増幅，B級増幅など各種手段がありますが，損失が問題です．増幅に用いられるトランジスタの損失はコレクタ-エミッタ間電圧とコレクタ電流の積です．線形動作をさせると，電圧と電流の両方が共存する状態になるので，大きな損失が発生します．

● スイッチングによる増幅で低損失な電力変換

一方，パワエレでは半導体をスイッチとして使い，電圧や電流を切り刻んで，違う波形に「変換」します．切り刻んだ波形は短冊状なので，LやCのフィルタを使って平均値（交流なら基本波分）を取り出します．この平均値が所望の値になるようにスイッチのオン/オフ時間を制御します．ただし，このオン/オフ制御は1秒間に数千回から数万回の非常に早いサイクルで行われます．トランジスタに十分にベース電流を流すとコレクタ-エミッタ間電圧は，トランジスタのコレクタ-エミッタ間飽和電圧である0.3V程度まで下がります．このようにすれば，100A流したとしても30W

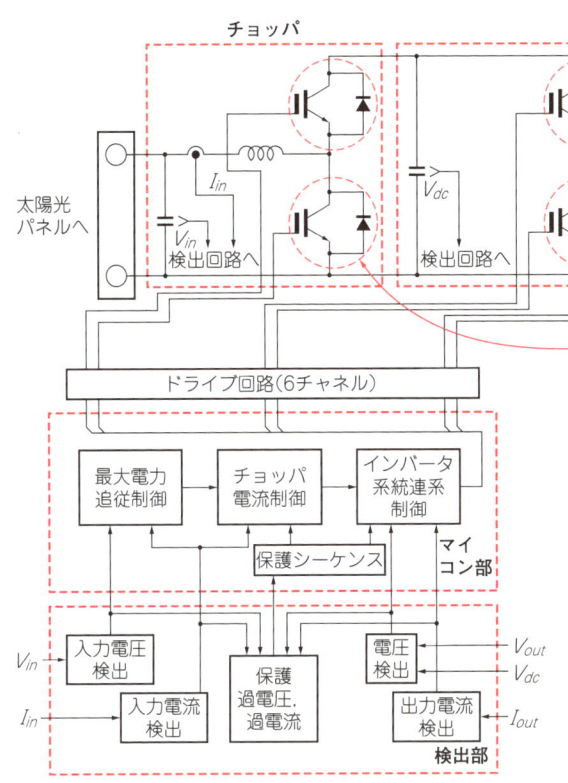

図1 太陽光発電用パワーコンディショナのブロック図
この章ではスイッチング素子に焦点を当てて解説する．

の損失で済みます．電源電圧が200 Vの三相交流では100 Aの電流が流れているときの出力は30 kW程度なので，30 Wというと出力の0.1%なので非常に小さいです．従ってスイッチング動作を用いることで低損失の電力変換が可能です．実際にはスイッチの種類によって飽和電圧は異なり，スイッチのオン/オフのたびにスイッチング損が発生しますが，A級増幅やB級増幅のような線形増幅回路に比べて大幅に損失を減らし

ます．

3-2 スイッチングにより発生する課題

● 課題1：高速スイッチングによって発生する高周波成分をいかに除去するか

　半導体スイッチング素子は機械スイッチと違って，接点がないので，摩耗が生じません．従って，高い周波数で高速にON/OFFすることができます．スイッチング素子で切り刻んだ電流や電圧はパルス上の波形なので，スイッチングにより発生する高調波成分を低減するために必ずLやCのフィルタを接続します．図1ではチョッパの入力部に接続されているリアクトルやインバータの出力に接続されているリアクトルがこの役割をします．

　スイッチング周波数を高くすると，フィルタのカットオフ周波数も高く設定できます．フィルタのカットオフ周波数は次式のように決まるので，カットオフ周波数を大きくすると，LやCを小さくでき，小型化や高効率化が可能です．

$$f_c = \frac{1}{2\pi\sqrt{LC}}$$

　ただし，f_c：カットオフ周波数［Hz］，L：フィル

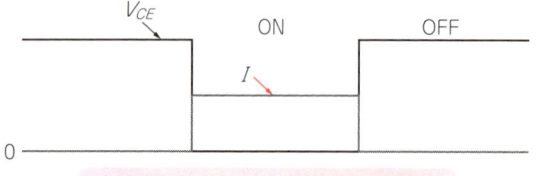

(a) 原理的には損失は発生しない

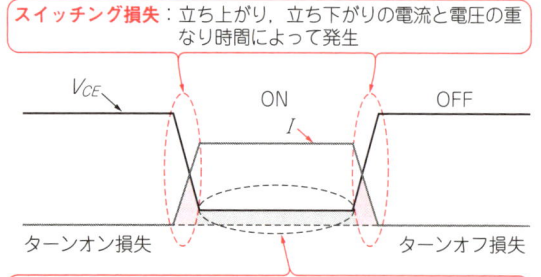

スイッチング損失：立ち上がり，立ち下がりの電流と電圧の重なり時間によって発生

導通損失（オン損失）：スイッチのオン抵抗またはオン電圧と電流の積で発生

(b) 実際には，スイッチング時にも電圧や電流があるため損失が発生する
スイッチング損失と導通損失の2種類ある．

図2 理想スイッチと実際のスイッチの違い
スイッチング増幅でも損失はゼロにはならない．

タのインダクタンス［H］，C：フィルタのキャパシタンス［F］

● 課題2：損失の小さい素子を選ぶ

図2にスイッチング素子の損失発生のようすを示します．スイッチングによって発生する損失は，導通損失とスイッチング損失の二つに分けられます．この二つの損失を合計したものがスイッチング素子の損失です．スイッチの飽和電圧やスイッチング時間はスイッチング素子の種類によって大きく変わります．

▶ 導通損失

前述のように飽和領域までベース電流を流しても，コレクタ-エミッタ間電圧はゼロになるわけでありません．従って，電流を流せば，必ず損失が発生します．スイッチング素子がON状態の電力損失を導通損失，またはオン損失と呼び，次式で表されます．

$P_{on} = V_{CE(sat)} I_C$

ただし，P_{on}：導通損失［W］，$V_{CE(sat)}$：コレクタ-エミッタ間の飽和電圧［V］，I_C：コレクタ電流［A］

▶ スイッチング損失

スイッチング素子は高速でON/OFFできると言っても，ON/OFF時に電流や電圧が一瞬でゼロになるわけではないので，損失が発生します．これをスイッチング損失と言い，式(1)で表すことができます．線形で電圧，電流が変化すると仮定すると，式(2)のように表されます．

$$P_{sw} = \int v_{CE} \, i_C \, dt \quad \cdots\cdots (1)$$

$$P_{sw} = \frac{1}{6}(t_{on} + t_{off})V I f_{sw} \quad \cdots\cdots (2)$$

ただし，P_{sw}：スイッチング損失［W］，v_{CE}：コレクタ-エミッタ間電圧［V］，i_C：コレクタ電流［A］，t_{on}：スイッチング素子のターンオン時間［s］，t_{off}：ターンオフ時間［s］，V：スイッチOFF時の定常的な電圧［V］，I：スイッチON時の定常的な電流［A］，f_{sw}：スイッチング周波数［Hz］

3-3 スイッチング素子の種類

表1にパワエレで使用されるスイッチング素子を示します．ダイオード，サイリスタ，GTO（ジー・ティー・オー）：Gate Turn-Off thyristor，パワートランジスタ，IGBT（アイ・ジー・ビー・ティー）：Insulated Gate Bipolar Transistor，MOSFET（モス・フェット）：Metal-Oxide-Semiconductor Field-Effect Transistorがあります．

GTOやパワートランジスタは，使いやすく低損失なIGBTに置き換えが進められています．特にパワートランジスタは，その適用先がIGBTに置き換えられ，現在ほとんど使用されることがなくなりました．

(1) サイリスタ：メガワット級の装置に使用

● 高耐圧だが，スイッチング制御しにくい

サイリスタは，順方向にバイアスをした状態（アノードのほうがカソードよりも電圧が高い状態）で，ゲートとカソード間にトリガを与える（決まった値の電圧を決まった時間だけ与える）ことにより，アノードからカソードに導通し，ON状態になります．ONするタイミングだけを制御できます．OFFは逆バイアス（アノードよりもカソードの電圧を高くする）を加えないとOFFできないので融通が利きません．

サイリスタは半導体の構造がシンプルなので，高耐圧，大電流のものを作ることができます（複雑な構造だと，耐圧を持たせる距離や大電流を流せる場所の確保が大変）．その結果，他のスイッチング素子では適用できないような，メガワット級の大容量電力変換器に使用されます．写真1のように，紀伊半島と四国を結ぶ電力融通装置には世界最大級の8kV，3.5kAのサイリスタが使われています．

数百Vの電力変換器では，サイリスタは初期充電用のスイッチや安価な調光装置などのターンオフが不要な用途に使われる程度で，太陽光発電用パワーコンディショナやモータ駆動などの電力変換回路には使用されません．

表1 パワエレで使うスイッチング素子のいろいろ

		ダイオード	サイリスタ	GTO	パワートランジスタ	MOSFET	IGBT
外観							
接合構造							
回路記号							
仕様例	オン電圧 [V]	1.6	2.5	2.5	2.5(ダーリントン)	2.7	2.5
	スイッチング時間 [μs]	—	400	10	18	0.055	3.2
	定格電圧 [V]	5000	4000	6000	1200	650	3300
	定格電流 [A]	5000	3000	1500	600	83	1500

(a) サイリスタ・モジュールを搭載した電力変換器　　　(b) 光サイリスタ(直径14.5cm, 厚さ3.5cm)

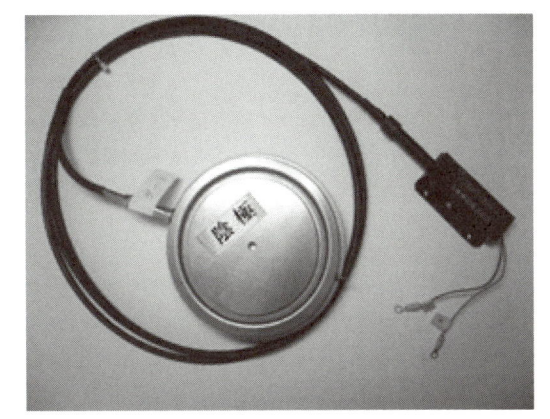

写真1　紀伊半島と四国を結ぶ電力融通装置
世界最大級の8kV, 3.5kAのサイリスタが使われている．光サイリスタを7個直列に接続し，その周辺部品をまとめた装置で，250kVの直流を送電する．

(2) ダイオード：整流に使う

● 順方向または逆方向に電圧を加えてON/OFFする

動作原理は小信号のダイオードと同じです．順方向にバイアス(アノードのほうがカソードよりも電圧が高い)すればONし，逆方向にバイアスするとOFFします．一方向にしか電流は流れません．パワエレで素子選定の際に問題になるのは，耐圧，電流容量，オン電圧，スイッチング時間(リカバリ時間)です．耐圧と電流容量は装置の仕様から決まります．オン電圧は導通損失に関係するので，効率を考えた選定が必要です．

図3にダイオードのスイッチング動作を示します．ダイオードは順方向バイアスされてからONするため，ターンオン損失は発生しません．しかし，OFF時はリカバリ(逆回復)動作により，ターンオフ損失が発生します．他のスイッチング素子のターンオフ損失と区

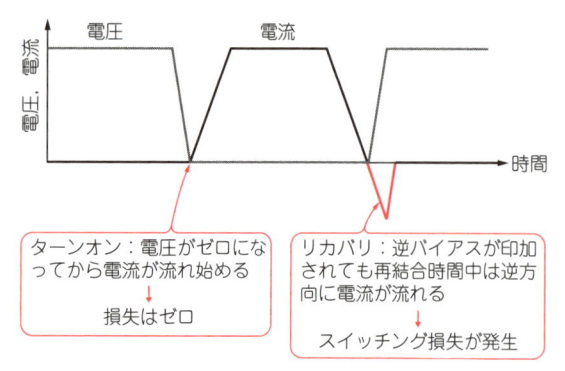

図3 ダイオードのスイッチング波形
ダイオードではリカバリ損失が発生する．リカバリのときに発生するサージ電圧によりダイオードが壊れることがあるので，リカバリ時間を考慮してダイオードを選定する．

（図中注釈）
電圧
電流
時間
ターンオン：電圧がゼロになってから電流が流れ始める
損失はゼロ
リカバリ：逆バイアスが印加されても再結合時間中は逆方向に電流が流れる
スイッチング損失が発生

別するため，これをリカバリ損失と呼びます．リカバリ動作とは，逆バイアスがダイオードに加えられ，再結合してOFFする動作であり，リカバリしている時間に損失を発生します．ただし，この時間，ダイオードは逆方向にも電流を流してしまうので，低速のダイオードに短時間で大きく変化する(dv/dtが大きい)電圧を印加すると大きな短絡電流が流れます．従って，スイッチングにより発生した高周波(dv/dtが大きい)の電圧を整流するにはリカバリ時間が短いダイオードを選ばないと壊れる恐れがあります．

● 用途によって3種類のダイオードを使い分ける

ダイオードは3種類あり，整流用ダイオード，高速リカバリ・ダイオード，ショットキー・バリア・ダイオードがよく使われます．ダイオードにおいて，何ごともすべて満点というものはなく，用途にあわせて適材適所の選定が重要です．

▶整流ダイオード

50/60 Hzの電源周波数レベルの正弦波電圧の整流に使われます．インバータなどで作った高周波の波形を整流してはいけません．リカバリにより壊れる恐れがあります．

▶高速リカバリ・ダイオード

高周波スイッチング用です．インバータやチョッパの還流ダイオード，スナバ用のダイオードによく使用されます．チョッパ・インバータなどで作った高周波の波形を整流できますが，高速リカバリ・ダイオードはオン電圧が高くなる傾向があります．従って，電源周波数の整流に使用すると導通損失が大きくなり，効率が悪化するので注意が必要です．リカバリするときの電圧と電流の振る舞いも重要です．急激にリカバリすると大きな電圧サージを発生したり，振動的な電圧/電流波形となったりします．そのため，素子に大き

なストレスを与えたり，ノイズが発生したりします．

▶ショットキー・バリア・ダイオード

オン電圧が低く，リカバリも発生しないので理想的です．しかし耐圧が90 Vくらいまでしかありません．次世代ワイド・バンド・ギャップ半導体の一つであるSiCを使えば，高耐圧のものが作れるので非常に性能がいいです．従来のシリコンは数十Vを出力する電源回路の二次側の整流回路によく使用されます．

(3) IGBT：200 V，400 V系の主役

● ゲート-エミッタ間の電圧を制御してON/OFFさせる

IGBTはパワートランジスタと違って，電圧駆動型の素子です．つまり，トランジスタではベース電流を流して，コレクタ-エミッタ間電圧を飽和させてONしますが，IGBTではゲート-エミッタ間に電圧を加えてONします．IGBTは高耐圧化してもオン電圧(コレクタ-エミッタ間飽和電圧)が低いため比較的高電圧，大容量変換器で使われます．700，N700系新幹線はIGBTで動いています．耐圧は600 Vから6.6 kVまであり，600 V，1200 V品が産業用インバータなどでよく使われます．

IGBTは高耐圧品ほどオン電圧が高くなりますが，最近はフィールド・ストップという技術が開発され，1200 V，1700 V品のオン電圧が下がってきています．フィールド・ストップとは半導体のnベース層(nドリフト層)に濃度の高い電界を止める層を設けた構造[1]であり，トレンチ技術と相まって，低オン電圧化を図ることができます．

通常IGBTはコレクタの方がエミッタより電位を高くしないといけません．逆方向に対しても耐圧をもつ逆阻止IGBT(RB-IGBT)をT-タイプ3レベルと呼ばれる回路[2]に適用すると従来のインバータに比べて損失を低減できるなど，新しい応用が開けてきています．

スイッチング時間についても，当初はテール電流と呼ばれるターンオフ時にしっぽのように発生する残存電流が大きかったですが，改良開発が進みテール電流はだいぶ小さくなり，1980年代後半のデビュー当時のターンオフ時間は1.5 μs程度だったのが，今では500 ns前後のものまであります．IGBTでは，サイリスタ，GTOやパワートランジスタに比べ高速にON/OFFできるため，20 kHz程度までスイッチング周波数を高くできます．特に15 kHz以上にすると人間の可聴範囲を越えるため，無騒音化できるので，家電製品などではよく使われます．しかし，3.3 kVや6.6 kVなどの高耐圧品は高電圧を遮断するためスイッチング速度が遅く，スイッチング周波数はIGBTであっても数kHzです．

(4) MOSFET：高速スイッチングできるが，リカバリに注意！

● 低電流時のオン損失が小さい

　MOSFETはIGBTと同じく，電圧で駆動する素子です．特徴はIGBTよりも速い速度でON/OFFできることと，オン電圧特性が抵抗特性であることです．ただし，耐圧が高くなると半導体ウェハが厚くなるためオン抵抗が極端に大きくなる傾向があります．従って，DC-DCコンバータやAC-DCコンバータなどのスイッチング電源などの低い電圧の機器で良く使用されます．

　オン電圧が抵抗特性を持っているため，電流が小さいときのオン損失はIGBTよりも小さくできます．この特性を利用して，パワーコンディショナなど軽負荷時の効率が重要な装置への適用に注目が集まっています．特に低耐圧品（300 V以下）の性能がいいので，低耐圧の素子で高耐圧の回路を構成できる「マルチ・レベル・コンバータ」回路にMOSFETを用いることで，全体の効率を向上させることができ，99％以上の効率も実現できます[4]．

　MOSFETの高耐圧品にはスーパ・ジャンクションとかCool MOSという種類があります．基本的に両者は同じような構造であり，高耐圧（500 V品）でもオン抵抗を小さくできます．従って，これらのデバイスを用いると200 V系の電源に対してもMOSFETを使用できます．

● 内蔵ダイオードのリカバリ

　MOSFETの欠点は，デバイス構造的に還流ダイオードが内蔵されてしまうことです．一見便利に見えますが，残念なことにこの内蔵ダイオードの性能のリカバリ特性が非常に悪いです．MOSFETのスイッチング特性が良いだけにもったいないです．特に前述のスーパ・ジャンクションや，Cool MOS構造の高耐圧品は，オン抵抗とのトレードオフもありますが，内蔵ダイオードのリカバリ特性が悪いものが多いので，リカバリ・モードがあるような用途に使うと，損失が特に大きくなってしまいます．

　この内蔵ダイオードを働かせないようにするため，リカバリ・モードがある回路で使う場合には，図4(a)のようにMOSFETに直列にダイオードを接続し，その外側に還流ダイオードを新たに接続する必要があります．直列に入れるダイオードはオン電圧を低減するためにショットキー・バリア・ダイオードを使用しますが，オン電圧の増加と回路の複雑化は避けられません．MOSFETはリカバリをさせないように使用することが重要です．従って，MOSFETに共振型の回路を用いることで，リカバリ・モードをなくし，オン損失を低減できます．

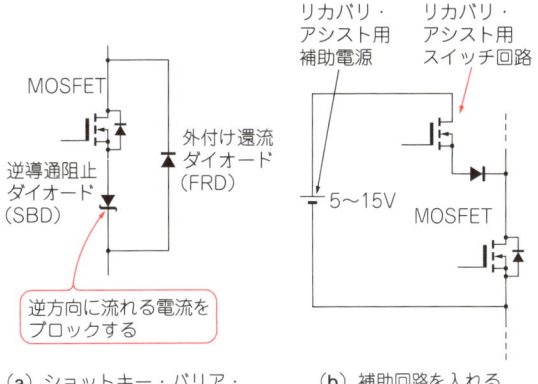

　図4(b)のように，事前に小さな電圧でリカバリを行うような補助回路を入れた「リカバリ・アシスト技術」も実用化されています[3]．なお，IGBTに共振型回路を用いると，テール電流があるためスイッチング損失をある程度しか低減できません．

（a）ショットキー・バリア・ダイオードを使う　　（b）補助回路を入れる

図4　リカバリ時の損失を小さくする方法
MOSFETの内蔵ダイオードはリカバリ時間が長いので，リカバリ時の損失が大きい．

3-4　効率を考えたIGBTとMOSFETの上手な使い分け

● 低圧ではMOSFET，高圧にはIGBTを選択

　基本的にはDC-DCコンバータなどの低圧の電源の分野でMOSFETの方がよく使われ，モータ・ドライブや系統連系などの200 V，400 V系の世界ではIGBTが使用されます．この理由は，MOSFETの方がスイッチング特性が良く高速でスイッチングできるため，高周波で動作できます．電源の分野では高周波で動作させるとトランスやフィルタを小型化できるので，大きなメリットが生まれます．一方，モータ・ドライブや系統連系ではスイッチング周波数は20 kHzくらいで，そう高くはありません．耐圧は600 Vや1200 Vが要求されインバータにはリカバリ・モードがあるので，IGBTの方が使いやすいです．

● MOSFETを使うコツ：電流を流しすぎないこと

　図5，図6にIGBTとMOSFETのスイッチング特性とオン電圧特性の比較を示します．図5の上側の波形はIGBTを，下側の波形はMOSFETを接続（後述の2in1構成）して，スイッチング試験した結果です．MOSFETは高速でスイッチングできますが，回路の寄生インダクタンスや寄生容量により振動しています．また，IGBTのようにテール電流は発生しませんが，対抗アーム（上アーム）の還流ダイオードのリカバリ特性が悪いため，ターンオン時の電流のオーバーシュー

(a) ターンオン時　　　　　　　　　　　　　　(b) ターンオフ時

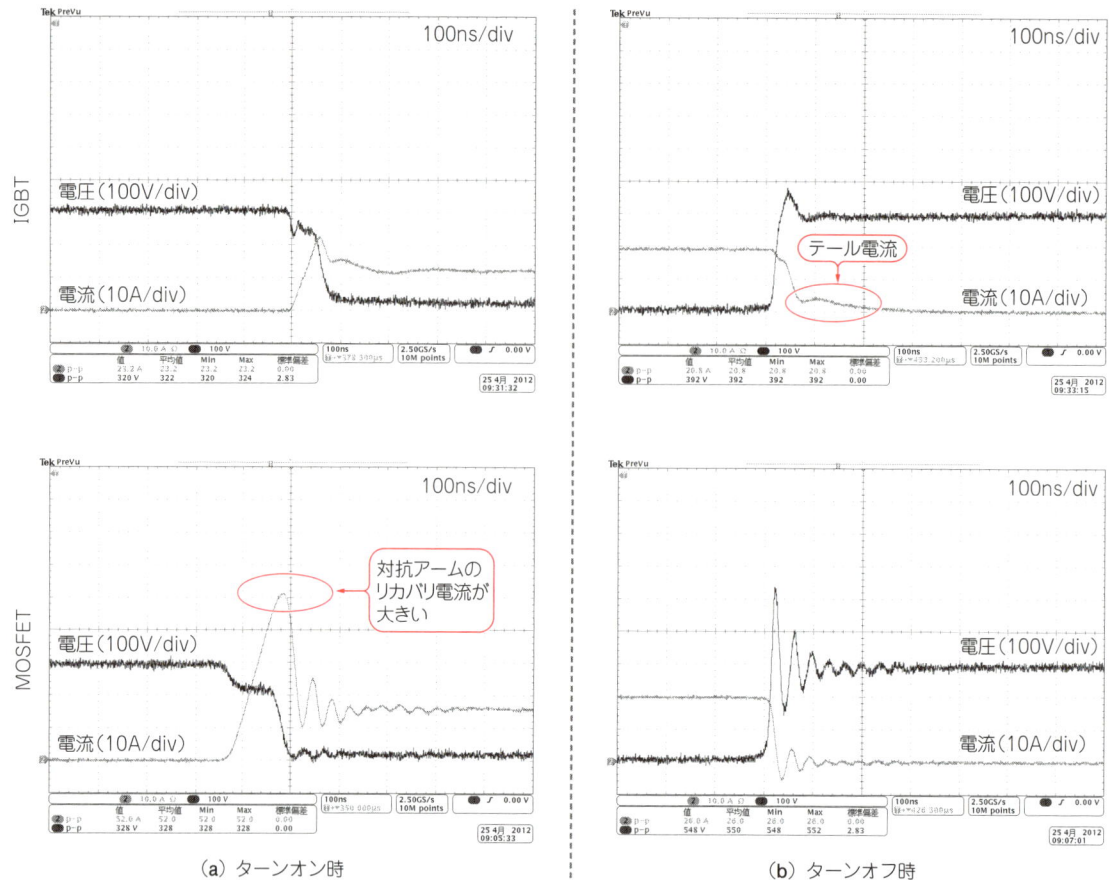

図5　MOSFETとIGBTのスイッチング波形
MOSFETはスイッチングが速いので，サージが出やすい．またリカバリも早い．MOSFETは耐圧600V，定格電流42Aの2SK3697（富士電機）．IGBTは耐圧600V，定格電流30Aの1MBH30D-060（富士電機）．

トが大きくなっています．MOSFETの方が高速であるためIGBTのときよりも実装には気をつけなくてはいけません．

図6のオン電圧特性は電流の大きい領域で，IGBTの方がMOSFETより小さいことがわかります．MOSFETは定格電流より十分小さい電流で使用した方が，低オン抵抗特性を活かせます．たとえば，今回の場合も3並列にすれば，オン抵抗は1/3になってオン電圧も1/3に減るので，15A程度まではMOSFETの方がオン電圧を小さくできます．従って，MOSFETを使って高効率を実現するコツは次の2点です．

（1）リカバリをさせない
（2）電流容量に十分余裕を持つ

3-5　モジュールの利用

● IGBTと還流ダイオードがセットで搭載される

IGBTは太陽光パワーコンディショナだけでなく，モータ駆動用インバータや電源用回生コンバータなど広く使用されています．一つ一つ素子を接続して回路を作ると面倒なので，いくつかの素子が一つのパッケ

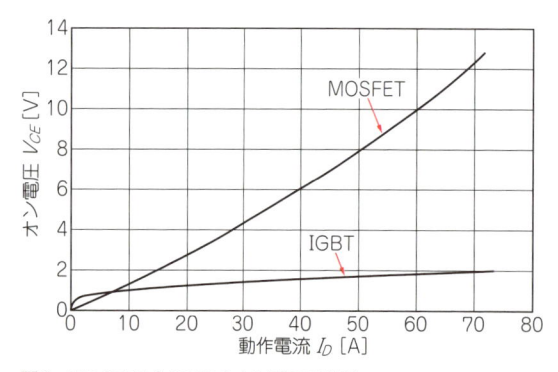

図6　MOSFETとIGBTのオン電圧の比較
大電流領域ではオン電圧はIGBTの方が小さい．MOSFETは低電流領域ではオン電圧が小さいので，電流定格より余裕を持って使うことで，オン電圧を下げられる．MOSFETは耐圧600V，定格電流43Aの2SK3681-01（富士電機）．IGBTは耐圧600V，定格電流50Aの6MBI50VA-060-50（富士電機）．

30　第3章　スイッチング用パワー半導体

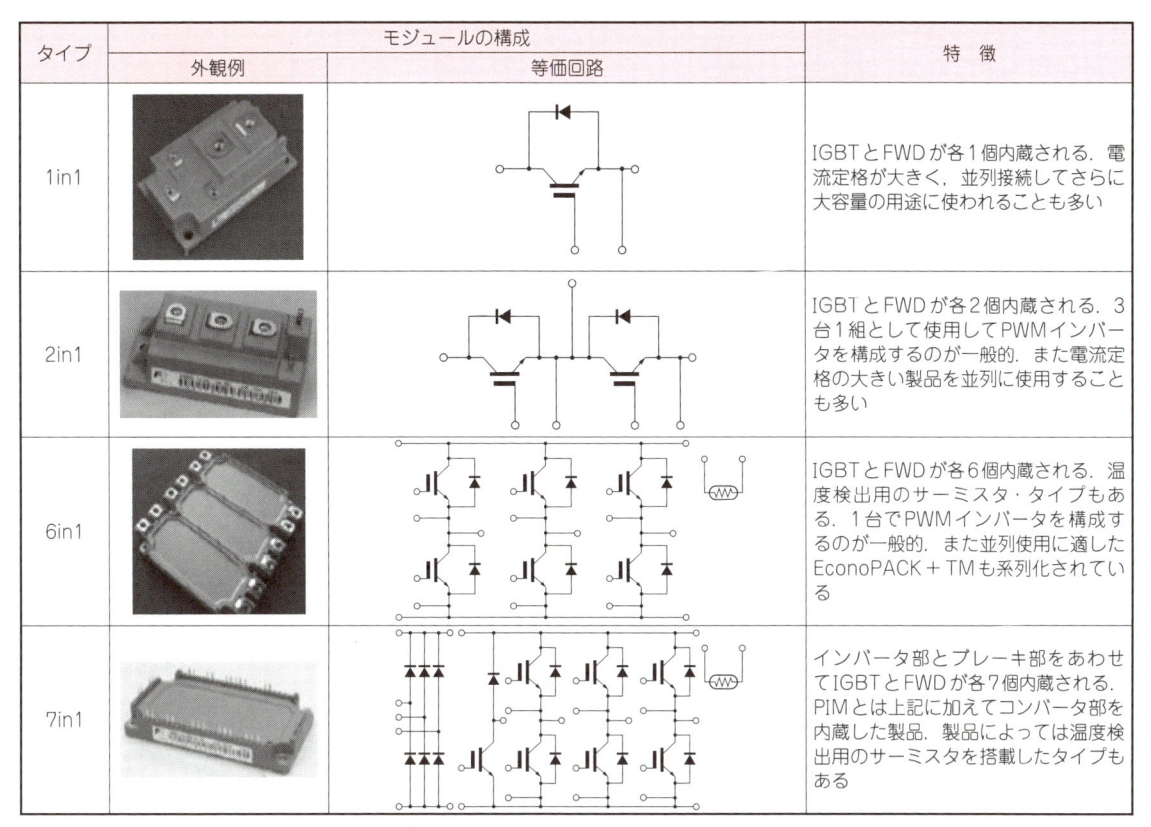

タイプ	モジュールの構成 外観例	モジュールの構成 等価回路	特徴
1in1			IGBTとFWDが各1個内蔵される．電流定格が大きく，並列接続してさらに大容量の用途に使われることも多い
2in1			IGBTとFWDが各2個内蔵される．3台1組として使用してPWMインバータを構成するのが一般的．また電流定格の大きい製品を並列に使用することも多い
6in1			IGBTとFWDが各6個内蔵される．温度検出用のサーミスタ・タイプもある．1台でPWMインバータを構成するのが一般的．また並列使用に適したEconoPACK＋TMも系列化されている
7in1			インバータ部とブレーキ部をあわせてIGBTとFWDが各7個内蔵される．PIMとは上記に加えてコンバータ部を内蔵した製品．製品によっては温度検出用のサーミスタを搭載したタイプもある

図7 IGBTとダイオードが内蔵されたIGBTモジュールの種類

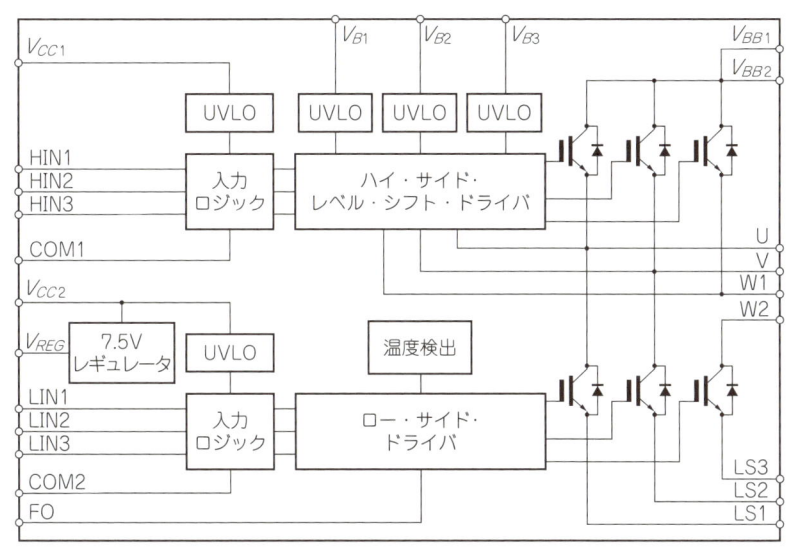

◀図8
IPMの内部回路例
IPMはドライブ回路や保護回路も内蔵する．

表2 想定するパワーコンディショナの仕様

項目	数値
定格出力電力	4 kW
定格出力電圧	単相200 V
定格出力周波数	50 Hz，60 Hz
入力電圧	DC160～380 V

ージに入ったモジュールが発売されています．一部を除いて基本的にIGBTは還流ダイオードとセットで内蔵されたモジュールが販売されています．

図7にIGBTのモジュールの種類を示します．大容量や小容量向けに1in1タイプがありますが，2in1，6in1タイプが人気です．

2in1タイプは3相インバータ以外の回路構成をIGBTで実現するときに便利です．

6in1は平滑コンデンサと，ドライブ回路を接続すれば，インバータが構成できるので，3相インバータを作る際には非常に便利です．

図8に示すように，ドライブ回路や保護回路（過電流，過電圧，過熱など）が一つのパッケージに入ったインテリジェント・パワー・モジュール（IPM）もあり

ます．IPMにはいろいろな種類があります．ゲート・ドライブの電源にブート・ストラップ方式によるハイサイド・ドライブを採用し，制御電源低下保護，過熱検出（非停止），異常信号出力，3シャント電流検出などの機能がついています．この結果，家電製品など，周辺部品を極力削りたい場合に重宝されてます．

● ダイオードやMOSFETにもモジュールは存在する

ダイオードもIGBTと同様に2in1や6in1，アノード・コモンやカソード・コモンのモジュールが発売されています．高速用，整流用，ショットキー・バリアなど用途に合わせた選定が重要です．

MOSFETにもモジュールはありますが，IGBTほど一般的ではありません．これは前述のリカバリの問題により単純な2in1や6in1では使い難いからです．

3-6 スイッチング素子の簡易的な選定方法

● 太陽光発電用パワーコンディショナの場合

表2に想定するパワーコンディショナの定格を示します．スイッチング素子の選定は制御の方法や損失で大きく変わります．ここは，入力電圧を常に380Vの直流に変換し，インバータで太陽光パネルから単相電源に電力を送ること（系統連系）を考えます．電流容量の選定は，素子を流れる最大電流を上回るように選定します．

▶ チョッパ部

太陽光パネルの特性を考えると160V入力時に4kW出力することはありませんが，ここは余裕をみて設計します．入力電圧160Vで4kWなので，入力部の電流は25Aとします．最大入力電圧が380Vなので，600V耐圧のIGBTを用います．MOSFETで高周波にする方法もありますが，リカバリ対策が必要なため，簡単なIGBTにします．IGBTの電流定格のラインナップは30A品の次は50A品です．30A品を選定するとギリギリなので，ここは600V，50AのIGBTを選びます．どの程度余裕をとるかは制御法や冷却方法，周囲温度などにも大きく依存しますが，1.5倍〜2倍くらいの余裕をとって素子を選ぶといいでしょう．

▶ インバータ側

4kWの出力電圧で200V電源に連系するので，電流は20Aです．電流の最大値は$20 \times \sqrt{2} = 28$Aなので，ここについても50Aの素子で大丈夫です．電圧はチョッパ部の電圧と同じ380Vなので，600V耐圧の素子を選びます．

結果として，チョッパ部と同じ電圧電流容量の素子なので，6in1のIGBTモジュールを使用します．例えば，6MBI50VA-060-50（富士電機）を選んだとします．ス

イッチング周波数はIGBTなので20kHzです．20kHzを選んだ理由は可聴範囲を超えていることと，スイッチング周波数が高い方が昇圧リアクトルや連系リアクトルを小さくできるからです．

ここでは余裕を持って決めました．しかし，コストの点などでもっとギリギリの素子を使いたい場合には，動作モードを考えて損失シミュレーションを実施します．ジャンクション温度を推定して，ジャンクション温度が所定の値を超えないような素子を選びます[1]．細かい損失の推定や冷却器の選定は，第8章で解説しています．

　　　　　　　＊　　　　　＊　　　　　＊

本章では，パワエレの核心部である半導体スイッチング素子を見てきました．いろいろなスイッチング素子がありますが，いずれも利点と欠点があり，残念ながら一つですべてのことはできません．この辺もパワエレの奥深さなのかもしれません．

◆参考文献◆

(1) 五十嵐征輝；パワー・デバイスIGBT活用の基礎と実際；CQ出版社．
(2) アドバンスドNPC 3レベルインバータモジュール技術資料；http://www.fujielectric.co.jp/products/semiconductor/technical/tech_material/adv_3lv_tech.html；富士電機㈱．
(3) 餅川，小山；小型・低損失インバータを実現する新回路技術；東芝レビュー Vol.61 No.11 2006．
(4) 樫原有吾，伊東淳一；5レベルアクティブNPCインバータのパラメータ設計；電気学会論文誌 産業応用部門 Vol.131 No.12, pp.1383-1392 2011．
(5) 富士IGBTモジュール アプリケーション マニュアル，RH984b；富士電機㈱．

（初出：「トランジスタ技術」2012年7月号）

もっと知りたいあなたへ：ソフト・リカバリ特性と微小オンパルス　　Column

　ダイオードは短い時間で素直にリカバリする「ソフトリカバリ」特性が重要になります．

　リカバリ時の振る舞いはダイオードのパルス幅（オン時間）によっても変わります．あまり短い時間でダイオードをスイッチングすると，サージ電圧が増大します．これを微小オンパルス・リカバリと言います．微小オンパルス・リカバリはインバータで，対向アームのIGBTのオン時間が非常に短いときに起こります．この場合，ダイオードに十分キャリアの蓄積がない状態でリカバリ動作に入るので，空乏層が急激に広がって急峻なdi/dtおよびdv/dtを発生させます．図Aにこの微小オンパルス・リカバリの様子を示します．リカバリに伴うサージ電圧が大きく発生していることがわかります．この対策としては，最小オン時間を規定すること（オン時間を最低1 μs以上にする必要がある），ゲート抵抗を大きく設定することなどが挙げられます．サージ対策としてはゲート抵抗を大きく設定することは有効ですが，スイッチングが遅くなり，スイッチング損失が増加するので，注意が必要です．図Aではゲート抵抗を大きくすることで，リカバリ時の電圧振動やサージがおさえられている様子がわかります．

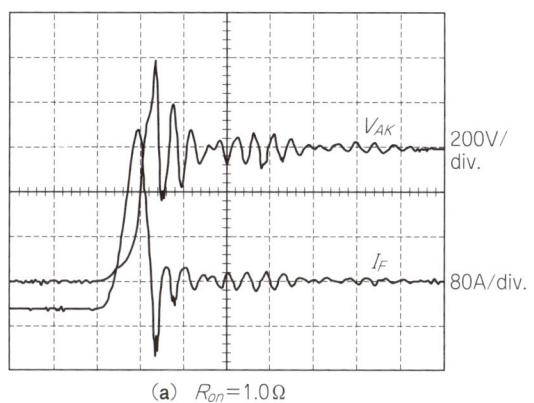

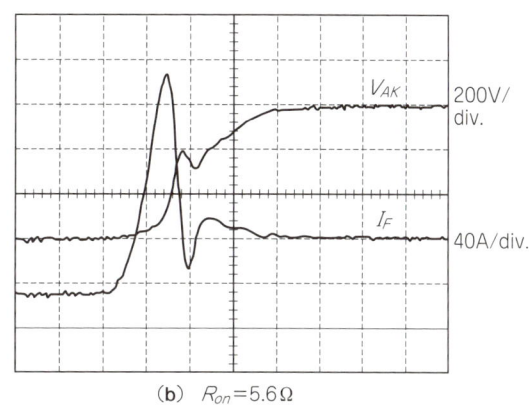

（a）$R_{on}=1.0\,\Omega$　　　　（b）$R_{on}=5.6\,\Omega$

$V_{dc}=600\text{V}$, $I_F=50\text{A}$, $T_j=125℃$, $t_W=1\,\mu\text{s}$
IGBT：**6MBI450U-120**

図A　IGBT（6MBI450U-120）のショートオンパルス・リカバリ特性
出典：富士電機IGBTアプリケーションマニュアル，2011年5月，RH984b，図5　ダイオードの逆回復動作より．

第4章 絶縁を理解してパワエレ回路を確実に動かす

強電部と弱電部の絶縁

パワエレの難しさの一つに一つのシステムの中に数百V（ときには数kV）の強電部分と5V，3.3Vなどの弱電部分が混在していることにあります．この章では，太陽光発電用インバータなどのパワエレ装置を動かすために必要な制御回路と主回路との間の絶縁について解説します．

4-1 絶縁する理由

● 電位が違う強電部と弱電部は絶縁して信号を送る

図1に太陽光発電用パワーコンディショナの構成を示します．太陽光パネルで発生した直流電圧を交流電圧に変換し，発電電力が最大になるように調整する役割をするのがインバータやチョッパです．インバータやチョッパを構成する部品の一つとしてキモとなるスイッチング素子は大電力を扱う主回路（強電部）で使われます．

主回路はスイッチングするために主回路と制御回路で電位変動が生じるので，制御回路（弱電部）に直接接続できません．絶縁またはそれに相当する何らかの対策をして信号を送る必要があります．

絶縁技術はパワエレ特有のものです．製作したインバータが動かない場合は大抵「絶縁」の方法が間違っているといってもよいでしょう．

● 上側の駆動回路のGND電位が変動する

チョッパなどに使われるスイッチング回路は上下にある二つのスイッチング素子を交互にON/OFFするように駆動します．

弱電回路では，図2(a)のようにPNP型（2SAタイプ）とNPN型（2SCタイプ）を組み合わせたトーテムポール型の回路がありますが，この回路構成で数kWの電力をスイッチできる素子は存在しません．

スイッチング素子は年々，スイッチング速度の向上や高電流密度化が進んでいます．パワーMOSFETでは，Nチャネル型の2SKタイプのものしか使われていません．スイッチング素子の内部の電流の流れは，電子の移動か，ホール（正孔）の移動によります．Nチャネル型の2SKタイプのものは前者，Pチャネル型の2SJタイプのものは後者を利用しています．電子の移動がホールの移動よりも圧倒的に速いため大電力を扱うスイッチング素子では，2SKタイプのものしかありません．

図2(b)のようにNチャネル（2SKタイプ）を接続します．上側のIGBT素子の駆動回路Drv_HのGND$_1$は下側のIGBTの駆動回路Drv_LのGND$_2$と一緒にすることはできません．下側のIGBTがONすると，Drv_HのGNDは下側のDrv_LのGND$_2$と同電位になりますが，下側IGBTがOFFするとDrv_HのGND$_1$は上側IGBTのエミッタ電位となり，上側IGBTのゲート

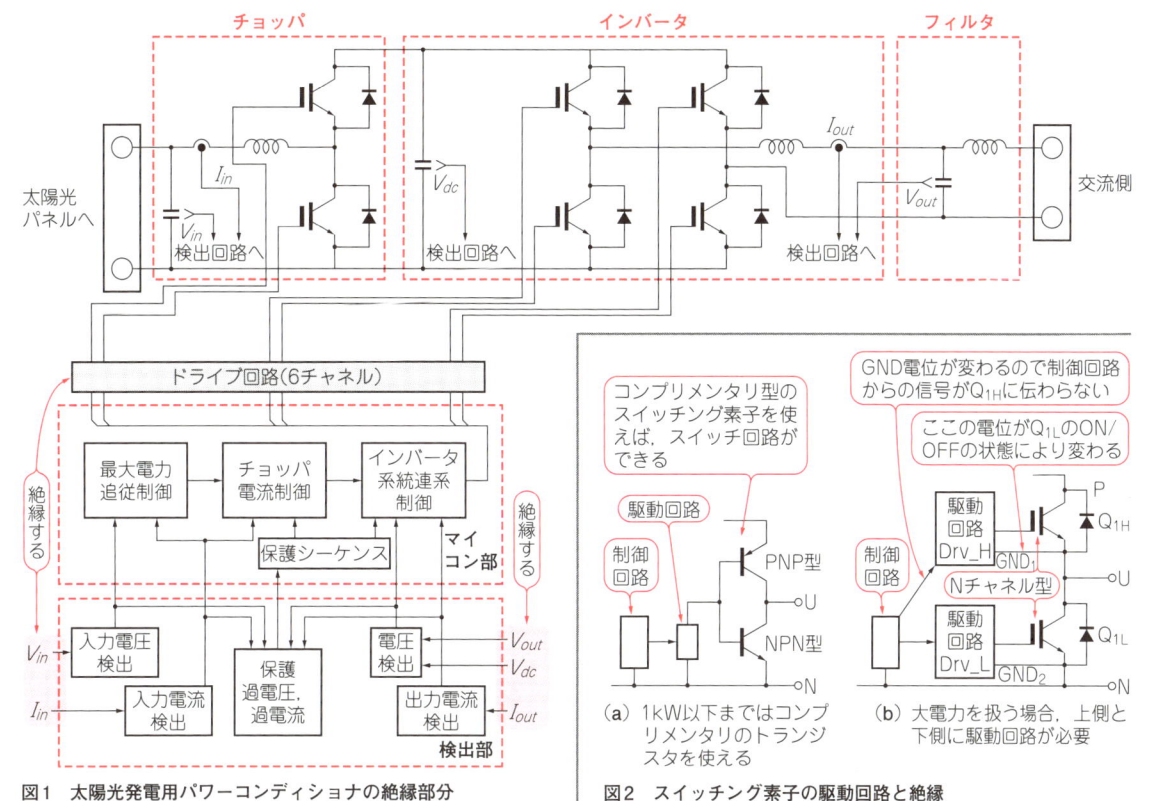

図1 太陽光発電用パワーコンディショナの絶縁部分
強電部と弱電部は絶縁することで制御回路からの信号を主回路に安全・確実に伝える．

図2 スイッチング素子の駆動回路と絶縁
下側のスイッチのON/OFFにより上側の駆動回路のGND$_1$の電位は変動するので絶縁が必要．

(a) 1kW以下まではコンプリメンタリのトランジスタを使える
(b) 大電力を扱う場合，上側と下側に駆動回路が必要

-エミッタ間に所望の電圧を加えることができません．

上側IGBTのゲート-エミッタ間に所望の電圧を加えるには，**図3(a)** のように上側IGBTの駆動回路Drv_Hと制御回路を絶縁して信号を送ります．絶縁の機能は駆動回路に持たせます．注意が必要なことは，下側駆動回路のGND$_2$の接続点です．回路図としては正しくても，実際は誤動作します．IGBTのエミッタとDrv_LのGND$_2$との間に配線インピーダンスがあり，大電流が流れると電位が変動するためです．このため**図3(b)** の対策後のように一点アースする必要があります．パワエレ回路の場合，装置の電力容量が大きくなればなるほど，一点アースにすることは難しくなります．そのため，**図3(c)** のように下側のDrv_Lも制御回路と絶縁します．

パワエレを感じるとき
もちろん，酒を飲んでいるとき．
魚仙のノドグロ，最高の肴だな．

4-1 絶縁する理由　35

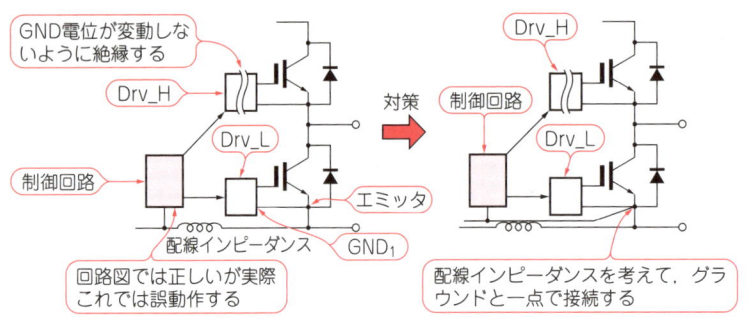

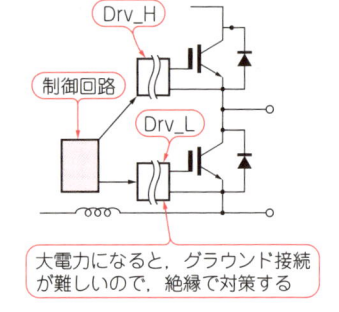

(a) 上側駆動回路を絶縁する　　(b) 下側の駆動回路のGND配線に注意する　　(c) 下側も絶縁しておけば，配線が楽になる
図3　駆動回路で制御回路を絶縁するときの注意点

● 商用電源とインバータの直流ライン接地を同じ電位にすると短絡電流が流れる

パワエレ機器は電源として使うので，出力を安定した電位や接地に接続する必要があります．日本の商用電源は出力線のどれかが接地されています．

パワエレ機器の主回路全体の電位変動について考えてみましょう．前述した電位変動は制御回路から見ていますが，商用電源から見た場合を考えます．

図4(a)のようなインバータを考えます．商用電源は片方が接地されています．太陽光パネルが接続される直流ラインの負側の電位は接地に対して，インバータの直流電圧とスイッチング周波数で変動します．そのためこのラインに人が触ると，感電死する危険があります．

そこで，直流ラインを接地したらどうでしょうか．接地線を通して高周波の電流が流れ周辺機器に多大な影響を与えてしまいます．したがって，商用の絶縁トランスを図4(b)のように入れます．負側のラインを接地電位として，トランスの2次側が変動します．トランスは1次側の商用電源にこの電位変動を伝えないので，問題がなくなります．

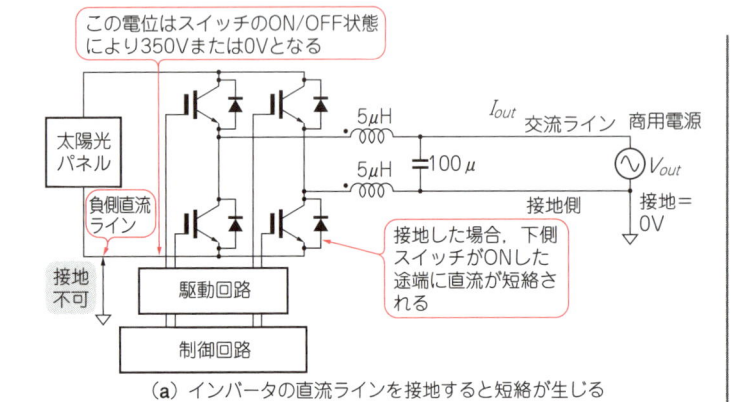

(a) インバータの直流ラインを接地すると短絡が生じる

(b) トランスで絶縁すれば，接地しても問題ない

図4　主回路の接地法
商用電源と同電位で接地すると危険なので絶縁トランスを使う．

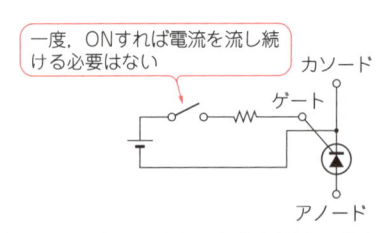

(a) サイリスタ：電圧を1回加えればONし続ける

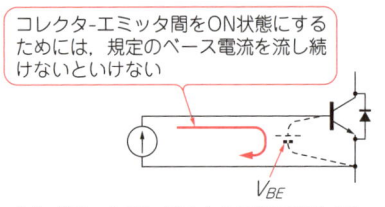

(b) パワートランジスタ：電流で駆動する

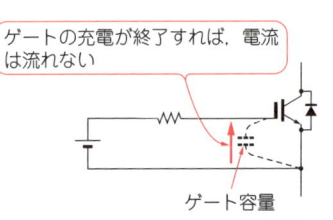

(c) IGBTやMOSFET：電圧で駆動する

図5　基本的なスイッチング素子とそのON/OFFの方法

36　第4章　強電部と弱電部の絶縁

4-2 スイッチング素子の駆動方法

● スイッチング素子のON/OFF方法

図5にスイッチング素子の動作のようすを示します．

▶ サイリスタ

1回だけ，ゲート‐カソード間に電圧を加えて電流を流す(トリガという)とON状態になります．しかし，OFFはゲートで制御できません．アノード‐カソード間が逆バイアスされ電流がゼロになったときOFFします．

▶ バイポーラ・トランジスタ

電流で駆動します．小信号用トランジスタと同じで，ベース‐エミッタ間に電流を流します．コレクタ‐エミッタ間の電流は電流増幅率h_{FE}で決まります．したがって，ベース電流が不足すると，スイッチとして完全にON状態にならず(能動領域)，導通損失が増大します．スイッチのON状態を保つためにはベース電流は常に流している必要があります．電流容量が大きいトランジスタはh_{FE}が小さく，駆動回路の損失も無視できません．

▶ IGBT，MOSFET

電圧で駆動します．ゲート‐ドレインまたはコレクタ電圧が，しきい値電圧以上に上昇するとスイッチはONし，以下になるとOFFします．ゲート電流はゲート容量を充電するときに流れるだけで，パワートランジスタのように常に電流は流れません．駆動回路の損失もパワートランジスタよりも小さくて済みます．そのため，IGBTやMOSFETがよく使われます．

● 絶縁型の駆動回路で押さえておくべき七つのポイント

パワーコンディショナをはじめほとんどのパワエレ機器ではIGBTとMOSFETが使われます．図6にこれらのスイッチング素子を駆動させるための押さえるべきポイントを示します．パワエレ特有の現象として，駆動回路の1次側と2次側の間には，スイッチング動作により，大きな短時間の電圧(dV/dt)が加わります．浮遊/結合容量Cに流れる(1次‐2次間を流れる)電流Iは$C(dV/dt)$で決まります．この電流は流れてほしくないものなので，次の(1)と(2)を理解しておく必要があります．

(1) 1次‐2次間の結合容量

駆動電源やトランスなどの結合容量を通って，電流が制御回路側や電源側に漏れます．20 kHz以下のスイッチング周波数であれば，結合容量が100 pF以下の駆動電源やトランスが必要です．スイッチング周波数が高いときは，結合容量が小さいものを選びます．

(2) 1次‐2次間の瞬時同相電圧除去比(CMRR：Common Mode Rejection Ratio)

主回路はスイッチの状態により電位変動を起こします．スイッチング速度が速ければ速いほど，電位変動する速度も急峻(dV/dtが高い)で，2次出力信号に影響を及ぼします．使用するスイッチング素子のスイッチング時間，立ち上がり時間，立ち下がり時間を調べて，そのdV/dtのときに，出力電圧の変動がゲート電圧のしきい値を越えない信号伝達素子を選びます．

(3) フォトカプラや電解コンデンサの寿命

スイッチング素子の近くに配置される場合は周囲温度が上がるので，温度を考慮した設計が必要です．

(4) 1次‐2次伝達速度

スイッチング素子のスイッチング周期に対して1/100程度を目安とした伝達速度の絶縁素子が必要です．

(5) ON駆動能力

駆動回路の出力電流でゲート容量を充電します．高速にONさせるためには，それに見合った電流を流す必要があります．IGBTやMOSFETの駆動回路では，ゲート‐エミッタ間容量を充放電するだけなので，ピーク電流I_pはゲート抵抗をR_g，内部抵抗をR_c，駆動回路の正バイアスをV_{gp}，負バイアスをV_{gn}とすれば，次の式でも簡易的に求めることができます．

$$I_p = \frac{V_{gp} - V_{gn}}{R_c + R_g}$$

駆動回路の電圧は±15 Vを与えて消費電力は平均で1 W程度ですが，ピーク電流は1～2 Aとなる場合もあります．ゲート電圧とゲートに入れる直列抵抗との関係でゲート電流の大きさは決まりますが，フォトカプラの出力電流で不足する場合はバッファ回路を設計します．

(6) OFF駆動能力

高速にOFFさせるためにはゲート容量をON時とは逆に高速に放電させる必要があります．逆バイアス

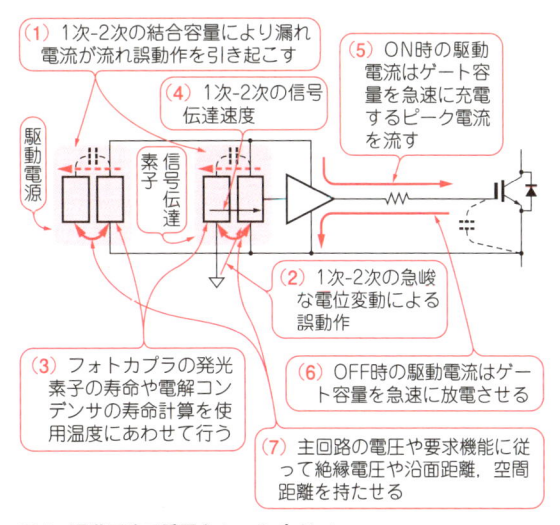

図6 駆動回路で重要な七つのポイント

表1 主回路の動作電圧と絶縁の種類によって，絶縁距離が決まる

条件は，感電保護クラス：Ⅰ，汚損度：2，材料グループ：Ⅲaまたは Ⅲb．

(a) 絶縁電圧

該当する回路		主回路間または駆動回路間 （1次回路間）		主回路-制御回路 （1次回路-2次回路または筐体）
適用する電源		機能絶縁	基礎絶縁	強化絶縁
動作電圧DC または実効値	184 V 以下	1000 V	1000 V	2000 V
	184 ～ 354 V	1500 V	1500 V	3000 V

(b) 沿面距離

該当する回路		主回路間または駆動 回路間（1次回路間）	主回路-制御回路 （1次回路-2次回路）
適用する電源		機能/基礎絶縁	強化絶縁
動作電圧 DC または 実効値	DC250 V 以下　AC250 V$_{RMS}$ 以下	4.0 mm	8.0 mm
	DC300 V 以下　AC300 V$_{RMS}$ 以下	5.0 mm	10.0 mm
	DC400 V 以下　AC400 V$_{RMS}$ 以下	6.3 mm	12.6 mm

(c) 空間距離

該当する回路		主回路間または駆動回路間 （1次回路間）		主回路-制御回路 （1次回路-2次回路）
適用する絶縁		機能絶縁	基礎絶縁	強化絶縁
動作電圧	DC210 V 以下	AC150 V$_{RMS}$ 以下	0.8 mm	1.3 mm	2.6 mm
	DC210 ～ DC420	AC150 ～ AC300 V$_{RMS}$	1.5 mm	2 mm	4 mm

- 主回路の動作電圧で決まる
- 主回路内では，機能絶縁か基礎絶縁を選ぶ
- 主回路と制御回路間では，強化絶縁

【図の注釈】
- 制御電源用の巻き線は，強化絶縁をするために規格を取得した絶縁スリーブを被せて巻いてある
- パワーMOSFET
- IGBT駆動用HIC
- 電源トランス
- 制御電源（制御回路側）
- 主回路側
- HIC内部主回路側／制御側
- 交流入力側
- 制御回路側
- フォトカプラ駆動信号絶縁
- 駆動電源（主回路側）
- パターン間距離 空間距離4.0 mm以上
- パターン間距離 沿面距離8.0 mm以上
- パターン間距離 機能絶縁4.0 mm以上

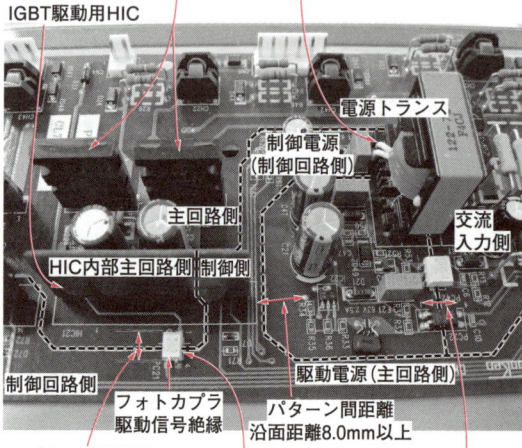

フォトカプラの端子間は6 mmしかないので，沿面距離8.0 mm以上がとれない．そこで，フォトカプラの下の基板にスリット穴をあけて空間距離4.0 mm以上をとっている

図7　IEC65950適用基板の例

本基板の仕様
　主回路と制御回路の間：強化絶縁．
　主回路側と交流入力側の間：機能絶縁．
表1に従う絶縁距離．
　主回路の動作電圧　実効値 AC250 V以下，ピーク値DC420 V以下．
　・沿面距離　機能4.0 mm 強化8.0 mm．
　・空間距離　機能2.0 mm 強化4.0 mm．

回路を設けるか，OFF時の方がゲート抵抗を小さくする回路を付けるなどします．

(7) 絶縁耐圧，絶縁距離

主回路の電圧や要求機能に従って絶縁電圧や沿面距離，空間距離を持たせる必要があります．表1にIEC 60950に従った主な値を示します．主回路（1次回路）の動作電圧により必要な耐圧や距離が変わります．図7に適用例を示します．製品設計では必ず規格に従わなければなりませんが，実験では目安にすればよいです．

4-3　駆動回路部の絶縁方法

● フォトカプラによる絶縁

図8に信号の絶縁によく使われるフォトカプラを用いた単相フルブリッジ・インバータ回路を示します．フォトカプラはIGBTやMOSFET駆動用のTLP350（東芝）を使用します．

R_3, C_2, C_3, ZDで構成される回路はIGBTをOFFするときに約5 Vの逆バイアス電圧を加えるための回路です．ツェナーダイオードZDの電圧5 VがC_3に充電されます．IGBTがONしたとき，ゲートに加えられる電圧は電源電圧20 Vから逆バイアスの5 V分を差し引いた15 Vです．

● パルス・トランスによる絶縁

図9にパルス・トランスを用いた駆動回路を示しま

(a) 制御回路の信号をフォトカプラを通して主回路に伝えてIGBTを駆動

(b) 駆動回路の動作波形

図8 フォトカプラを使った信号の絶縁方法
IGBTやMOSFET駆動用のTLP350(東芝)を使用．

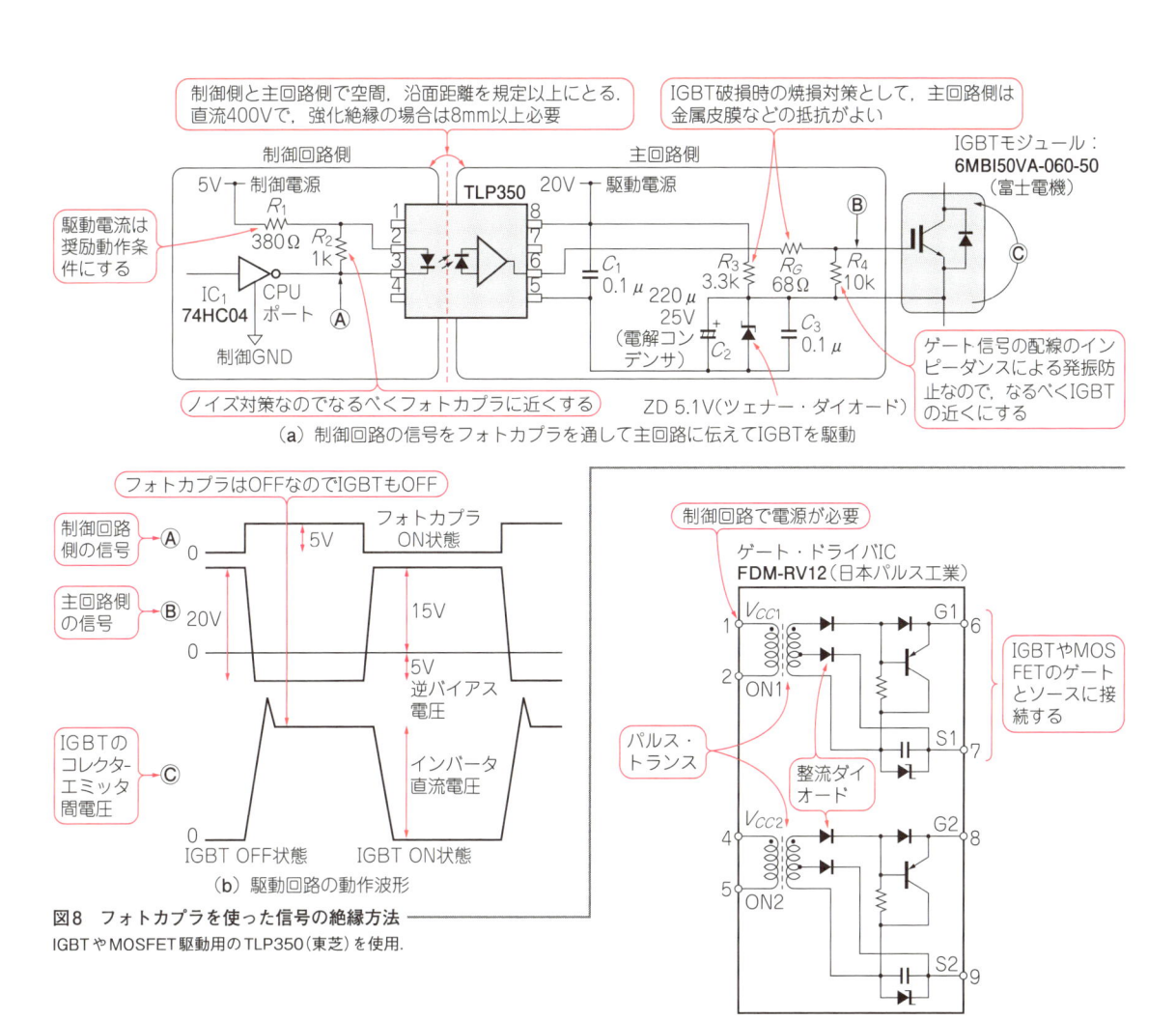

図9 パルス・トランスを使った絶縁方法
日本パルス工業製のFDM-RV12を使用．信号とともに駆動電力を送ることができ，主回路に駆動電源が不要．

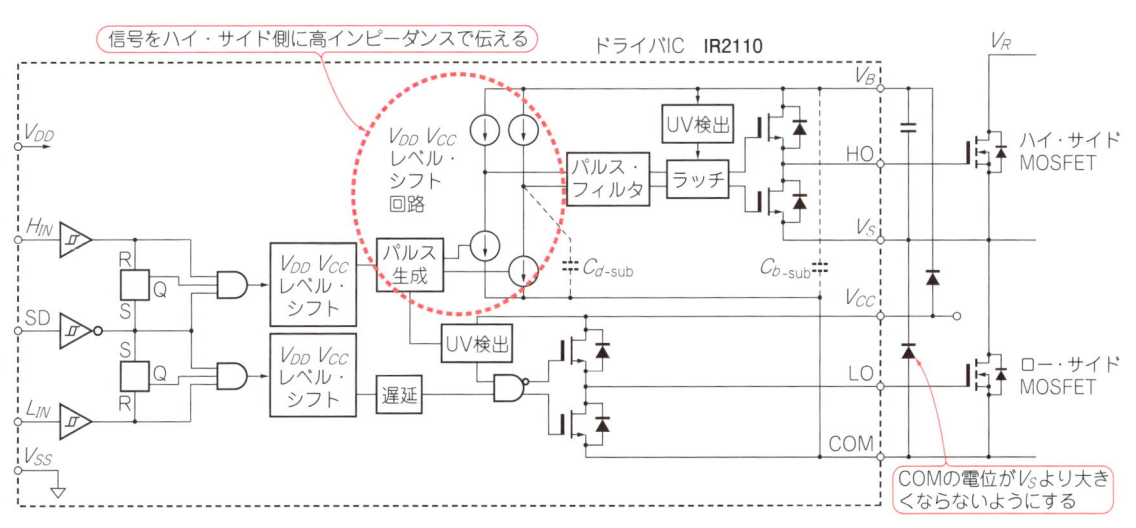

図10 ハイ・サイド・ドライバを使ったゲート駆動回路
インターナショナル・レクティファイアー製のIR2110を使用．

4-3 駆動回路部の絶縁方法　39

絶縁の定番素子フォトカプラを選定するポイント　Column

図Aにフォトカプラの TLP350(東芝)のデータシートの抜粋を示します．フォトカプラを選定するときに重要なのは瞬時同相電圧除去比($CMRR$：Common Mode Rejection Ratio)です．

この値の意味は，測定回路においてフォトカプラの1次側と2次側との間に瞬時同相電圧除去比と同じ電圧の傾きがある 1000 V_{P-P} のパルス電圧を加えたときに，2次側の出力電圧へ影響する値を測定しています．TLP350 では，15 kV/μs を与えたときに 26 V 変動します．しかし，実際のIGBTのスイッチング波形は 3 kV/μsec 程度なので，IGBTのゲート電圧のしきい値を超えることはありません．

1次-2次間の結合容量も，パワエレでは重要です．これはスイッチングによって生じる1次-2次間の電流に関係します．例えばTLP350の場合はデータシートでは1pFです．$I = C(dV/dt)$ で電流が流れるので，3 kV/μsec のパルスでは，I = 3 mA もの電流が流れます．2次側がONになる電流 I_F の最低は 7.5 mA なので，1pFであればほとんど問題ありません．

そのほかノイズによる誤動作を防ぐために，1次側のダイオードと並列に抵抗を付けるなどしてインピーダンスを小さくします．単に「フォトカプラは絶縁されている」と思っているとパワエレ装置を上手く動かすことはできません．

寿命はデータシートには書いていません．実験をする上では特に気にする必要はありませんが，製品設計する場合は，別途メーカに信頼性に関するデータを請求すれば入手可能です．

最後に駆動回路設計で重要なポイントがフェールセーフになるように構成することです．制御回路と駆動回路の信号コネクタが外れた場合や，主回路に電圧が加えられた状態で，制御電源が突然消失したときなど，ゲートがOFFするように設計する必要があります．また，マイコンで直接ON/OFF信号を作る場合，初期化の時間，ゲート信号出力に使っているポートが不確定なので，必ずゲートがOFFする論理値に設定しておく必要があります．

図A　フォトカプラ選定時のデータシートをチェックするポイント

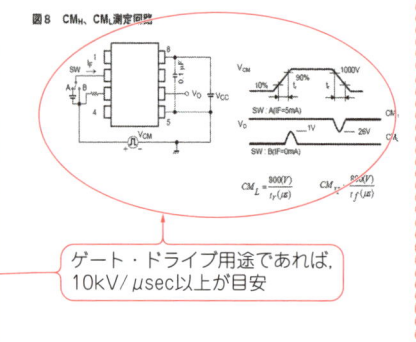

す．ここでは日本パルス工業のゲート・ドライバIC FDM-RV12を使います．IGBTやMOSFETの駆動電力は1W以下なので，パルス・トランスで信号とともに駆動電力も送ることができます．この場合，駆動電源なしでドライブできます．ただし，パルス・トランスの特性にもより，ゲート信号のデューティ比が制限されます．FDM-RV12の入力信号のデューティ・サイクルは最大50%なので，この駆動回路では0～50%の方形波しか送れません．

● ハイ・サイド・ドライバICを使う

図10にハイ・サイド・ドライバICのIR2110（インターナショナル・レクティファイアー）の駆動回路を示します．内部に基準電位をシフトさせるレベル・シ

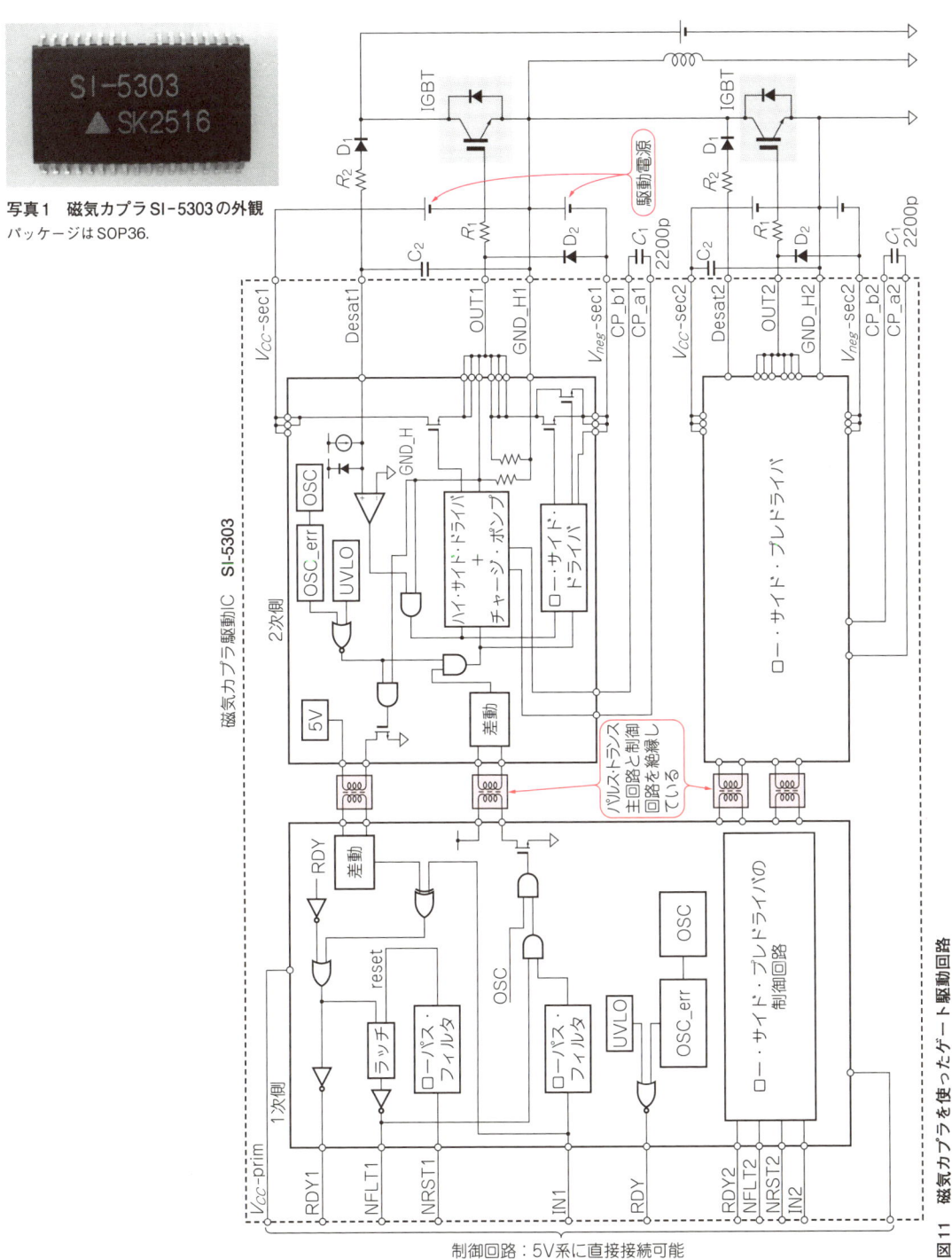

写真1 磁気カプラSI-5303の外観
パッケージはSOP36.

図11 磁気カプラを使ったゲート駆動回路
サンケン電気製のSI-5303を使用．C_2は飽和電圧検出時間調整用で，R_1はIGBTのゲート抵抗．IGBTのサージ電圧により調整する（1～10Ω）．R_2はD_1の逆流阻止通流兼用で，T_{rr}で発生するノイズを抑制するために入れる（100Ω以上）．D_1はIGBTより高耐圧品を選定する．T_{rr}が短いものを選ぶ．D_2はOUT端子の負電位対策で，0.4V以下に抑える必要がある．このためV_{REF}が低いものを用いること（100pF以上）．

4-3 駆動回路部の絶縁方法

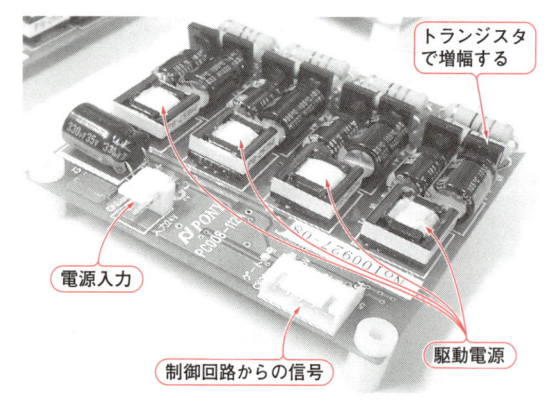

図12 オールインワンの駆動回路
できあいの駆動回路ボードを使えば簡単に試せる．

(a) 外観写真：ワンボードで駆動電源，信号絶縁などすべて入っている

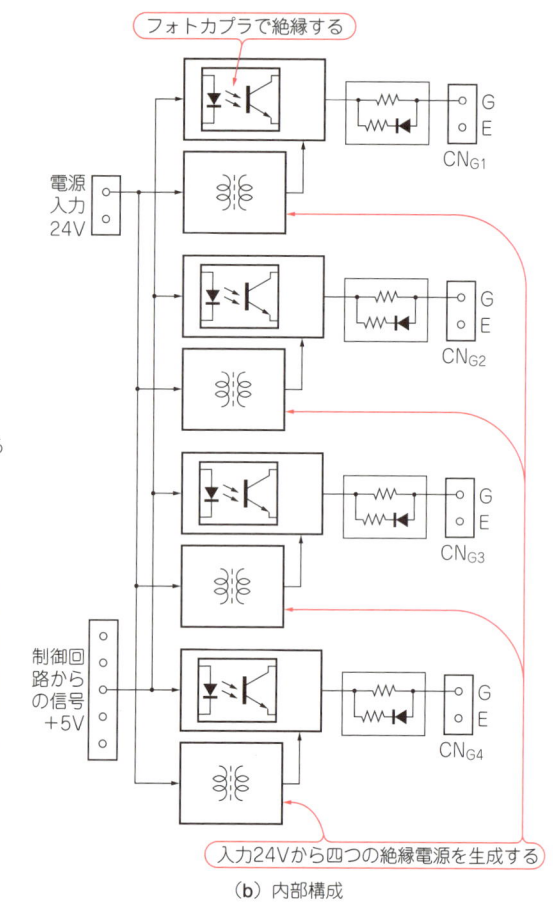

(b) 内部構成

フト回路を持ち，10kW程度までの比較的小容量の装置で使われます．

ハイ・サイド・ドライバの使い方は，メーカのアプリケーション・ノートに明確に記載されています．このノートを理解できれば装置の小型化，低コスト化が可能です．ICのデータシートにある定格を越えていると，IC自体が壊れます．どこの値が越えているのかを正確に見つけだすことは難しいです．

筆者の同僚は製品開発で，このハイ・サイド・ドライバICを使用し，V_{SS}はCOMより低い電位になってはいけないのですが，それに気がつかずに，苦しめられていました．結局ダイオードを付けることで対策し無事製品化できました．

このように使い方を熟知する必要があるので，パワエレ初心者は使わない方が無難です．フォトカプラを使用した駆動回路で実験にはおすすめです．

● 磁気カプラで絶縁する

写真1，図11にパルス・トランスの一種である磁気カプラで絶縁するドライバICのSI-5303(サンケン電気)を使用した駆動回路を示します．磁気カプラは最近現れてきたもので，数社から発売されています．今後，低コスト化や汎用化が期待されます．フォトカプラを使用しないので，高温下でも長寿命です．

● 試すなら，できあいの駆動回路ボードが便利

図12にできあいの駆動回路ボードPC008-112A(ポニー電機)を示します．駆動電源も入っています．製品の場合は信頼性，コストや寸法の制限があり，できあいの駆動回路ボードを採用することは難しいですが，手っ取り早く簡単に実験をしたいときには最適です．

4-4 駆動回路の電源の絶縁方法

● 駆動電源の構成

図13における駆動電源$V_{DD1} \sim V_{DD4}$の種類は，次の5通りが考えられます．

(1) $V_{DD1} \sim V_{DD4}$，V_{CC}はすべて絶縁電源
(2) V_{DD1}，V_{DD3}，V_{CC}は絶縁電源，V_{DD2}とV_{DD3}は共通電源
(3) V_{DD1}，V_{DD3}は絶縁電源，V_{DD2}とV_{DD3}，V_{CC}は共通電源
(4) V_{CC}は絶縁電源，$V_{DD1} \sim V_{DD4}$は共通電源
(5) $V_{DD1} \sim V_{DD4}$，V_{CC}はすべて共通電源

(1)はすべての電源が絶縁しているので，大電力の装置に向いています．各駆動回路や制御回路のGNDをどうするかという問題は少なくなります．実験する上では一番やりやすいですが，コストが高いです．コスト削減や小型化のため数kWの製品では(3)，(4)，または(5)で作られていることが多いです．

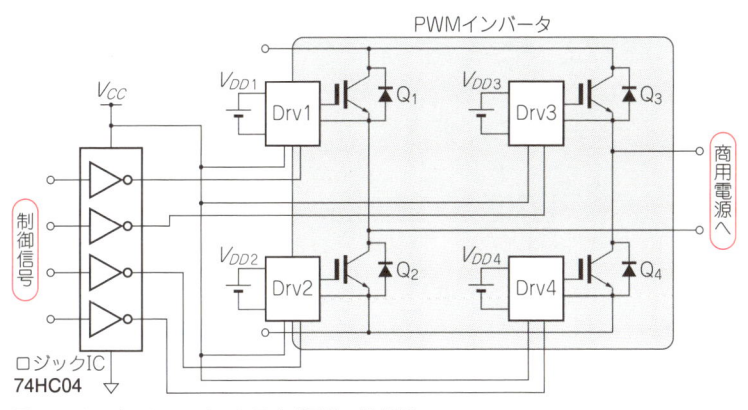

図13 インバータにおけるドライブ回路の構成例
各スイッチング素子をドライブする駆動回路と駆動電源が要る．駆動電源は絶縁電源だったり，共通電源だったりする．

図14 駆動電源で使うトランス
フェライト・コア，外形寸法は 40 mm × 28 mm × 33 mm．

● 駆動電源の電力

必要な駆動電源の電力は，制御回路は別として，目安として一つのIGBTの駆動電力はIGBTのゲート容量の電荷がゲート抵抗により電力として消費されるとすれば，次のように計算できます．

$$P_{G(on)} = f_c \frac{1}{2}\{(Q_g - C_i V_{gn})(V_{gp} - V_{gn})\}$$

ただし，$P_{G(on)}$：ターンオンの時の電力 [W]，Q_g：0 V から V_{gp} までの充電電荷量 [C]，C_{ies}：IGBT の入力容量 [F]，f_c スイッチング周波数 [Hz] オンとオフのときのゲート電荷量は同じとすれば，ゲート駆動回路の消費電力 P_{drv} は

$$P_{drv} = f_c \{(Q_g - C_i V_{gn})(V_{gp} - V_{gn})\}$$

となります．

例えば，IGBT モジュールの 6MBI50VA-060（富士電機）のデータシートを見ると，0 V から V_{gp} までの充電電荷量 Q_g は 280 nC，入力容量は 3.3 nF ですので，スイッチング周波数が 20 kHz，正バイアス 15 V，負バイアス -5 V とすると 1 素子あたりの駆動電力は次のように求まります．

$$P_{drv} = 20 \times 10^3 \times (280 \times 10^{-9} + 3.3 \times 10^{-9} \times 5) \\ \times (15 + 5) = 0.119 \,[\text{W}]$$

6素子分でも 1 W 以下になります．実際の駆動電源はドライブ回路の消費電力などを加味して，1素子分 1 W 程度で設計すればいいでしょう．

● 駆動回路の電源をすべて絶縁する

図14 に駆動電源用トランスを示します．駆動電源がすべて絶縁電源のとき，フライバック型やフォワード型のいずれでも，出力側を多巻き線にします．ここで気を付けることはトランスの巻き線間の絶縁耐圧と結合容量です．トランスの各巻き線にはスイッチング素子の駆動にあわせて高電圧が加えられます．巻き線と巻き線の間に必要な沿面距離と空間距離および絶縁耐圧は表1に従います．また，プリント基板や配線パターンにも同様に距離と絶縁，結合容量に気をつけな

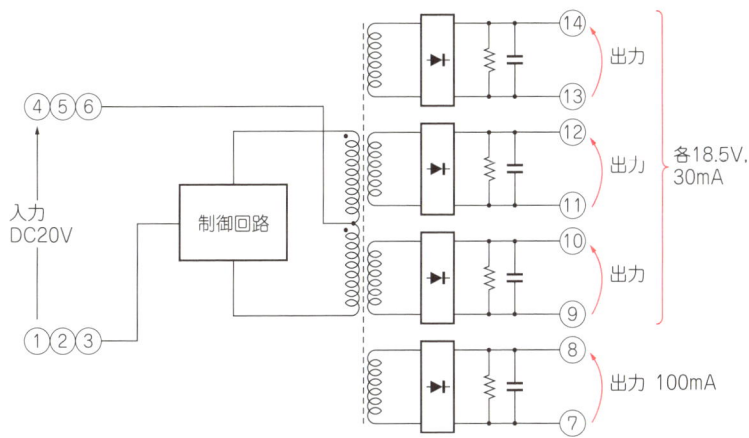

(a) 駆動電源に使えるスイッチング電源 M57140（イサハヤ電子）

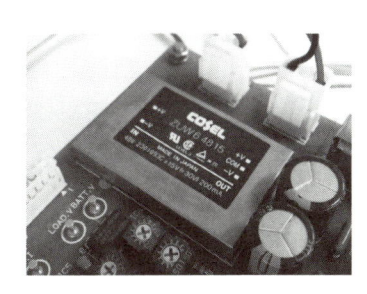

(b) 結合容量があるので，追加で絶縁処理する必要がある電源

図15 汎用スイッチング電源を使う場合

4-4 駆動回路の電源の絶縁方法

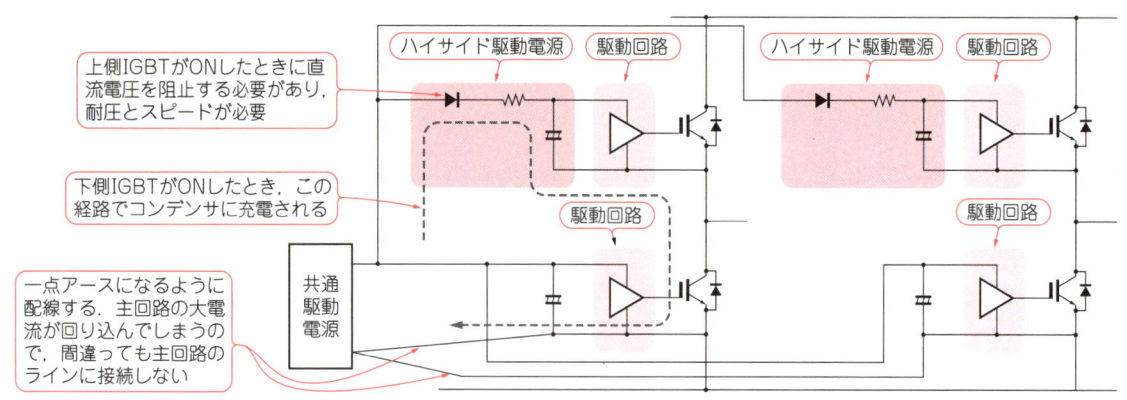

図16 各駆動回路の電源を一つの共通電源にする
下側のスイッチング素子がONすると，スイッチング電源からハイサイド側の駆動電源のコンデンサにダイオードを通して充電される．

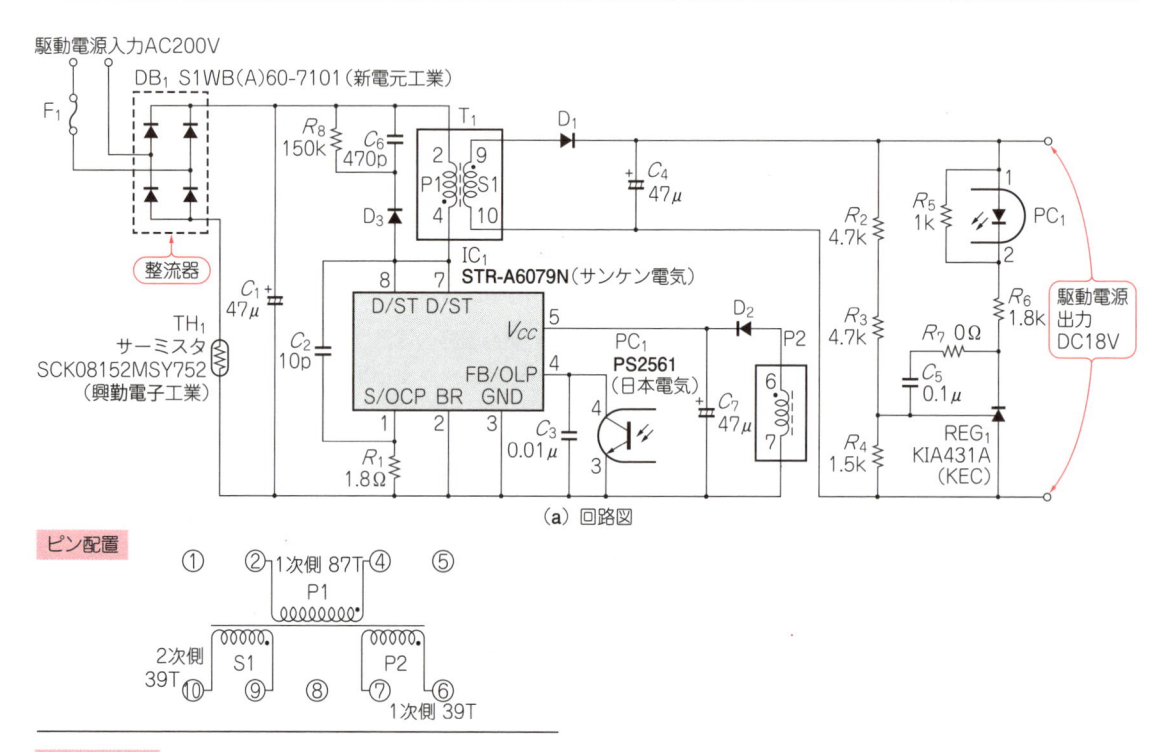

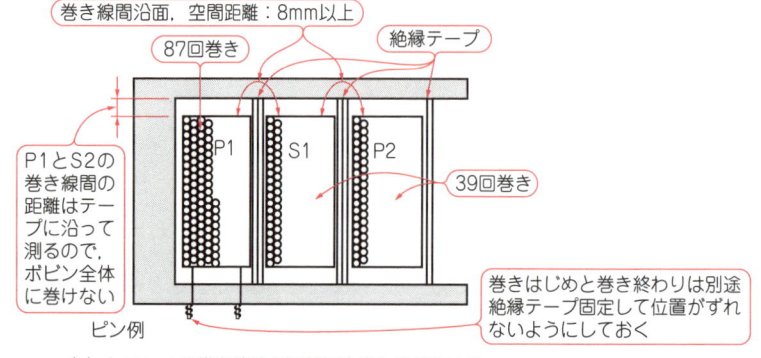

図中の注釈:
- 上側IGBTがONしたときに直流電圧を阻止する必要があり，耐圧とスピードが必要
- ハイサイド駆動電源
- 駆動回路
- 下側IGBTがONしたとき，この経路でコンデンサに充電される
- 共通駆動電源
- 一点アースになるように配線する．主回路の大電流が回り込んでしまうので，間違っても主回路のラインに接続しない

(a) 回路図

ピン配置
① ② 1次側 87T ④ ⑤
P1
2次側 39T S1 ⑧ P2 1次側 39T
⑩ ⑨ ⑦ ⑥

ボビン断面図
- 巻き線間沿面，空間距離：8mm以上
- 87回巻き
- 絶縁テープ
- P1とS2の巻き線間の距離はテープに沿って測るので，ボビン全体に巻けない
- 39回巻き
- 巻きはじめと巻き終わりは別途絶縁テープ固定して位置がずれないようにしておく
- ピン例

(b) トランスの巻き線間の距離に注意して絶縁する

図17 駆動電源にスイッチング電源を使った例

いといけません．制御電源を作る場合，巻き線出力に定電圧のシリーズ・レギュレータを入れますが，駆動電源の場合は，制御電源ほど電源精度が要求されないこととコストダウンのため，レギュレータなしの場合が多いです．各出力の巻き線結合を平均化する必要があります．簡単に市販の電源を使用することもできます．

図8で示したように，駆動電源として使用するスイッチング電源における1次-2次の結合容量が小さい（スイッチング周波数が20kHzのとき，100pF以下）ことが必要です．スイッチング電源の2次側出力は，フォトカプラ出力と同様，スイッチング素子による急峻な電位変動があります．フォトカプラがどんなに結合容量が小さくても，スイッチング電源の結合容量で，電流が1次側に流れてしまいます．

図15に駆動電源に使用できる電源と使用できない電源の例を示します．IGBT駆動用として市販されている電源は，1次-2次の結合容量が問題にならない程度に小さく設計されています．しかし汎用スイッチング電源は，ノイズ対策のため，入出力ともに接地に対してコンデンサで接続されている場合があり，絶縁していないに等しいです．駆動電源として使えません．

● **駆動回路の電源を共通にする**

V_{CC}のみ絶縁電源で，$V_{DD1} \sim V_{DD4}$は共通電源のとき，図16のように共通の駆動電源を一つ置き，ブートストラップ/チャージ・ポンプ回路を使用してハイサイド側の電源を作ります．下側のスイッチング素子がONするとスイッチング電源からハイサイド側の駆動電源のコンデンサにダイオードを通して充電されます．充電に必要な容量は次式で求めることができます．

$$C_{drv} = \frac{Q_G + \dfrac{I_{CC}}{f_{sw}}}{V_G - V_{CE(sat)}}$$

ただし，C_{drv}：駆動電源のコンデンサの充電に必要な容量[F]，Q_G：IGBTのゲート容量の電荷[C]，I_{CC}：電流[A]，f_{sw}：駆動電源のスイッチング周波数[Hz]，V_G：IGBTのゲート電圧[V]，$V_{CE(sat)}$：IGBTのコレクタ-エミッタ飽和電圧[V]

例えば，IGBTモジュールの6MBI50VA-060-50を駆動用フォトカプラTPL350で駆動する場合，データシートより，$Q_G = 350$ nC，$V_{CE(sat)} = 2.35$ V，$I_{CC} = 2$ mAなので，スイッチング周波数を20kHz，$V_G = 20$ Vとすると，充電に必要な容量は次のように計算できます．

$$C_{drv} = \frac{350 \times 10^{-9} + \dfrac{2 \times 10^{-3}}{20 \times 10^3}}{20 - 2.35}$$

$$= 0.025 \, \mu F$$

製品の場合は，マージンと寿命を考慮するので，これよりも2，3倍大きいです．

図17に駆動電源用として5Wのスイッチング電源の回路例を示します．ここでもトランスの1次，2次巻き線間の空間距離と沿面距離に注意する必要があります．

＊　　　＊　　　＊

主回路と制御回路の絶縁に関して，駆動回路に注目して解説してきました．このほかに，主回路の物理量を検出するため検出器にも絶縁をとる必要があります．電位変動に注意して回路設計しなければなりません．パワーコンディショナで使われる主なセンサは次の通りです．検出部の詳細はまた第7章で解説します．

- 電流センサ：CT(Current Transformer)，シャント抵抗
- 電圧センサ：PT(Potential Transformer)，差動アンプ
- 直流電圧センサ：絶縁アンプ，差動アンプ

(初出：「トランジスタ技術」 2012年8月号)

第5章 コンデンサとリアクトル

弱電回路の世界と違い，大型部品が多いので，上手な使い方が小型化のポイント

この章では，主回路で使用される受動部品のコンデンサとリアクトルについて解説します．弱電ではインダクタンスを実現する素子をインダクタ，またはコイルと呼びますが，パワエレでは，「リアクトル」と呼びます．この辺も違いと言えるでしょう．

5-1 パワエレにおける受動部品の役割

● 高周波成分を除去するフィルタとして使い，スイッチング波形をなめらかにする

図1に太陽光発電用パワーコンディショナの構成を示します．太陽光パネルで発生した直流電圧を交流電圧に変換し，発電電力が最大になるように調整する役割をするのがインバータやチョッパです．コンデンサやリアクトルは，スイッチの電圧や電流の波形をなめらかにする部品です．パワエレの主回路には必ずといっていいほど使われます．パワエレでは電圧や電流をスイッチング素子で切り刻むので，水の流れ(電力)が細切れで不連続です．コンデンサやリアクトルは，桶の役割をしており，細切れになった水を一度貯めて，流れを一定にしてから，水車(負荷)に水(電力)を提供します．電圧波形をなめらかにするのがコンデンサ，電流波形をなめらかにするのがリアクトルの役割です．

図2(a)によく使われるLCフィルタの構成を示します．このフィルタはロー・パス・フィルタの役割をします．電子回路ではOPアンプでフィルタが作れますが，パワエレの世界では扱う電力が大きいのでOPアンプではフィルタは作れません．コンデンサ，リアクトルや抵抗を組み合わせてフィルタを作ります．

なお，受動部品には抵抗もありますが，パワエレの主回路では，抵抗は損失の発生源となるので，フィルタのダンピング抵抗や，コンデンサの初期充電，スナバの放電抵抗など限られた部分以外では使われることはまずありません．

● エネルギーを蓄えて電圧/電流を調整する

パワエレで使われるコンデンサやリアクトルは，弱電で使用されるコンデンサやコイルと違い，「エネルギーを蓄える」働きを使います．エネルギーをうまく蓄えながら，スイッチと組み合わせることで，電力変換や電力転送を行います．

たとえば，昇圧チョッパやスイッチト・キャパシタ・コンバータなどで入力電圧より大きな出力電圧を得たり，倍電流整流器で電流の大きさを倍増させたりします．図2(b)に昇圧チョッパの回路例を示します．昇圧チョッパではリアクトルにエネルギーを蓄えて昇圧します．

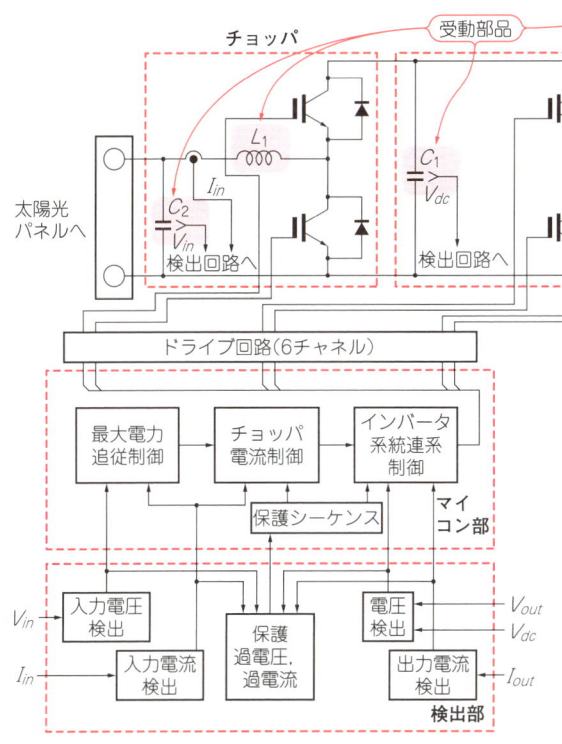

図1 太陽光発電用パワーコンディショナにおけるコンデンサやリアクトルの使われているところ

● スイッチング損失を減らす共振回路に使う

半導体スイッチング素子と組み合わせて共振回路を構成することで，スイッチングによる損失を減らすことができます．このような主回路をもつパワエレ装置を「共振型コンバータ」といい，DC-DCコンバータを中心によく使われています．

図2(c)に共振型の回路例を示します．この回路はリアクトルとコンデンサで発生する共振電流に合わせてスイッチング素子の電流がゼロのときスイッチングすることで，スイッチング損失をゼロにできます．

5-2 パワエレによく使われるコンデンサ

● 静電容量よりも許容リプル電流や寿命が重要

弱電回路に使われるコンデンサとの違い，パワエレの主回路で使用するコンデンサはどれも大型です．使用するコンデンサの種類は，主に次の3種類があり，容量だけでなく，周波数特性や許容リプル電流や使用温度，寿命に応じて使い分けます．そのかわり，弱電用途と違って，静電容量の誤差はあまり気にしません．許容リプル電流や使用温度，寿命を気にする部分はパワエレ独自かもしれません．

図3に静電容量10μFにおけるコンデンサの種類に応じた周波数特性を示します．インピーダンスが低いほど優れたコンデンサといえます．数kHz以上の領域ではフィルムやセラミック・コンデンサのインピーダンスが低くて適しますが，数百μFを超える大容量では電解コンデンサが小型で有利です．

(1) 電解コンデンサ

写真1にパワエレの主回路で使われる電解コンデンサを示します．電解コンデンサは主に直流電圧の平滑

(a) LCフィルタで電圧や電流をなめらかにする

(b) リアクトルにエネルギーを蓄えて昇圧する

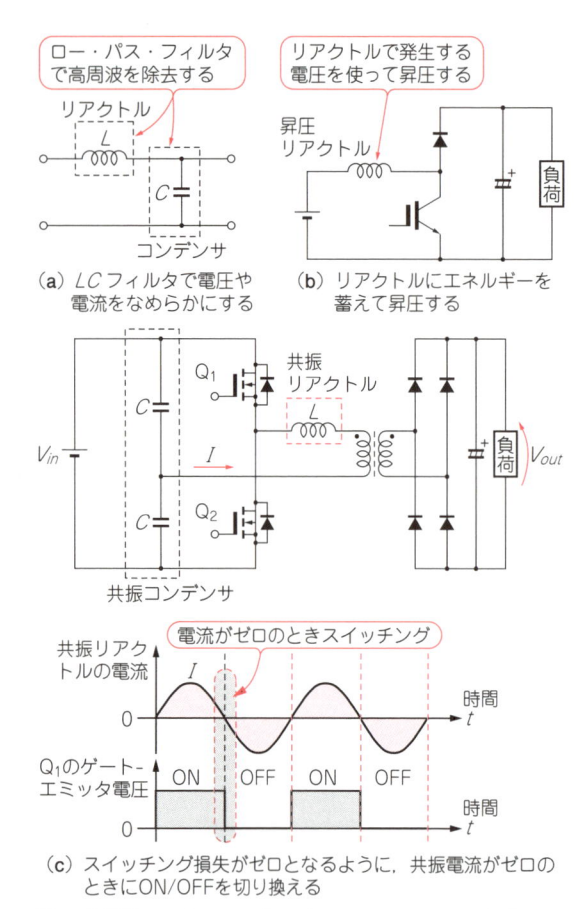

(c) スイッチング損失がゼロとなるように，共振電流がゼロのときにON/OFFを切り換える

図2 主回路におけるコンデンサとリアクトルの三つの役割

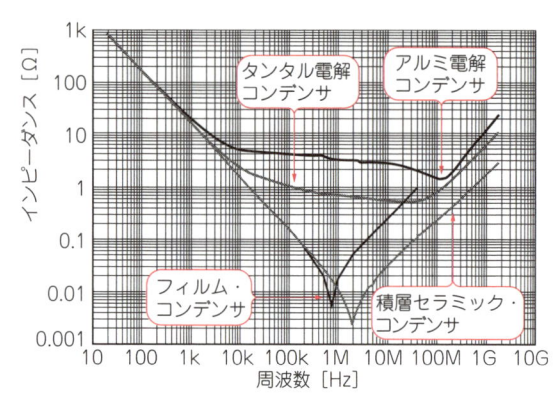

図3 コンデンサの種類によってインピーダンスが異なる
静電容量10μFのとき，高周波ではセラミックやフィルムを選ばないと，フィルタとして機能しない．

写真1 コンデンサの外観
大サイズは日本ケミコンのRWA350LGSN10000AF15Bで直径90 mm，高さ150 mm．中サイズは日本ケミコンの250LRN440B10Bで直径40 mm，高さ100 mm．リード線では配線抵抗が大きくなるので，ツメ端子やネジ端子が使われる．

に使われます．弱電のプリント基板に使用されるコンデンサに比べるとずいぶん大きいです．大電流を流すとリード線では配線抵抗が大きくなるので，ツメ端子やネジ端子が使われます．

● 寿命に影響する許容リプル電流に注目！

電解コンデンサの選定には，静電容量や耐圧がよく注目されますが，パワエレで重要なのは，許容リプル電流です．電解コンデンサは内部抵抗が大きいため，許容リプル以上の電流を流すと，損失が増加し発熱が増えます．電解液を使用しているため，温度が上昇すると寿命が縮まります．許容リプル電流は発熱量やリプル周波数によっても違います．**表1**に周波数成分における許容リプル電流の補正係数と，リプル電流の計算式を示します．補正係数は部品，メーカによってもちがうので，設計時は必ず使用する電解コンデンサのアプリケーション・ノートを参照します．

● 寿命は周囲温度で変わる

電解コンデンサは温度上昇に弱いため，使用法や配置に決まりがあります．たとえば，スイッチング素子など熱が出る部品の近くに電解コンデンサを配置する場合は，熱の対流を考えて，熱流の上流に配置します．周囲温度が10℃上昇すると，寿命は1/2になります（アレニウスの法則）．言い換えれば，温度を下げることで，寿命を延ばせます．

例えば，105℃で5000時間の寿命が保証されている電解コンデンサを95℃以下で使用すれば，10000時間の寿命が期待できます．ただし，電解コンデンサには通電していなくても電解液が少しずつ蒸発していくドライアップという現象があるため，寿命計算には通電

表1 平滑コンデンサの許容リプル電流の例
周波数補正係数K_{fn}を使って許容リプル電流を換算する．部品によってこの係数は異なる．

静電容量 [F]	リプル周波数 [Hz]					
	50	120	300	1 k	10 k	50 k
4.7 μ 以下	0.65	1.00	1.35	1.75	2.30	2.50
10 ～ 47 μ	0.75	1.00	1.25	1.50	1.75	1.80
100 ～ 1000 μ	0.80	1.00	1.15	1.30	1.40	1.50

↑ 許容リプル電流の周波数補正係数K_{fn}

リプル電流の換算式

$$I_{f0} = \sqrt{\left(\frac{I_{f1}}{K_{f1}}\right)^2 + \left(\frac{I_{f2}}{K_{f2}}\right)^2 + \cdots + \left(\frac{I_{fn}}{K_{fn}}\right)^2}$$

ただし，I_{fn}：周波数f_nにおけるリプル電流 [A]，
K_{fn}：周波数f_nにおける周波数補正係数

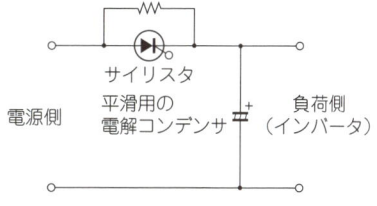

図4 初期充電回路の例
数千μ～数万μFの電解コンデンサでは大きな充電電流が流れる．

以外の時間も考慮しなくてはいけません．詳細は各メーカから公開されているアプリケーション・ノートを参照するとよいでしょう．面白いことに，メーカごとに寿命計算式が異なります．必ず使用するメーカのものを読みましょう．

● **起動時の大きな充電電流を防ぐ**

数百μF以上の大容量の電解コンデンサを使用する場合は，初期充電が必要です．装置の起動時，電解コンデンサの初期電圧はゼロなので，定格電流の数倍の電流が充電電流（突入電流とも言う）として流れます．そこで，**図4**に示すように，抵抗とスイッチング素子もしくは電磁接触器（コンタクタ）などを利用した初期充電回路を設けます．コンデンサの電圧V_Cは，時定数CRで上昇します．充電電圧が電源電圧に達すれば突入電流は流れないので，抵抗と並列に接続されたスイッチング素子やコンタクタは時定数の3～5倍の時間後にONします．初期充電のスイッチング素子は動作中ずっとON状態なので，サイリスタが使われます．そのほか，数百W程度のインバータではパワー・リレー，数百kWの大容量ではコンタクタが使用されます．

(2) フィルム・コンデンサ

写真2にパワエレで使用されるフィルム・コンデンサを示します．

フィルム・コンデンサは交流フィルタ用のコンデンサやスイッチング素子に発生するスパイク電圧を取り除くスナバ回路に使用されます．

スナバ用のフィルム・コンデンサは低ESR（等価直列抵抗）と低ESL（等価直列リアクタンス）を実現するために金属プレートで配線します．またモジュールに直接ネジ止めできます．

● **電解コンデンサよりも長寿命だが，大型でコストがかかる**

大電流が流れる用途が多いので，誘電体としては，ポリプロピレンのコンデンサが向きます．電解コンデンサよりも大きな電流を流すことができ，高温でも寿命劣化が小さいです．そのため，高温環境で使用される製品や寿命を長くしたい製品には，電解コンデンサから置き換えて使われます．ただし，フィルム・コンデンサのエネルギー密度は電解コンデンサに比べて低いので，静電容量が小さく寸法も大型です．また，コストもフィルム・コンデンサの方が高いです．

(3) セラミック・コンデンサ

セラミックは他のコンデンサ材料と比較して非常に高い誘電率を持っているおり，エネルギー密度はフィルムコンデンサよりも高く，電解コンデンサよりも低い位置づけです．最近セラミックコンデンサは技術的に大容量，高耐圧，長寿命や高温動作が実現できるようになってきたため，パワエレに使われるようになってきました．

フィルム・コンデンサより，低ESL，低ESRのため高周波領域でのインピーダンス特性が良好で，スナバ用として使用されます．また，小型で高耐熱のためスイッチング素子近傍に実装できます．そのため，配線インダクタンスを小さくでき，サージ電圧を抑える

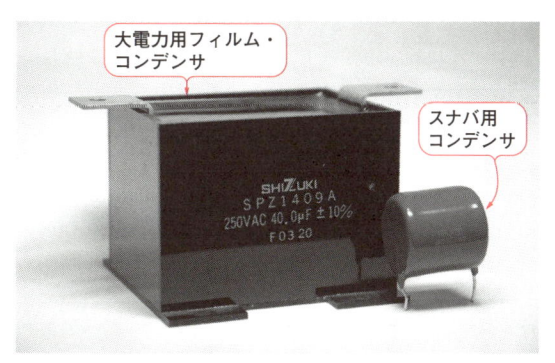

写真2 パワエレで使われるフィルム・コンデンサの外観
フィルム・コンデンサは幅80 mm，高さ60 mm．スナバ用コンデンサは直径25 mm，幅27 mm．

5-2 パワエレによく使われるコンデンサ

写真3
パワエレで使われるセラミック・コンデンサの外観
外形寸法は 32 mm × 40 mm × 3.7 mm と大きい. 定格電圧は DC250 V, DC150 V印加時の実効容量は 38 μF, 許容リプル電流は 25 A_RMS.

ことができます.
　写真3にパワエレで使われるセラミック・コンデンサの一例を示します. この村田製作所のEVCシリーズのセラミック・コンデンサには, 外形寸法が 32 mm × 40 mm × 3.7 mm, 定格電圧が DC250 V, DC150 V印加時の実効容量が 38 μF, 許容リプル電流が 25 A_RMS(20 kHz), 最高使用温度が125℃というものもあります.

5-3　リアクトル

　リアクトルはコアに導線を巻いただけのシンプルな構造ですが, コア材料, 巻き線の巻き方など奥が深い素子です. 大きさも当然大きいものが多いですが, このような巻き線やコア材に対するこだわりも弱電で使用するインダクタとは大きく違うところです.

■ コア材料

● リアクトルに使われるコアは4種類

　図5にリアクトルに使われるコア材の周波数特性と磁束飽和密度の関係を示します. 大きく分けてコア材は4種類で, 特徴は次の通りです.

(1) ケイ素鋼板

　高い飽和磁束密度と透磁率を持っているため, 少ない巻き数で大きなインダクタンスを作れ, 巻き線を小型化できます. 50 Hz～20 kHzくらいまでの周波数領域でよく使いますが, 板圧が薄いほど鉄損が小さいです. 特にケイ素(シリコン)を6.5%まで添加した6.5%ケイ素鋼板は普通のケイ素鋼板より, 高周波での使用が可能です.

(2) 純鉄ダストやセンダストの金属系ダスト・コア

　金属の粉末を絶縁処理して加圧成形したコア材料で, 圧粉磁心とも呼ばれます. ダスト・コアは, 鉄心材料の粉末をボンドで固めているためギャップが磁路に対して均一に入るうえ, もれ磁束が小さく, 飽和磁束密度が大きいです. また, ケイ素鋼板よりも高い周波数領域で使用しても, 鉄損が少なく, 形状を自由に作れることから, コアを小型化できます.

　金属粉末の種類や生成法により, 鉄損特性や飽和磁束密度が異なり, 金属粉末は大きく分けて「鉄‐シリコン系」と「純鉄系」の2種類があります. 「純鉄系」に比べ「鉄‐シリコン系」は, 鉄損を低減できるので高周波で使用できますが, 透磁率が低く, コアがもろいため加工が難しいです.

(3) フェライト・コア

　酸化鉄粉を加圧成形し, 焼結させたコアで比較的材料の固有抵抗値が高いので, 鉄損が小さくできます. そのため, 数百 kHz 以上の高周波において使用でき, 高周波化によるリアクトルの小型化が期待できます. ただし, 飽和磁束密度が低いので, 設計の際にはケイ素鋼板より飽和磁束密度を低く設定しなくてはいけません. 主にDC‐DCコンバータに使われます.

(4) アモルファス材やナノ結晶軟磁性合金

　ダストやフェライトより高飽和磁束密度であり, 高周波での鉄損も少なく, 高周波回路には最適です. また鉄系アモルファス素材は熱処理条件を制御することで, 磁気特性を調整できるため, ギャップを入れずにコアの製造が可能です. しかし, 値段が高いため製品化の際にはコストも含めた検討が必要です.

● 選びかた

　コア材について, 4種類もあり一体どれを選べばよいか分かりません. 目安としては, コストを考えた場合, 10 kW 以上で比較的高価な製品には(1)のケイ素鋼, 10 kW 未満で低コストの製品には(2)のダスト系を使います. また, 効率を考えた場合, (4)のアモルファス材を使います.

　保護なども考えると, 定格電流内で使う場合は(1)や(4)の鉄系(ケイ素鋼, アモルファス)ですが, 製品化まで考慮した場合は(2)のダスト系の方が保護回路や素子選定が簡単になることがあります. これは磁束

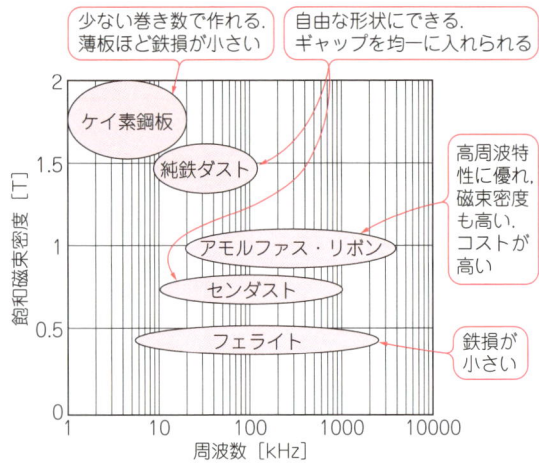

図5　リアクトルに使われるコア材と使える周波数領域
飽和磁束密度が大きいコア材を使えば, 少ない巻き線で作れ小型化できる.

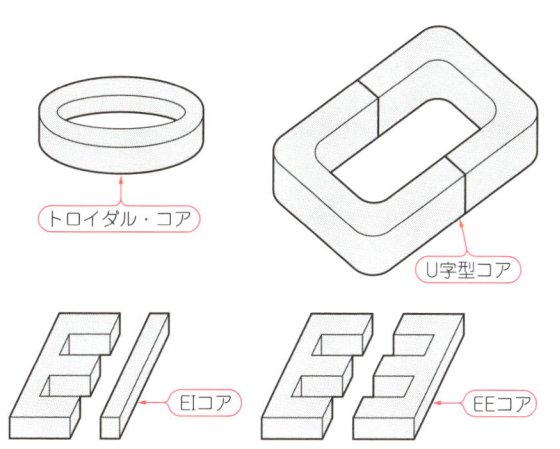

図6 フェライト・コアの形状
用途によってコア形状を変える．EEコアやEIコアはフェライト・コアによく使われる．

写真4 平角線を幅が長い方向を使って巻くエッジ・ワイズ巻きのリアクトル
3mH，10Aの3相リアクトル MB-TCH-3-10（ユニオン電機）．

の飽和特性に依存します．(1)と(4)の鉄系コアは非飽和状態では電流に対して一定のリアクトル値を保ちますが，飽和すると急激にリアクトル値がゼロに近くなり，短絡状態になります．一方，(2)のダスト系のコアは，0A時と定格電流時とで2倍以上リアクトル値が変化しますが，飽和しても最後までリアクトル値がゼロにはなりません．

製品設計では，必ず異常時や故障時を考えなければなりません．例えば，リアクトルを介してスイッチング素子を短絡した場合，鉄系のときはリアクトル値がゼロになり，過大な電流が流れ，保護する前にスイッチング素子が破損します．一方，ダスト系のときは短絡してもリアクトル値が残っているので，過大な電流がやや緩和され，スイッチング素子を破損する前に保護できます．

一方，(3)のフェライトは(1)，(2)，(4)とは異質で，コストは1/10以下ですが，磁束密度も低いです．従って，高周波スイッチングする数kWまでのDC-DCコンバータに適しています．ということで，どれが一番良いというのはありません．設計する製品に合わせて適材適所でコア材を選びます．

■ コア形状

パワエレのこだわりはコア材料だけでありません．コア形状にもいろいろあります．図6に代表的なコアの形状を示します．ドーナツのようなトロイダル型，U字型のカット・コアは，ケイ素鋼板やアモルファスなどのリアクトルに使用されます．EEコア，EIコア，PQコアはフェライト・コアの形状としてよく使われ，リアクトルだけでなく，トランスとしてもよく使用されます．さらに，フェライトで薄型化を狙ったLP，EPCなどの形状があります．このようにさまざまな

形状があるのは，用途に応じて形を最適化することで，装置全体の小型化と無駄のない磁路（磁束の通り道）を確保するためです．

■ 線材と巻き方

リアクトルの巻き線にもこだわりがあります．パワエレでは高周波の大電流，高電圧を扱います．銅線の太さや耐圧の確保，トランスの場合は漏れインダクタンスの低減などさまざまな工夫のため，銅線の構成，巻き方も用途に応じて多種多様です．

巻き線は単線以外にも，大電流の場合は平角銅線が使用されます．しかし，平角銅線は占有率を高くでき小型化できますが，巻きにくいのが欠点です．数百kHzの高周波では，表皮効果による銅損増加を避けるため，細い線を束ねたリッツ線を用います．細い線でリッツ線を自作する場合は線をよって，導線の位置を転移させないと効果がありません．

銅断面積を上げるため，**写真4**に示すエッジ・ワイズ巻きやオメガ巻きがあります．エッジ・ワイズ巻きは平角線を幅が長い方向を使って巻く方法で，占積率を上げたり，発熱を均等化したりするために有効な手段です．リアクトルを小型化できます．

5-4 受動部品の設計例

太陽光発電用インバータ向けにコンデンサとリアクトルを選定してみましょう．図1で使われるコンデンサは，チョッパの出力部分C_1，入力コンデンサC_2，出力フィルタ・コンデンサC_3です．リアクトルは昇圧リアクトルL_1と連系リアクトルL_2，フィルタ・リアクトルL_3です．ここでは，表2に示す仕様に合うコンデンサやリアクトルを選定し，表3に選定した部品

を示します．なお，製品設計の場合は信頼性やコストなど加味して，さらに詳細な検討が必要です．

● 平滑コンデンサC_1

主に直流電圧を安定化させるために使います．太陽光インバータは直流電圧を単相交流に変換するので，電力脈動が発生します．力率1で連系すると，瞬時電力の関係から直流部で発生するリプル電流最大値は，次式で求められます．

$$I_{ripple} = \frac{V_g I_{out}}{V_{DC}} \quad \cdots\cdots\cdots\cdots\cdots\cdots\cdots\cdots (1)$$

ただし，I_{ripple}：リプル電流最大値 [A]，V_g：系統電圧 [V]，I_{out}：出力電流 [A]，V_{DC}：直流電圧 [V]

さらに，単相の場合，電力脈動が大きいので電圧リプルを考慮する必要があります．直流中間電圧に発生するリップル電圧（最大値）はコンデンサの電流を積分すれば求められます．

$$V_c = \frac{V_g I_{out}}{2\omega C V_{dc}} \quad \cdots\cdots\cdots\cdots\cdots\cdots\cdots (2)$$

リプル電圧が5%を超えるような場合は，容量をもっと増やす必要があります．また，サージ抑制のためスイッチの直近にはスナバコンデンサを接続します．スナバ回路については次章にて詳細に解説します．

● 昇圧リアクトルL_1

インダクタンス値は，電流リプルの大きさが規定以下の値になるように決めます．昇圧チョッパの電流リプルとインダクタンスの関係は式(3)で求めることができます．

$$L_1 = \frac{V_{in}}{\Delta I_L f_{sw}} \frac{V_{out} - V_{in}}{V_{out}} \quad \cdots\cdots\cdots (3)$$

ただし，V_{in}：入力電圧 [V]，V_{out}：出力電圧 [V]，ΔI_L：リプル電流の peak-to-peak [A]，f_{sw}：スイッチング周波数 [Hz]

直流中間電圧を380V，スイッチング周波数を20 kHz，リプル電流のpeak-to-peakを30%（=7.5 A）とすれば，昇圧リアクトルの値は式(3)より求めると617 μH です．電流の平均値は25 A で，最大は28.8 A です．これを満たすリアクトルを選びます．ここではポニー電機のP006-150（LC63SE-660U28A，28A，660 μH）選定します．この値を用いてリプル電流を再計算すると，7.0 A_{p-p}となります．ちょうどよいリアクトルがない場合は，コアを選定しリアクトルを特注します．

● 入力コンデンサC_2

太陽電池側に配線インダクタンスがあるので，入力側の電圧を安定化させるためにコンデンサを入れておきます．ここの容量は適当ですが，スイッチング周波数に対して，十分低いカットオフ周波数（1/10～1/20倍）になるように決めるとよいでしょう．C_2は次式にて求められます．

$$C_2 = \frac{1}{\omega_c^2 L_1} \quad \cdots\cdots\cdots\cdots\cdots\cdots\cdots (4)$$

ただし，C_2：入力コンデンサ [F]，ω_c：カットオフ周波数 [Hz]，L_1：昇圧リアクトルのインダクタンス値 [H]

表2 想定する太陽光発電用インバータの仕様

定格出力電力	4 kW	定格出力周波数	50 Hz, 60 Hz
定格出力電圧	200 V（単相）	入力電圧	DC160～380 V
スイッチング周波数	20 kHz	直流中間電圧	380 V
最大入力電流	25 A（直流）	最大出力電流	20 A_{RMS}

表3 選定したコンデンサとリアクトル

受動部品	記号	選定ポイント	設計値	選定部品例
平滑コンデンサ	C_1	・電源とインバータのリプル電流で設定する ・リプル電圧で設定する（例えば，5%以下）	2700 μF，450 V耐圧，耐リプル電流10.1 A，85℃ 5000時間保証　2並列	ERWF451LGC272MDB5M（日本ケミコン）
入力コンデンサ	C_2	L_1とC_2でフィルタになっており，スイッチング周波数の1/10～1/20以下のカットオフに設定する	4.7 μF，400 V耐圧，耐リプル電流8.92 A，フィルム　2並列	FTACD401V475JFLEZ0（日本ケミコン）
フィルタ・コンデンサ	C_3	L_2とC_3でフィルタになっており，スイッチング周波数の1/10～1/20以下のカットオフに設定する	0.33 μF，115 Vac耐圧，耐リプル電流3.8 A，フィルム	FTACD3B1V334JDLCZ0（日本ケミコン）
昇圧リアクトル	L_1	電流リプルが規定値以下（例えば30%以下）になるようにする	25.2 A，660 μH，スーパーEXコア	P006-150（LC63SE-660U28A）（ポニー電機）
連系リアクトル	L_2	・電流リプルが規定値以下（例えば10%以下）になるようにする ・機器容量の5～7%	28 A，2.5 mH，アモルファス，カット・コア	P006-123A（LC32AM-25M28A）（ポニー電機）
フィルタ・リアクトル	L_3	・系統容量の1～3%	200 μH，20 A，アモルファス，カット・タイプ	P008-233（LS8HAM-200U20A）（ポニー電機）

LC フィルタのカットオフ周波数をスイッチング周波数の1/10に設定すると，昇圧リアクトル L_1 の値を 660 μH とすれば，**式(3)** から C_2 は 9.59 μF と求まります．コンデンサのリプル電流はリアクトルのリプル電流 (7 A$_{p-p}$) と等しく，実効値は 2.47 V となります．また，耐圧は 400 V 以上必要です．スイッチング・リプルが流れるので，高周波特性のよいフィルム・コンデンサを選ぶとよいでしょう．

太陽光パネルまでの配線が長いなどインダクタンス成分が大きい場合は直流電圧を安定させるために，10倍ぐらいの容量の入力コンデンサを選んでもいいです．

● 連系リアクトル L_2

交流側と連系する連系リアクトルについても電流リプルの大きさで決めます．

リプル電流の大きさは制御法によります．太陽光のインバータには，左右のレグ両方をPWMでスイッチングする方式と，電源電圧の正負に応じてスイッチングさせ，もう一つのレグでPWMスイッチングする方式があります．どちらの場合も，インバータのデューティ比とリプルの関係はチョッパと同じように考えることができますが，二つのレグがPWMする方式では常に二つのレグがスイッチングしているので，等価的にスイッチング周波数が2倍になります．従って，スイッチング周波数を2倍して計算してください．**式(3)** を使うときに V_{in} は系統の最大電圧 $V_{gridpeak}$，V_{out} は V_{DC} と読み替えが必要です．リプル電流を10%（= 2 A）とすれば，**式(3)** より昇圧リアクトルの値は 2.5 mH です．電流の実効値は 20 A で，最大は約 30 A です．この電流で飽和しないようなインダクタンスを選定します．ややオーバスペックですが，例えば，P006 - 123 A（LC32AM - 25M28A）（28 A，2.5 mH，アモルファス，カットコア，ポニー電機）とします．このとき，リプルを逆算すると，1.4 A$_{p-p}$ となります．ちょうどよいリアクトルがない場合は，昇圧リアクトルと同様に，コアを選定して，リアクトルを特注します．

実用的には，連系リアクトルのインダクタンス値は系統電圧の変動や制御の安定性を考えて，変換器容量の 5 ～ 7% 程度を選ぶとよいです．2.5 mH を%インピーダンスに換算すると，$2.5 \times 10^{-3} \times 2\pi \times$ 定格周波数 $\times$ 定格電流 $\div$ 定格電圧 = 7.8% なので，制御や系統の変動の面から考えても妥当な値で安心です．

● フィルタ・リアクトル L_3

スイッチング周波数成分の電流が，系統に流出しないように接続します．フィルタのインダクタンスは大きくない方がいいので，変換器容量の 1 ～ 3% 程度にします．例えば，X% に設定すると，フィルタ・リアクトルは**式(5)**にて求められます．

リプルの計算　　　　　　　　　　　　　　　　　Column

● コンデンサ C_1 のリプル電流と電圧

太陽光発電用インバータは直流電圧を単相交流に変換しますので，電力脈動が発生します．系統電圧を V_g，出力電流を I_{out} として，力率1で連系すると，瞬時電力から直流電流を求めと，**式(A)** となります．

$$i_{dc} = \frac{\sqrt{2}V_g \sin\omega t \cdot \sqrt{2}I_{out}\sin\omega t}{V_{dc}}$$

$$= \frac{V_g I_{out}}{V_{dc}}(1 - \cos 2\omega t) \cdots\cdots\cdots (A)$$

V_{dc}：直流電圧，ω：電源角周波数 [rad/s]

第1項が平均電流で第2項が時間で変動するので，リプル分です．つまり，リプル分は

$$i_{rip} = \frac{V_g I_{out}}{V_{dc}}\cos 2\omega t \cdots\cdots\cdots (B)$$

にて求められます．また，直流中間電圧に発生するリプルはコンデンサの電流を時間で積分すれば求められます．

$$V_c = \frac{V_g I_{out}}{2\omega C V_{dc}}\sin 2\omega t \cdots\cdots\cdots (C)$$

● 昇圧リアクトルのリプル電流

スイッチング周波数を f_{sw}，電流リプルのpeak-to-peak ΔI とデューティ比 D の関係はファラデーの法則より，**式(D)** となり，変形して**式(E)** が得られます．ただし，T_{on}，D は上側スイッチのオン時間およびデューティ比で，下側のスイッチのオン時間ではないことに注意してください．

$$V_{in} = L_1 \frac{\Delta I_L}{\Delta T_{on}} \cdots\cdots\cdots (D)$$

$$\Delta I_L = \frac{V_{in}}{L_1}\Delta T_{on} = \frac{V_{in}}{L_1 f_{sw}}D \cdots\cdots\cdots (E)$$

このとき，昇圧比から，最大デューティのときのリプル電流 $\Delta I_{peak\text{-}to\text{-}peak}$ は**式(F)** にて求められます．

$$\Delta I_L = \frac{V_{in}}{L_1 f_{sw}}\frac{V_{out} - V_{in}}{V_{out}} \cdots\cdots\cdots (F)$$

したがって，

$$L_1 = \frac{V_{in}}{\Delta I_L f_{sw}}\frac{V_{out} - V_{in}}{V_{out}} \cdots\cdots\cdots (G)$$

となります．

$$L_3 = \frac{XV_n}{\omega I_n} \quad \cdots\cdots\cdots\cdots\cdots\cdots\cdots\cdots (5)$$

ただし，V_n：定格電圧［V］，I_n：定格電流［A］

ここで $X = 1\%$ とすると，$L_3 = 160\ \mu$H です．このリアクトルを選ぶと，例えば，P008-233（LS8HAM-200U20A）（200 μH，20A，アモルファス，カットタイプ，ポニー電機）になります．

● 出力コンデンサ C_3

スイッチング・リプル電流成分を流さないためにバイパスする役目があり，C_2 と同様にスイッチング周波数に対して，十分低いカットオフ周波数（1/10 〜 1/20倍）になるように決めます．フィルタ・リアクトル L_3 の値を 200 μH，リプル率を 10%（= 2 A）とすれば，C_3 は 0.32 μF，リプル電流は 2 A 以上，耐圧は 141 V 以上です．スイッチング・リプルが流れるので，高周波特性のよいフィルム・コンデンサを選びます．

共振により振動が大きい場合は，C_3 と直列にダンピング抵抗を接続します．ダンピング抵抗は無誘導抵抗を選びます．出力フィルタは2次のロー・パス・フィルタなので，抵抗値はフィルタの制動係数が 0.1 〜 0.2 ぐらいになるように定めます．

◆参考文献◆

(1) パワー・エレクトロニクスの回路設計，トランジスタ技術 SPECIAL No.98，CQ出版社．
(2) コンデンサ／抵抗／コイル活用入門，トランジスタ技術 SPECIAL No.89，CQ出版社．
(3) http://www.tamura-ss.co.jp/electronics/magnetic/coil.html，㈱タムラ製作所．
(4) http://www.pony-e.jp/seihinnsiryoumbs-r.pdf，ポニー電機㈱．
(5) http://www.ipe.co.jp/edge2.htm，㈱アイペック．
(6) 長井，中澤，鈴木，植木；受動部品における技術動向，平成21年電気学会全国大会．

（初出：「トランジスタ技術」2012年9月号）

第6章 スイッチング素子などの主要部品のパワエレ的に美しい配置とは？

確実に動かすための実装術

いよいよ，この章ではパワエレ部品や基板の配置，その実装方法など回路図では見えてこない大事なポイントを説明します．大電力になればなるほど，回路図通りに並べるだけでは動きません．さらに，外部からのノイズに強くしたり，外部へ出すノイズを小さくしたりしなければなりません．

6-1 回路図にはないインダクタンス/キャパシタンス成分

● 目に見えないインダクタンスやキャパシタンスがあることが前提

図1に，太陽光発電用パワーコンディショナの構成を示します．素子と素子は銅線や銅板で接続されていますが，低周波や小電力世界では電気的につながっているいれば，あまり問題はないかもしれません．しかし，パワエレでは違います．図2に電気回路の配線1本と装置ケースの板金を示します．この配線には抵抗成分だけでなく，インダクタンス成分L_Sもあります．例えば，直径0.645 mm（AWG22相当），長さ100 mmの電線の場合，目安ですが100 nHのインダクタンス成分があります．配線と板金がある場合，その間には抵抗が存在します．すなわち絶縁抵抗です．これに加えて，キャパシタンス成分C_Sが存在します．電子回路の設計において，CPUのクロックやバス・ライン，無線などの高周波回路では，これらの存在が無視できません．

電源周波数50/60 Hzの電源回路の場合は，配線のインダクタンス成分もキャパシタンス成分もあまり気になりません．しかしパワエレの主回路の場合，これらのL_SやC_Sの存在は，弱電の高周波回路と同じく無視できません．その理由はスイッチング素子が高速で動作するため，高周波回路と同じセンスが必要だからです．

図3に図1のインバータ回路のみを示します．実際の配線にはインダクタンス成分があるので，設計者の意図しないインダクタンス（寄生インダクタンス，または浮遊インダクタンスという）が存在します．直流コンデンサC_{DC}とスイッチング素子間には，このイン

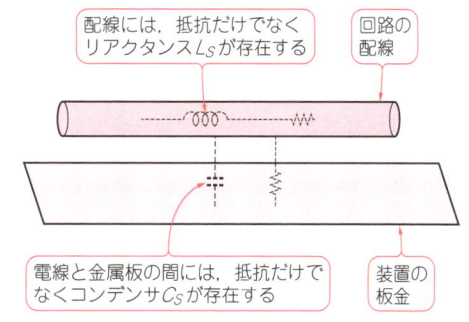

図2 寄生インダクタンスと浮遊キャパシタンスの存在
配線や装置の板金があると，リアクタンスやキャパシタンスが存在する．このリアクタンスやキャパシタンスは，大電力になるほど無視できないくらいの大きさになり，対策が必要．

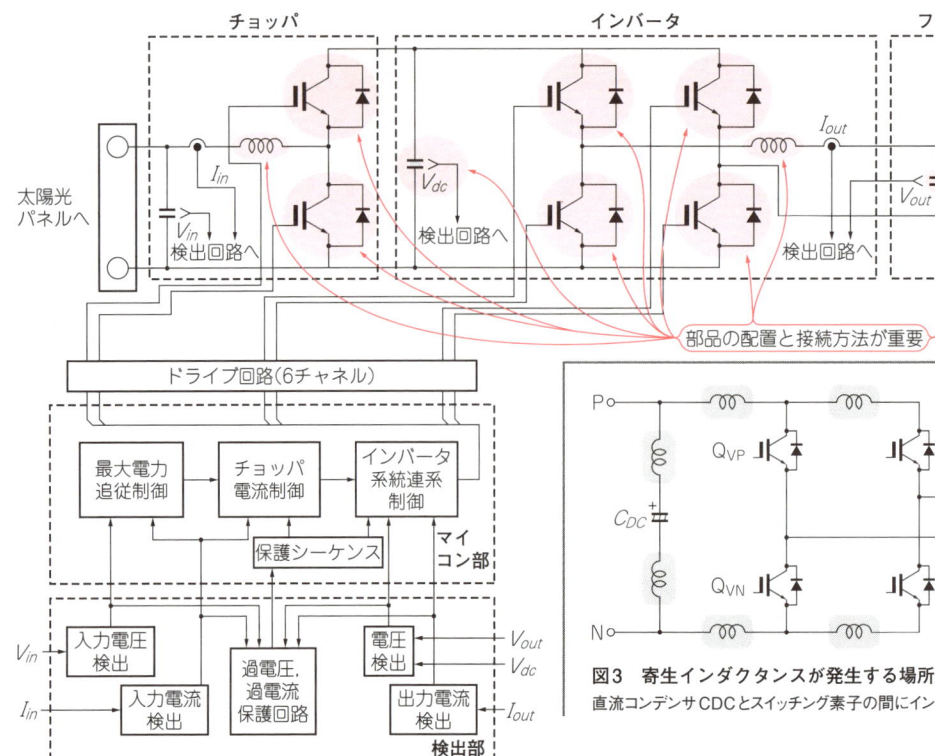

図1 パワーコンディショナの中で特に実装が重要な部品
主回路の部品配置が悪いとインバータが動作しない.

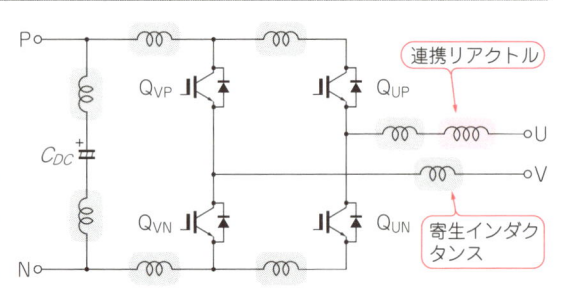

図3 寄生インダクタンスが発生する場所
直流コンデンサ C_{DC} とスイッチング素子の間にインダクタンスがないことが理想.

ダクタンスはないことが理想です. 交流ラインUやVとスイッチング素子間にはもともとリアクトルを接続してあるので, このラインの寄生インダクタンスは問題ありません.

● **サージ電圧を発生させる寄生インダクタンス**

直流コンデンサ C_{DC} とスイッチング素子の間にある寄生インダクタンスの影響を説明します.

図3(a)にインバータ回路のスイッチ一つを取り出し, N側のスイッチの代わりに抵抗を置いた回路を示します. この回路で, 寄生インダクタンスがない場合, スイッチOFFのときには回路に電流は流れません. スイッチ両端の電圧は $V_{sw} = V_{dc}$ です. スイッチをONすれば, 回路に電流が流れます. このとき $V_{sw} = 0$ V です. ここで, スイッチをOFFにしても $V_{sw} = V_{dc}$ となり, スイッチの両端には V_{dc} 以上の電圧は生じません.

図3(b)に寄生インダクタンスを入れた回路図を示します. スイッチがONのときは問題ありません, むしろ電流が緩やかに立ち上がるので良いですが, スイッチがOFFのときに問題が発生します. リアクトルには電流を流し続ける(電流としてエネルギーを蓄え

第6章 確実に動かすための実装術

パワエレのざんねんなところ
N700系. 日本人が発明したNPC-INVで動いているのになぜ, そのうえに乗っかって車体フォルムばかり目立つのだ…残念だ.

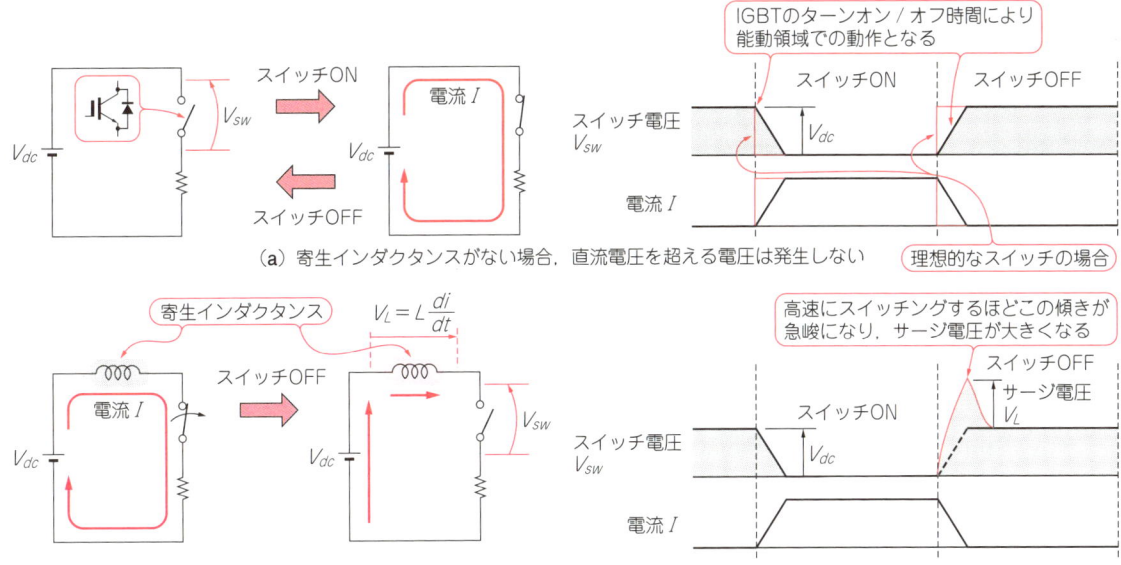

図4 サージ発生のメカニズム
サージ電圧がスイッチング素子の耐圧を超えると，スイッチング素子は破壊する．サージ電圧は急峻な電圧なのでノイズ源にもなる．

(a) 寄生インダクタンスがない場合，直流電圧を超える電圧は発生しない
(b) 寄生インダクタンスがあると，両端の電圧がサージとして加えられる

る)性質があります．スイッチをOFFした瞬間に電流は流れなくなります．そうすると図4のようにリアクトル両端に電圧V_Lが発生して，流れている電流をゼロにします．数式で書くと$V_L = L\, di/dt$です(ファラデーの法則)．電流がなくなる変化が速いほど，V_Lが大きくなります．つまり，スイッチング速度が速い素子ほどV_Lが大きいです．この電圧V_Lがサージ電圧となり，スイッチ両端に加えられます．

エネルギー的な観点からサージ電圧を説明すると，スイッチOFF直前まで電流により配線の寄生インダクタンスに蓄えられたエネルギーがスイッチOFFと同時にスイッチング素子のコレクタ-エミッタ間(もしくはドレイン-ソース間)容量に転送され，電荷として蓄えられます．急上昇したサージ電圧が，スイッチの耐圧を越えていれば，スイッチは破壊します．破壊しないまでも，急峻な電圧なので，サージ電圧はノ

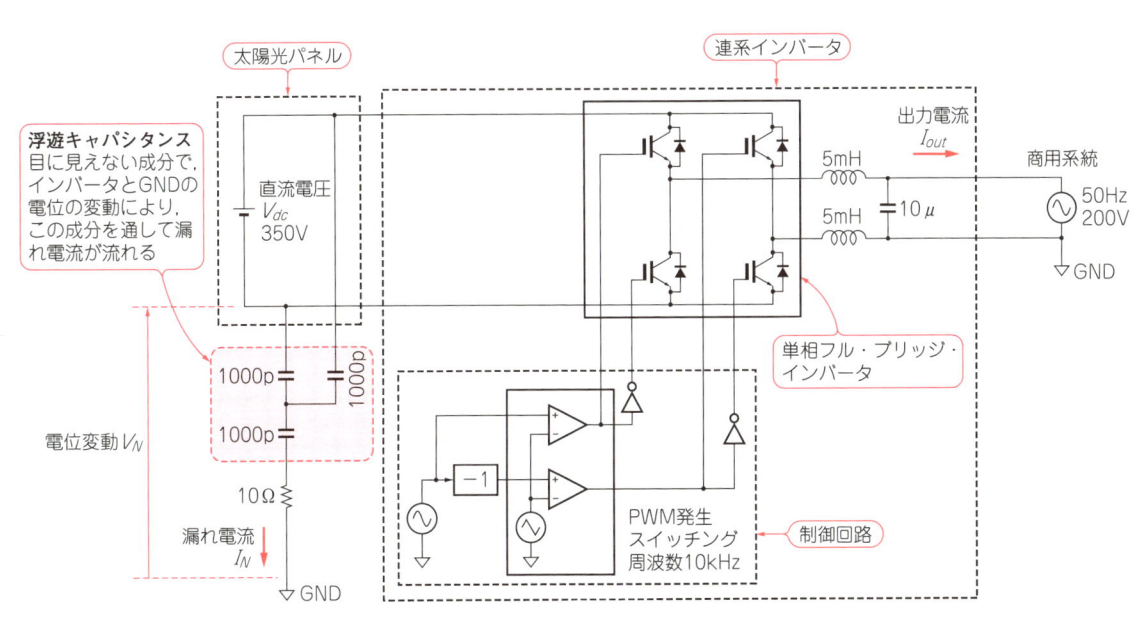

図5 インバータの電位変動と浮遊キャパシタンスによって流れる漏れ電流
スイッチの状態により，インバータとGND間の電圧V_Nは０Vまたは直流電圧($\pm V_{dc}$)に変動する．

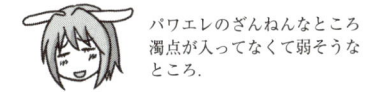

パワエレのざんねんなところ
濁点が入ってなくて弱そうなところ．

6-1 回路図にはないインダクタンス/キャパシタンス成分　57

イズの発生源です．また，スイッチング損失の増加にもつながります．このようにサージ電圧はやっかいな存在です．

● 浮遊キャパシタンスを通じて電流が漏れる

図1の主回路において，図2に示したように電線と装置ケースの板金の間に浮遊キャパシタンスがあるので，直流側の回路は，図5のように接地（GND）と直流側ライン間に浮遊キャパシタンス成分を含んでいます．直流側ラインとGND間の電圧V_Nはスイッチの状態により0Vまたは直流電圧（±V_{dc}）です．この電圧は図6に示すようにスイッチング周波数で変化します．連系インバータの出力電流が正弦波であっても，V_Nの電圧は±350V変動します．浮遊キャパシタンスC_Sの両端の電圧はV_Nであり，高周波で変化するので，図6に示すような電流が流れます．この予期しない電流が漏れ電流です．

実際，大電力の電力変換装置において，内部にあるインバータ部の浮遊キャパシタンスが大きければ，その筐体を接地しない場合，人が装置に触ると感電します．人間の体を通って高周波電流が流れます．目で見て電気的に絶縁されているからといって，安易に触ってはいけません．

6-2 寄生インダクタンスの対策

インダクタンス値は電流が流れるパターンの面積に比例します．したがって，寄生インダクタンスを極力小さくするポイントはただ一つで，図7で示すように電解コンデンサとスイッチング素子間の配線の電流ループが作る面積を最小にします．最小にするためには，直流のP側とN側のラインをできる限り沿わせます．電解コンデンサとスイッチング素子との距離をなるべく近づけます．

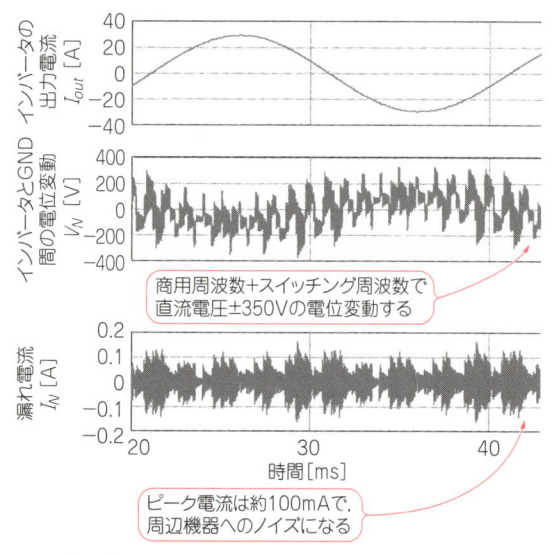

図6 高周波電流の発生の様子
浮遊キャパシタンスの両端の電位はスイッチング周波数で変化し，高周波の漏れ電流が流れる．インバータの出力電流が正弦波であっても，スイッチング周波数で電位変動する．発生した漏れ電流はノイズ源となる．

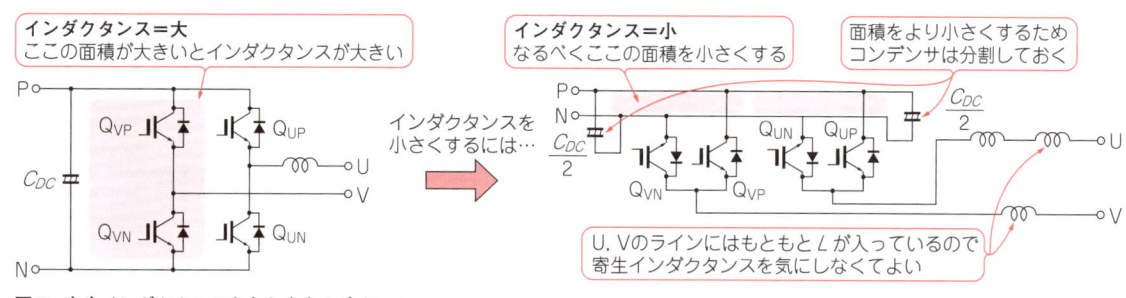

図7 寄生インダクタンスを小さくするポイント
電流が流れる面積を小さくして寄生インダクタンスを小さくする．2本の直流ライン（PとN）は沿わせて，なるべく面積を小さくする．面積を小さくするためにコンデンサなどは分割して配置する．

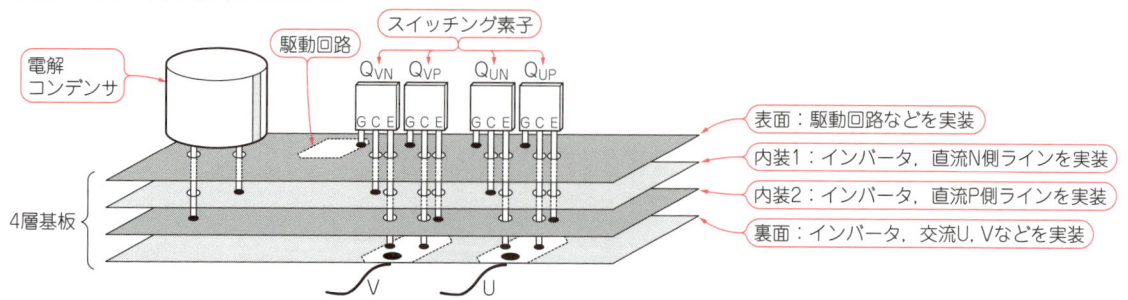

図8 多層基板を使った寄生インダクタンスの低減
2本の直流ラインを別の層に実装することで，簡単にパターン配線を沿わせることが可能．

58　第6章 確実に動かすための実装術

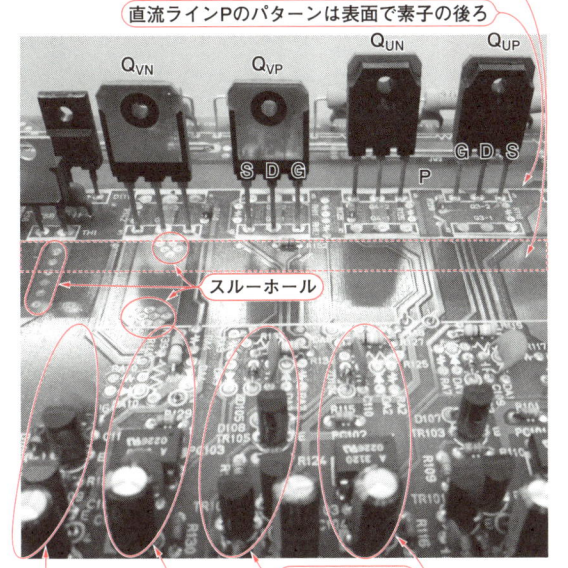

写真1 両面基板の実装例とポイント
両面基板を使う場合は，部品レイアウトに工夫が必要．直流ラインを優先してレイアウトする．表面と裏面をつなぐスルーホールは大電流を流すため複数設ける．

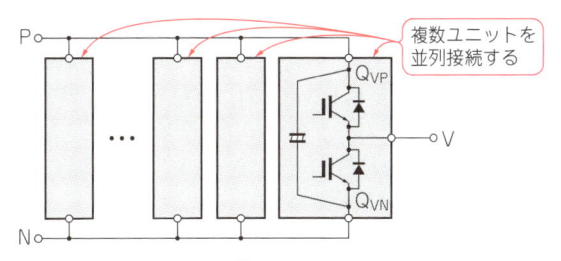

図9 大容量インバータの構成
メガワット級のパワーコンディショナではユニット化したインバータを必要な電力容量ぶん並列接続する．一対のスイッチング素子（Q_{VP}とQ_{VN}）で1ユニットの構成，1ユニットの電力容量は200 kW程度．

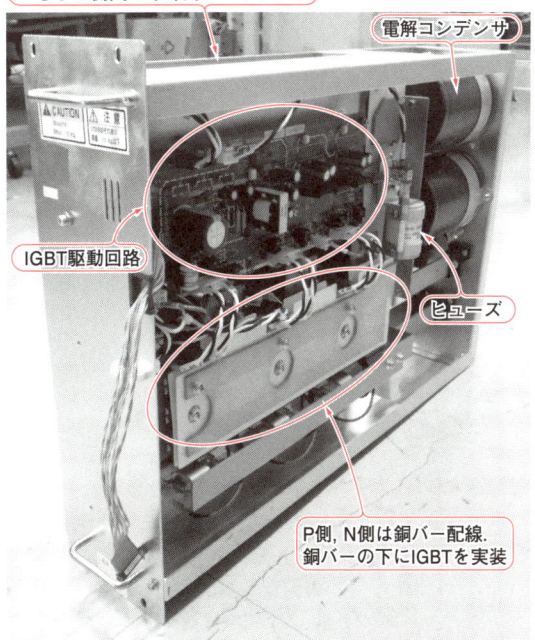

写真2 200 kWのインバータ・ユニットの内部実装例

● プリント基板の配線パターンで対策する

▶多層基板や両面基板を使う

図8に4層基板を使用した場合の部品実装例を示します．このような多層基板を使用するとP側ラインとN側ラインを沿わせることは簡単です．IGBTは冷却のためにヒートシンクに取り付ける必要があるので，一列に並べます．コストに余裕があればよいのですが，実際の製品では4層基板などの多層基板はコストがかかります．両面基板でどこまで実装できるかがノウハウです．

写真1に両面基板での部品実装例を示します．P側ラインが表面の素子奥のパターン，N側ラインが裏面の素子手前のパターンです．表面は駆動回路からの信号線が縦に走っています．表面と裏面をつなぐスルーホールは大きな電流を流すために，複数設けています．P側，N側のパターンを優先的にレイアウトして，交流側出力はインダクタンス成分があっても問題ないので，リード線で引き出しています．

▶電力容量が5 kWまでならプリント基板を使う

プリント基板により実現できる電力容量は，配線パターンに使う導体の断面積で決まります．たとえば，電流密度を4 A/mm²とすれば，厚さ100 μm，幅10 mmで4 A（＝$4 \times 100 \times 10^{-3} \times 10$）が目安です．実用的な電力は5 kW程度までです．家庭向けの太陽光発電のPCSは，3～6 kWなので，主回路はプリント基板で製作されています．なお，小型化の方に重点を置く場合，電流密度は10 A/mm²ぐらいでも構いませんが，基板の温度上昇に気をつけてください．定格電流を流したときに必ずプリント基板の使用温度範囲に入っているか確認することが重要です．

最近は配線パターンの厚さ1000 μmの銅箔を積層できるなど，大電力化が進んでいます．このように配置しても寄生インダクタンスによる電圧サージや発振が発生するので，スイッチング素子直近にフィルム・コンデンサが取り付けられるようにしておくとよいでしょう．

● 大電力では銅バーを使うことも

産業用のパワーコンディショナ（PCS）は10 kW，メガソーラと呼ばれるPCSは200 kW程度のインバータやチョッパの電力変換器が使われます．図9に示すように必要な電力容量ぶんが並列に接続されます．この例では1レグ（一対のスイッチング素子Q_{VN}とQ_{VP}を

レグといいます)が1ユニットです．たとえば，電力変換器1台の電力容量が200kWとすると，1MWのPCSでは電力変換器を5台並列に接続します．**写真2**に200kWのインバータの内部写真を示します．したがって，三相200kWのインバータを構成する場合，このユニットが3個必要です．

ユニット内において，これらの電力容量になるとプリント基板では対応できなくなり，銅バーを使って配線します．**図10**にラミネート・バスバーを使った配置を示します．電解コンデンサとIGBTモジュールなどの実装は，基本的には**図8**と同じで，各層を銅バーや銅板により配線します．ラミネート・バスバーは直流ラインのPとNをサンドイッチ構造にした銅バーです．10kW以上の大容量では，電解コンデンサやスイッチング素子はネジつき端子台がよく使われますが，これらの高さを合わせて配置するくらいの気遣いが必要です．

また，サージ電圧は寄生インダクタンスに蓄えられたエネルギーで発生し電流の2乗に比例します．従って，電力変換器の電力容量を10倍にするには，寄生インダクタンスは1/100にしないといけません．しかし，大容量ほど部品が大きいので，部品配置が難しくコンデンサとスイッチング素子の電流ループを小さくしにくいです．

● サージを吸収するスナバ回路を接続する

プリント基板のパターンや銅バーの構造を工夫しても浮遊インダクタンスは残ります．その場合，**図11**に示すようなスイッチング素子の近くに，サージを吸収するスナバ回路を接続します．寄生インダクタンスの大きさ(電圧サージの大きさ)により，回路やコンデンサの容量を選びます．

一番良い回路は，(a)のように一つのインバータにフィルム・コンデンサを1個だけ接続する回路です．(c)の回路は，素子に対してサージの吸収が最も良いですが，スナバ回路のコンデンサの容量ぶんだけ損失が増大し，さらに，インバータのコストや寸法が増大します．実装設計としては，(a)または(d)のスナバで済むような実装設計にするのがよいです．最近は，構造の解析技術が進み，寄生インダクタンスを設計時にある程度計算でき，(a)の回路を使用する製品が多いです．

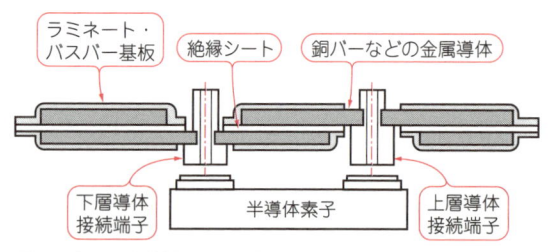

図10 銅バーと絶縁シートを積層したラミネート・バスバーの構造

いかに簡単なスナバで済ますことができるかが，パワエレ技術者の腕の見せ所です．

6-3 浮遊キャパシタンスの対策

キャパシタンスの静電容量は電極間の距離Dに反比

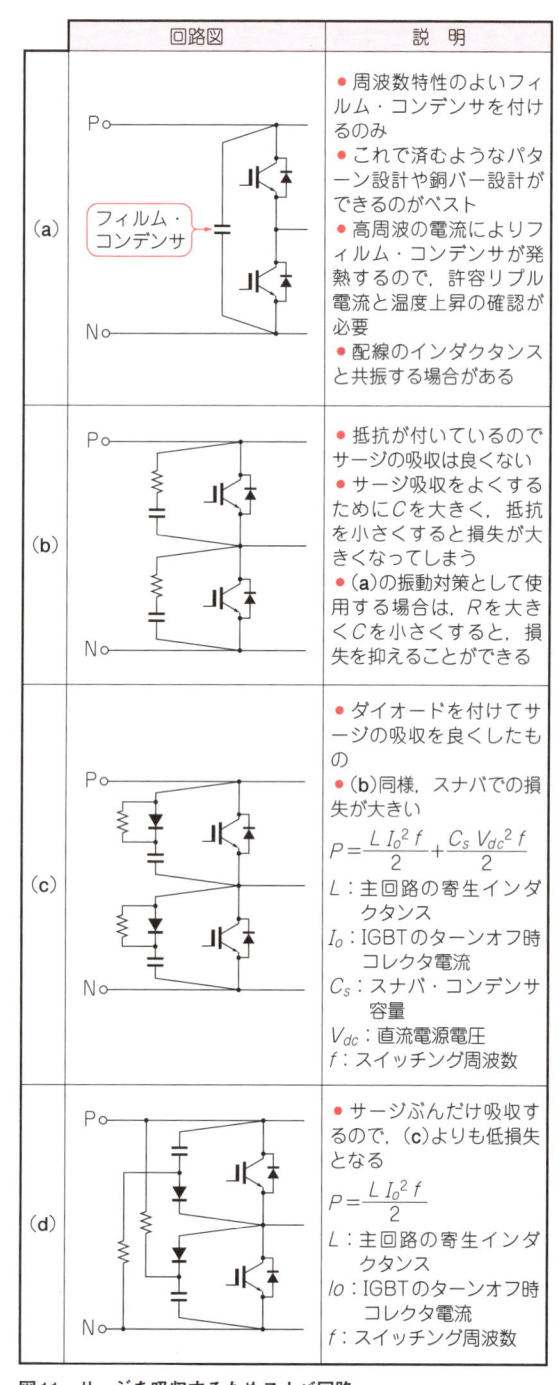

	回路図	説 明
(a)	Pフィルム・コンデンサN	● 周波数特性のよいフィルム・コンデンサを付けるのみ ● これで済むようなパターン設計や銅バー設計ができるのがベスト ● 高周波の電流によりフィルム・コンデンサが発熱するので，許容リプル電流と温度上昇の確認が必要 ● 配線のインダクタンスと共振する場合がある
(b)	PN	● 抵抗が付いているのでサージの吸収は良くない ● サージ吸収をよくするためにCを大きく，抵抗を小さくすると損失が大きくなってしまう ● (a)の振動対策として使用する場合は，Rを大きくCを小さくすると，損失を抑えることができる
(c)	PN	● ダイオードを付けてサージの吸収を良くしたもの ● (b)同様，スナバでの損失が大きい $P = \dfrac{L I_0^2 f}{2} + \dfrac{C_s V_{dc}^2 f}{2}$ L：主回路の寄生インダクタンス I_0：IGBTのターンオフ時コレクタ電流 C_s：スナバ・コンデンサ容量 V_{dc}：直流電源電圧 f：スイッチング周波数
(d)	PN	● サージぶんだけ吸収するので，(c)よりも低損失となる $P = \dfrac{L I_0^2 f}{2}$ L：主回路の寄生インダクタンス I_0：IGBTのターンオフ時コレクタ電流 f：スイッチング周波数

図11 サージを吸収するためスナバ回路
フィルム・コンデンサを1個だけ付ける(a)の回路を使うことが多い．

例し，面積Sに比例します．したがって，対策としては次の2点があります．
① インバータの主回路と装置ケースとの間でできるだけ距離をとる
② インバータの主回路の配線と装置ケースとの有効面積はでできるだけ小さくする

装置はできるだけ小型化することが世の中の流れなので，①と②の対策を十分にできない場合があります．前述したようにインバータには電位変動があるため，浮遊キャパシタンスを通して漏れ電流が流れます．したがって，漏れ電流の経路にフィルタ(コモン・モード・フィルタという)や絶縁トランスを入れます．最近では，電位変動が小さいスイッチングを行う方法が開発されています．

6-4　部品レイアウトのこつ

写真3に実際のPCS内部を例に実装の勘所を示します．部品レイアウトする上で注意するポイントは次のとおりです．

▶ **電気的なレイアウト**
(1) 強電部と弱電部を明確に分けて，入り組ませない．検出回路と制御回路は別々の基板に設ける．
(2) ゲート駆動回路とスイッチング素子はなるべく近くに配置する．
(3) 検出信号線とゲート信号線は分離して，一緒に束ねない．
(4) 入出力回路はなるべく装置の中まで入れない．
(5) 制御回路は弱電と同じで，ディジタル用GNDとアナログ用GNDを分離する．接続する場合は，A-Dコンバータ直近の1点で接続する．
(6) パターン間や端子間の絶縁距離や沿面距離を規格に従って設定する．

▶ **電解コンデンサのレイアウト**
(7) 電解コンデンサは一番涼しい風上に配置する．
(8) 発熱部品とコンデンサ類はなるべく遠くに配置する．
(9) 電解コンデンサの防爆弁をふさがない．
(10) 電解コンデンサの電極端子面はP側を持ってくる．

▶ **構造関連のレイアウト**
(11) リアクトルは重量があり，発熱するので，別置きにする．無理に基板に載せない．
(12) 電解コンデンサやファンなどの寿命部品やヒューズなどの保護部品は交換しやすい位置に配置する．
(13) 電気的な回路と筐体間の絶縁距離や沿面距離を規格に従って設定する．
(14) 大型の電解コンデンサやリアクトルをプリント基板に載せるときは振動試験に耐えられるように固定する．

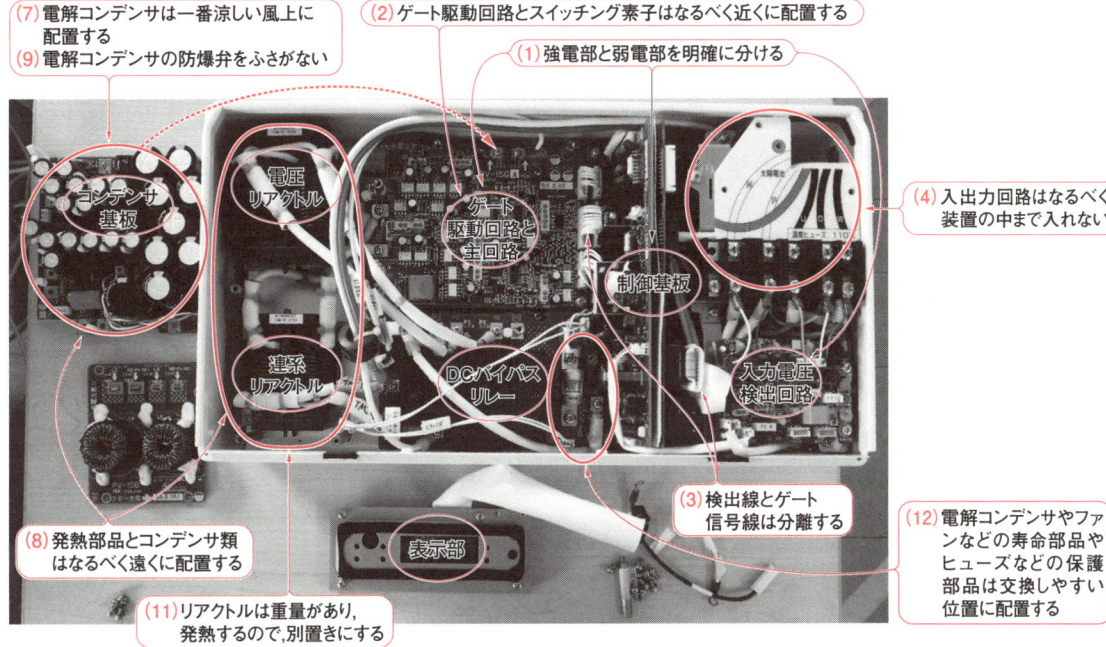

写真3　太陽光発電用パワーコンディショナの実装例
実際のPCS内部を見ると，いろいろな部品が内蔵されているが，電気的な観点と構造的な観点からのポイントをおさえて実装されている．

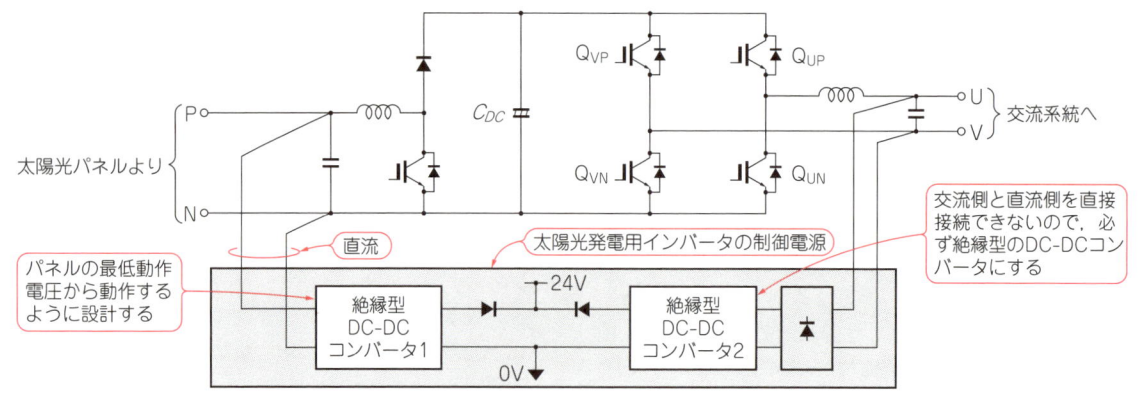

図12 太陽光インバータの制御電源の構成法

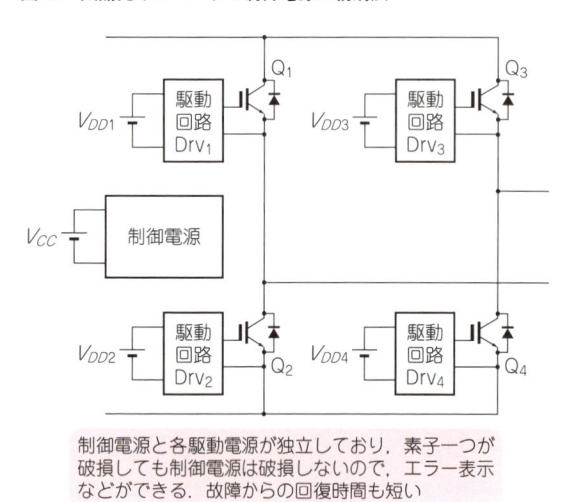

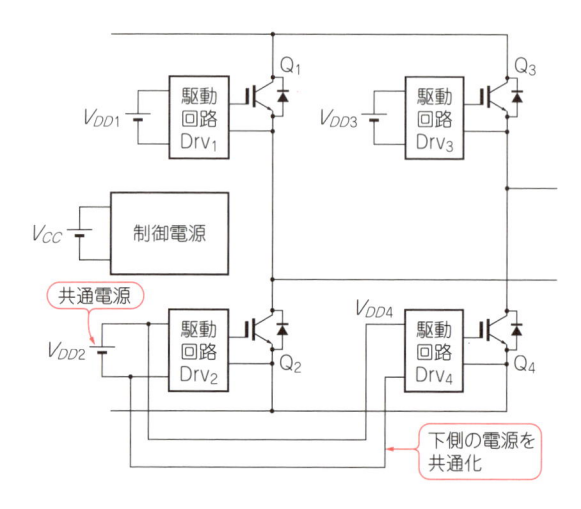

- パネルの最低動作電圧から動作するように設計する
- 太陽光発電用インバータの制御電源
- 交流側と直流側を直接接続できないので，必ず絶縁型のDC-DCコンバータにする

制御電源と各駆動電源が独立しており，素子一つが破損しても制御電源は破損しないので，エラー表示などができる．故障からの回復時間も短い

(a) V_{DD1}〜V_{DD4}とV_{CC}はすべて絶縁電源

(b) V_{DD1}，V_{DD3}，V_{CC}は絶縁電源．V_{DD2}，V_{DD4}は共通電源

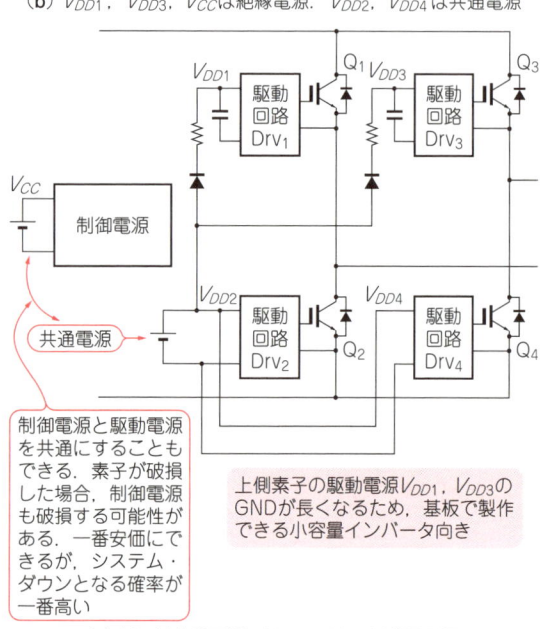

下側の電源を共通化

図13 制御電源と四つの駆動電源の構成
設計仕様やコストなどを考慮して構成を考える．

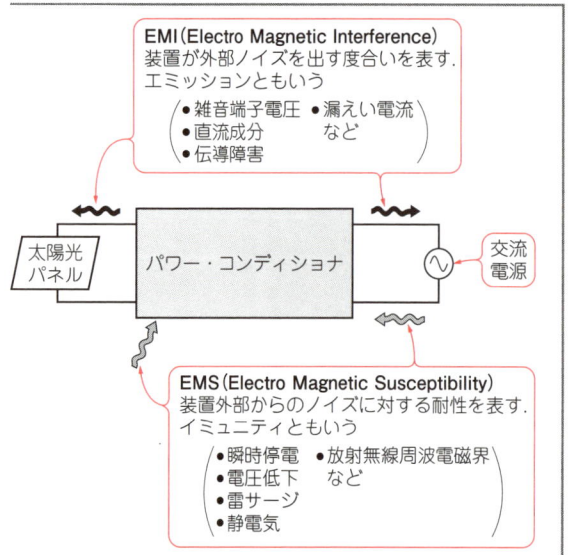

EMI (Electro Magnetic Interference)
装置が外部ノイズを出す度合いを表す．エミッションともいう
- 雑音端子電圧
- 漏えい電流
- 直流成分　など
- 伝導障害

EMS (Electro Magnetic Susceptibility)
装置外部からのノイズに対する耐性を表す．イミュニティともいう
- 瞬時停電
- 放射無線周波電磁界
- 電圧低下　など
- 雷サージ
- 静電気

図14 EMIとEMSの違い
EMIとEMSの両方を合わせてEMC(Electro Magnetic Compatibility)と呼ぶ．誤動作をさせないために，製品化する際は必ず規格に沿って評価する．

制御電源と駆動電源を共通にすることもできる．素子が破損した場合，制御電源も破損する可能性がある．一番安価にできるが，システム・ダウンとなる確率が一番高い

上側素子の駆動電源V_{DD1}，V_{DD3}のGNDが長くなるため，基板で製作できる小容量インバータ向き

(c) V_{CC}は絶縁電源，V_{DD1}〜V_{DD4}は共通電源

第6章　確実に動かすための実装術

スナバ・コンデンサの容量設計　　Column

スナバ・コンデンサの静電容量は寄生インダクタンスと流す電流で決まります．RCDスナバは効きますが，損失が多く部品点数も多いので，積極的には使いたくありません．本文p.60の**図11(a)**の直流部に周波数特性の良いコンデンサを入れる方式の場合，配線のインダクタンスに蓄えられたエネルギーをスナバ・コンデンサで吸収し，その分電圧がΔVだけ上昇します．よって，そのときのエネルギー関係は，

$$\frac{1}{2}LI^2 = \frac{1}{2}C\Delta V^2$$

となり，スナバ・コンデンサの容量は次式で求められます．

$$C = \frac{LI^2}{\Delta V^2}$$

例えば，$I=100$ A，$L=0.1$ μH，電圧上昇 50 V とすれば，スナバ・コンデンサは，0.4 μFとなり，少し余裕を見えて，0.47 μFを使えばいいことがわかります．一括Cスナバを使った場合のコンデンサの参考値を**表A**に示します．主回路の寄生インダクタンスが**表A**以下になるように主回路を設計してください．パワーデバイスのアプリケーション・ノート(参考文献1)にはこのほかRCDスナバの設計，冷却などは詳しいことが書いてあります．設計の前に一度読まれることをオススメします．

表A C一括スナバの場合の配線インダクタンスの値とスナバ・コンデンサの参考値

項目	素子定格	$-V_{GE}$ [V]	R_G [Ω]	主回路寄生インダクタンス [μH]	スナバ容量 C_s [μF]
600 V	50 A	≤ 15	≥ 68	–	0.47
	75 A		≥ 47		
	100 A		≥ 33		
	150 A		≥ 24	≤ 0.2	1.5
	200 A		≥ 16	≤ 0.16	2.2
	300 A		≥ 9.1	≤ 0.1	3.3
	400 A		≥ 6.8	≤ 0.08	4.7
1200 V	50 A	≤ 15	≥ 22	–	0.47
	75 A		≥ 9.1		
	100 A		≥ 5.6		
	150 A		≥ 4.7	≤ 0.2	1.5
	200 A		≥ 3.0	≤ 0.16	2.2
	300 A		≥ 2.0	≤ 0.1	3.3

(富士電機 UシリーズIGBTの場合)

6-5　主回路の電源構成

パワエレ機器では，制御電源の構成も重要です．太陽光発電用インバータの場合，交流電源があるときだけ発電するわけでなく，交流電源がなくても太陽光パネルからの電力があれば動作します．**図12**に示すように制御電源は交流と直流の両方から作る必要があります．

● 電力が流入しないように制御電源と駆動電源を構成する

パワエレ機器は強電部と弱電部があり，これらの間は駆動回路で絶縁されています．しかし，スイッチング素子が破損した場合，主回路の電力が駆動回路に流入し，駆動回路およびその電源を破損させる場合があります．さらに駆動回路の電源と制御電源の構成方法によって，制御電源まで主回路破壊の影響を受けてしまいます．このようになると，人とのインターフェース部分にも電力が流入する可能性があり，事故の危険性があります．

図13に制御電源(V_{CC})と駆動電源(V_{DD1}，V_{DD2}，V_{DD3}，V_{DD4})の構成例を示します．どのような構成にするのが良いのかは，設計条件や仕様により一概には言えませんが，コストダウンを追求するあまり信頼性を落さないようにしないといけません．

6-6　ノイズ対策

● ノイズの強さを指すEMC

パワエレ機器では，内部で高速スイッチング動作するため，多かれ少なかれ外部にノイズを出します．また，交流電源ラインに接続される場合があるので，雷サージやその他のサージを受けます．**図14**のようにどのくらいノイズを出すのかを電磁妨害性(EMI：Electro Magnetic Interference)，どのくらいノイズに耐えられるのかを電磁感受性(EMS：Electro

ノイズの種類とその対策 　　　　　　　　　　　　Column

一口にノイズといっても経路には下記の3種類があります．それぞれ特徴があり，対策も違ってきます．下記に各ノイズの特徴を説明し，**表B**にその対策例をまとめておきます．

(1) 伝導ノイズ：電力変換器内で発生したノイズが導体を伝わって周囲の機器へ影響を与える．①主回路から電源を経由，②アース線を経由（アース共通の場合），③センサの信号線やシールド線を経由の三つのルートがあります．

(2) 誘導ノイズ：電力変換器の入出力線に周辺機器の電線や信号線を近づけると発生します．これは几帳面な人ほど要注意です．線がバラバラなのが，嫌だからと，なんでも線を束ねてしまうと，思わぬ落とし穴にはまります．インバータの線とセンサ線や電源線を束線バンドで束ねてはいけません．特にモータを回す場合，エンコーダの線とインバータの線束ねるのは無謀です．

(3) 放射ノイズ：電力変換器内で発生したノイズが空中へ放射します．入力側や出力側の電線がアンテナになる．配線だけでなく，モータ・フレーム，インバータ盤もアンテナになることがあります．原則として，電位が浮いた金属があってはいけません．しっかり接地することが必要です．

なお，ノイズの対策として，設計段階ではゲート抵抗を大きくしてdv/dtを下げる方法もあります．しかし，ゲート抵抗を大きくするとスイッチングが遅くなり，スイッチング損失の増加による過熱や，デットタイム不足によるアーム短絡を招くので，これらが許容一以内か確認しながらやらないといけません．

表B[2] ノイズの伝搬経路と対策

	ノイズ・トラブルの防止法	対策のねらい ノイズを受けにくくする	対策のねらい ノイズの伝達を断つ	対策のねらい ノイズを封じ込める	対策のねらい ノイズ・レベルを下げる	伝搬経路 伝導ノイズ	伝搬経路 誘導ノイズ	伝搬経路 放射ノイズ
配線と設置	主回路，制御回路の配線分離	○					○	
配線と設置	最短配線距離	○		○			○	○
配線と設置	平衡配線，束縛の回避	○					○	
配線と設置	適格な設置	○		○		○	○	
配線と設置	シールド線，ツイストシールド線の採用	○					○	○
配線と設置	主回路ケーブルの採用			○			○	○
配線と設置	金属配線間の使用			○			○	○
制御盤	盤内機器の適正配置	○					○	
制御盤	金属制御盤			○			○	○
ノイズ対策用機器	ライン・フィルタ	○			○	○		
ノイズ対策用機器	絶縁変圧器		○					
ノイズを受ける側の処理	制御回路用パスコンの採用	○					○	
ノイズを受ける側の処理	制御回路用フェライトコアなどの採用	○			○		○	
ノイズを受ける側の処理	ライン・フィルタ	○	○		○			
その他	電源系統の分離		○			○		
その他	キャリア周波数の低下				△	○	○	

Magnetic Susceptibility），EMIとEMSの両方を指して電磁両立性（EMC：Electro Magnetic Compatibility）が大切になります．EMCは実験するだけなら行う場合は必要ありませんが，他の機器を誤動作させたり，製品自体が誤動作したりする原因になるので，製品を作る上では重要な性能です．

太陽光発電用PCSの場合では，「小型分散型発電システム用系統連系保護装置等の試験方法通則（JETGR0002-1-2 0）」という規格に，どのくらいノイズを出してよいのか，どのくらいノイズに耐えられるのかといった基準が試験方法とともに決められています．**図14**に主な基準項目を示します．

● ノイズの影響が小さくなる設計をする
▶ 出すノイズを小さくする

図15にEMC対策用にコモン・モードのフィルタをインバータの入出力に取りつけた回路を示します．コモン・モード・フィルタはすべての電源装置についていると言っても過言ではないでしょう．

出すノイズを小さくするためには，寄生インダクタンスを減らしサージを小さくしたり，ノイズの経路となる浮遊キャパシタンスを極力小さくしたりすることが重要です．浮遊キャパシタンスを極力小さくするようにスイッチング周波数で電位変動する部品や基板または銅バーの配置や接地が重要です．

コモン・モード・チョーク
U-V間の回路（ノーマル・モード）にはインダクタンス値は持たず，U-Vと接地GND間の回路（コモン・モード）にインダクタンス値を持つ．したがって，Yコンとこのチョークでコモン・モード回路の*LC*フィルタを構成する．
EMS対策として，装置から交流系統または太陽光パネル側のGNDへ流出するノイズを低減する

UまたはVとGNDにつながるコンデンサでYコンと呼ばれる

U-V間に接続されているコンデンサで，Xコンと呼ばれる

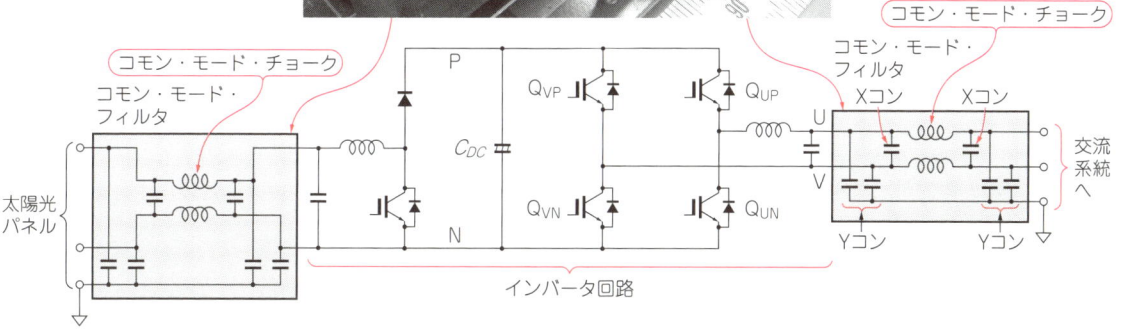

図15 コモン・モード・フィルタによるノイズ対策法
コモン・モード・チョーク・コイルとコンデンサで*LC*フィルタを作り，インバータの入出力に入れる．

▶外部からのノイズに強くする

　外から受けるノイズを少なくするには，なるべく電源ラインを装置の中に取り込まないことです．制御回路については，電子回路の基本であるアナログGNDとディジタルGNDの分離，一点アース，プレーン・アースを順守することなどが重要です．マイコン周辺では，クロック・ライン，リセットIC，ウォッチドッグ・タイマ，基準電源へのノイズ侵入やパターン配線をノイズの影響を受けにくいように配置することが重要です．

　　　　　　＊　　　　　　＊

　回路図や基本機能以外のところで，部品実装としてパワエレの目に見えないところについて説明を行いました．特に，ノイズを出さない，受けないことつまりEMCについて説明しましたが，この対策については経験と勘が重要です．ある程度理論は知っておく必要がありますが，どうしても規格に入らない場合，いろいろと試してみることが重要です．最先端の研究では，設計段階である程度ノイズを予測できるようになりましたが，どこのパワエレ・メーカにも，かならず「ミスター・ノイズ・キラー」なる職人技をもった技術者がいます．その人が登場したとたん，神の手でノイズを規格に入れてくれます．

◆**参考文献**◆
(1) 富士IGBTモジュール　アプリケーション　マニュアル，RH984b；富士電機㈱．
(2) 富士電機　FRENIC5000VG7　ユーザーズマニュアル　MHT263e．

（初出：「トランジスタ技術」　2012年10月号）

第7章 高電圧・大電流と弱電が混在するパワエレならでは…

電圧や電流の検出回路

kWクラスの大電力を扱う主回路と，その電圧や電流などの情報を信号として検出する回路とを分けて呼ぶところはパワエレならではといえるでしょう．また，過電圧/過電流などの異常を検知した際に，スイッチング素子の破壊や部品の破損を防ぐ回路についても解説します．

7-1　検出回路の役割

　図1に太陽光発電用パワーコンディショナの構成を示します．インバータやチョッパの制御や回路の保護をするには，太陽光パネルの電圧や電流，系統電圧，インバータの直流電圧，系統電流や電源位相の情報が必要です．インバータやチョッパは制御回路のマイコンやDSP（Digital Signal Processor）などのCPUによって制御されますが，ノイズや負荷急変，電源電圧急変などにより，暴走することがあります．また，パワエレでは主回路の電圧や電流を効率よく制御したり，回路が希望の動作をするように制御したりしないといけません．

　電力を思いどおりに制御するためには，主回路の電圧や電流の状態を知る必要があります．そのため，電圧や電流を検出する回路が必要です．検出した情報を元にスイッチング素子を動かして，思いどおりに電力を制御し，異常時には保護をします．

　しかし，パワエレで扱う電圧や電流は弱電回路で扱うには大き過ぎるので，そのまま制御側のCPUに取り込むことはできません．そこで検出回路では，電圧や電流などの情報を±10V程度の電圧に変換して，A-Dコンバータを使ってCPUに取り込みます．

● 検出する情報は主に3種類

　写真1に検出回路を示します．電圧検出回路，電流検出回路，過電圧や過電流を検出する保護回路が実装されています．パワエレにおいて検出する主な情報は次の3種類です．

▶情報1：電圧

　主にインバータの直流電圧の検出，入力電圧の検出，系統電圧の検出などに使われます．検出する部分には，コンデンサが接続されており，その両端の電圧を検出します．抵抗による分圧回路，絶縁アンプ，ゲインを調整するアンプから構成されますが，数百Wクラスの小容量ではコスト削減のため非絶縁で検出することもあります．

▶情報2：電流

　チョッパ電流，系統連系の電流フィードバック制御や過電流保護などを検出するときに使います．主回路のリアクトルやモータの電流を検出します．貫通型のDC電流センサを使いますが，数百Wクラスの小容量ではコスト削減のためシャント抵抗で検出することも

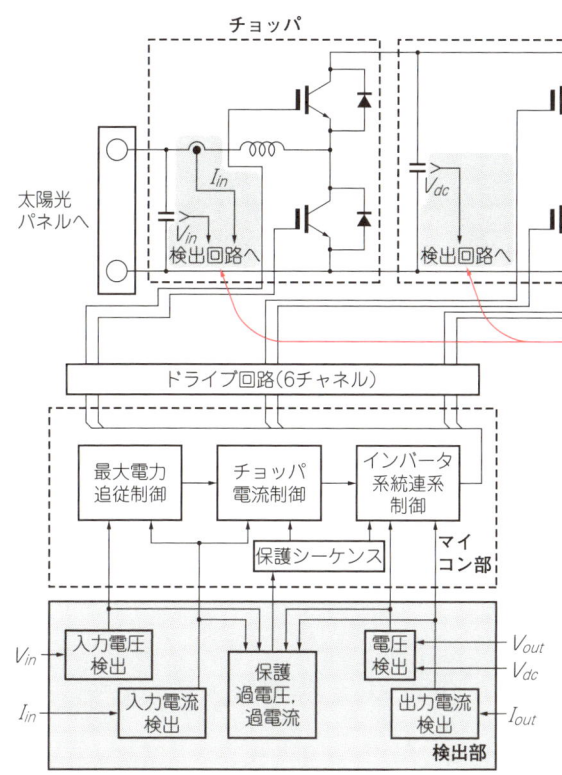

図1 太陽光発電用パワーコンディショナのブロック図
強電部のインバータやチョッパなどの電流／電圧を検出して，弱電部でその情報を元に制御や保護を行う．

あります．

▶情報3：電源位相

交流電源に電力を効率よく回生するには，力率を1にする必要があります．そのため，交流電圧の位相情報が必要です．位相情報の検出には検出した電圧情報から，PLL(Phase Locked Loop)を用いる方法があります．三相回路の場合は三角関数の逆正接（アーク・タンジェント）で角度を求める方法も使用できます．

そのほかパワエレでは，温度検出やモータ制御の場合には，速度検出や磁極位置検出がよく用いられます．

7-2 電圧検出

● **主回路の電圧は大きいので分圧して検出する**

パワエレで扱う電圧は弱電で扱う電圧より大きいので，抵抗で分圧してOPアンプで扱える電圧（±15 V以内）にしてから検出します．パワエレ装置では，定格電圧が検出されたときに，検出回路の出力電圧を10 Vや5 Vに規格化して扱います．マイコンやDSPを使う場合は，A-Dコンバータの仕様によって何Vにするかは決まります．アナログで制御する場合には，OPアンプで扱える電圧が±13 V程度なので，余裕をもって最大電圧検出時が10 Vとなるように設計するといいでしょう．

分圧回路は，希望する分圧比の抵抗値を選ぶほかに，加えられる電圧が大きいので，分圧抵抗の消費電力が，使用した抵抗の定格値以内（実際の設計では，発熱が問題にならないよう1/3以下で使います）になるように設計します．また，抵抗値が大きな抵抗は，抵抗器の中に使われている線が細いため，切れるリスクがあ

パワエレのすごいところ
世界中の酒が飲めるぞ．ワイン，バイチュウ，シュナップス，グラッパ，ウォッカ，なんでもこ〜い．

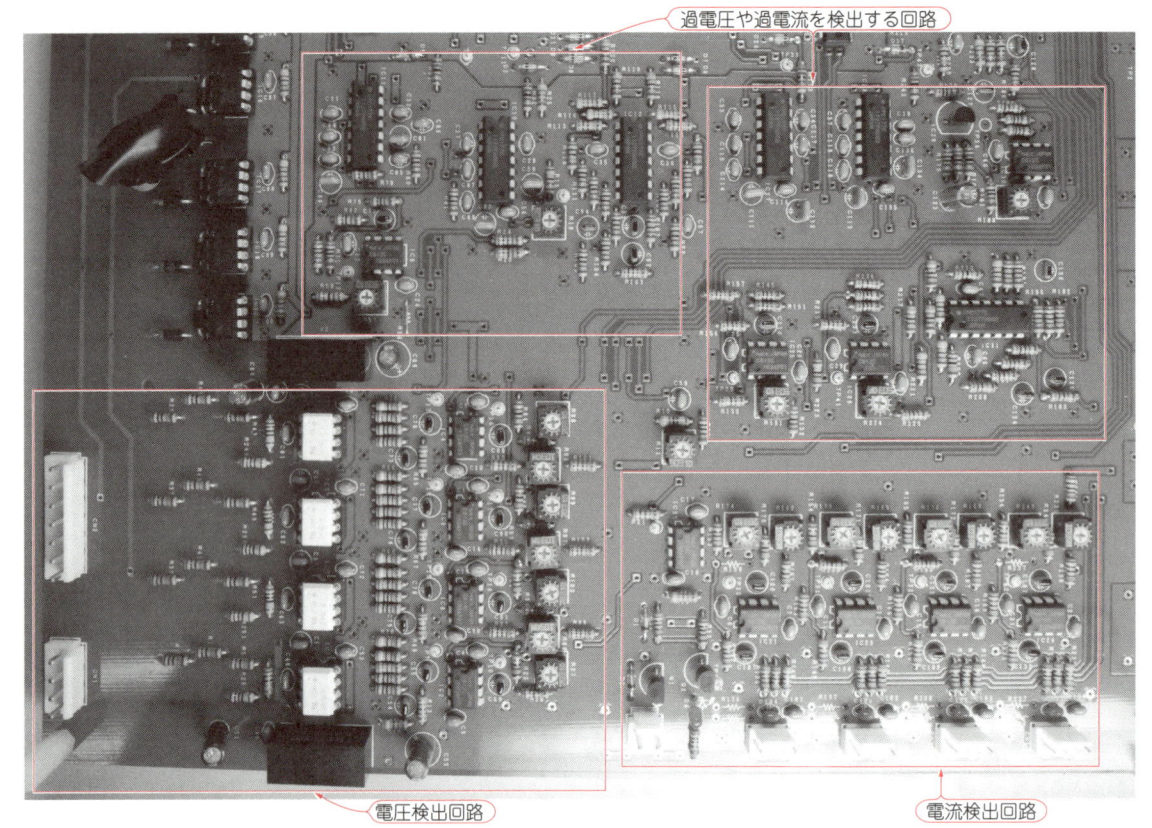

写真1 パワエレで使われる電流/電圧検出基板の例
電流/電圧を検出する回路だけでなく,過電流などを検知する保護回路もある.

ります.そのため,MΩクラスの抵抗を使うより,数百kΩの抵抗を直列に接続した方がいいでしょう.

● **制御回路とグラウンドが異なる電圧は絶縁する**

分圧抵抗から電圧を取り出すには,絶縁アンプを使います.パワエレでは制御回路と主回路で基準電位(グラウンド)が違う場合が多いので,電圧を検出するときには,絶縁しておかないと,検出回路を通して短絡する恐れがあります.電位変動が大きい場合は,コモン・モードによるノイズの影響を受けやすいです.絶縁部分は,主回路と制御回路を切り離す重要な役割をします.

絶縁アンプは市販のものを使えばよいですが,グラウンドに対する電位変動が大きい場合には,同相信号除去比が十分大きいものを使用します.また,絶縁部に電源を供給するオンボードのDC-DCコンバータは,スイッチングに伴うノイズが伝わらないようにするために,選定の際に,1次-2次間の静電容量の結合が小さいものを選びます.

● **電圧検出回路の構成**

図2に電圧検出回路の例を示します.ここでは絶縁アンプにはアバゴ製のHCPL7840を使っています.出力部分は,HCPL7840の推奨回路を使っており,差動増幅回路です.ゲインの調整はその後段の反転増幅器で行います.検出のノイズをカットするために,反転増幅器はロー・パス・フィルタ特性を持っています.

非絶縁で行う場合には,差動増幅器を使用します.ただし,差動増幅器を設計する際には,入力インピーダンスが大きくなるようにして,分圧抵抗の影響を受けない設計にしないと,所望のゲインが得られません.

● **安易なローパス・フィルタは危険**

検出した電流や電圧は保護のほかに制御にも使うため,検出の応答時間が大事です.「ノイズが乗るから」という理由で大きな時定数のロー・パス・フィルタを検出回路に入れると,遅延時間が大きくなり,制御ゲインが上げられなかったり,不安定になったりします.

また保護が間に合わなくなることがあります.フィルタのカットオフ周波数は制御系の応答周波数に対して,50~100倍以上にしないといけません.特に電流制御系は数百Hzの応答を必要とすることが多いので,フィルタを入れる場合でもカットオフ周波数は数kHz以上にしなくてはいけません.

パワエレのすごいところ
どっぷり浸っているお兄さんも弟さんも超楽しそうで,頗る面白そうで,愉快,痛快,爽快………なところ.

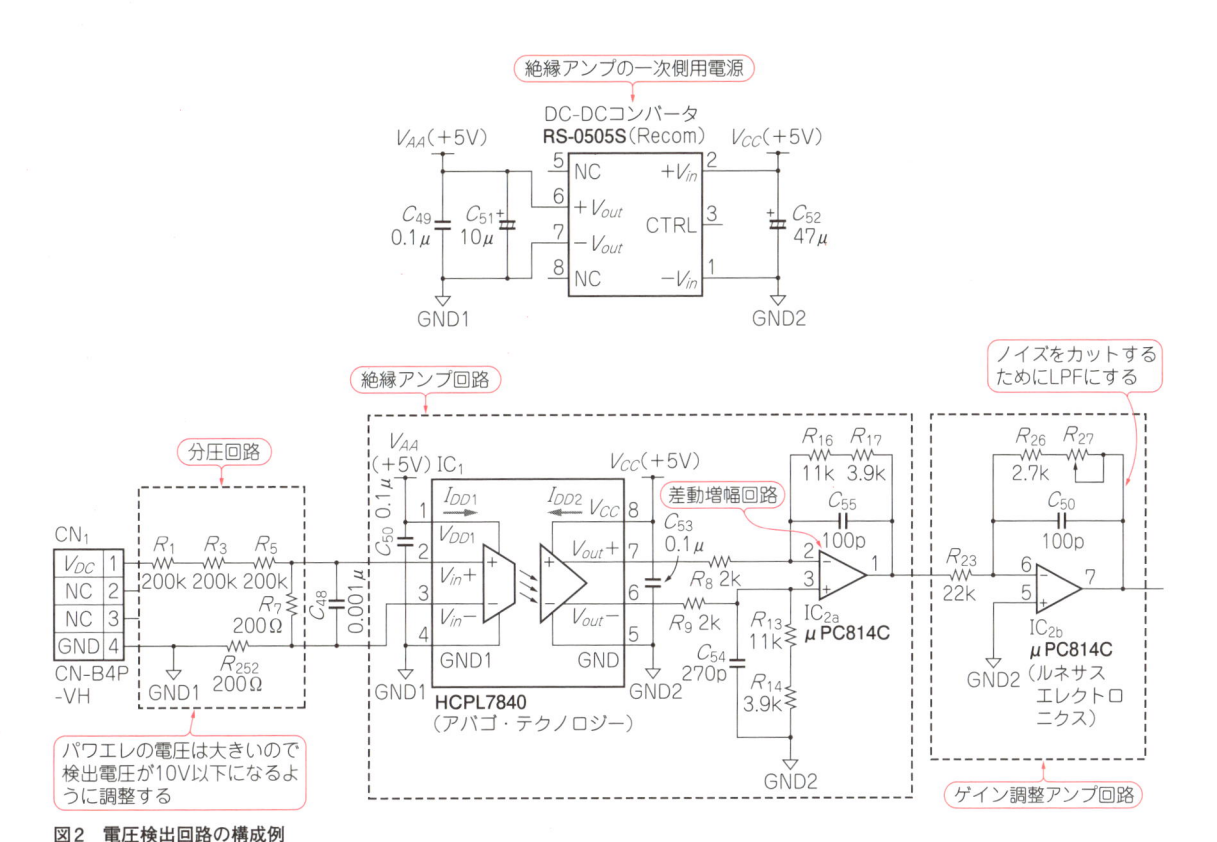

図2 電圧検出回路の構成例
分圧した後は絶縁し，差動増幅回路を通してゲイン調整を行う．検出ノイズ除去のために，後段の反転増幅器はロー・パス・フィルタにする．

7-3　電流検出

● ホール素子型DC電流センサを使う場合

電流値はフィードバック制御や過電流の保護の観点から重要な情報です．電流検出にはホール素子を用いたDC電流センサ（DC-CT）を使います．

▶ DC電流センサとは…

写真2にレム社のDC-CT HAS50Sの外観を示します．DC-CTはコアを貫通する電流（被測定電流）によってコアに発生する磁束をキャンセルするように補助巻き線から磁束を発生させます．このとき，磁束の検出にはホール素子を使います．補助巻き線から発生させる磁束は電流に比例するので，補助巻き線に流す電流もしくは，印加する電圧から，被測定電流がわかります．

交流連系やモータ・ドライブの場合，検出する電流は交流ですが，この場合もDC-CTを使わなくてはいけません．交流しか検出できないAC-CTでは直流成分が乗っても検出できないので，コントローラが気が付きません．その結果，直流電流成分を抑制できずドリフトしてしまいます．

DC-CTには電流出力タイプと電圧出力タイプがあ

ります．電流出力タイプは被測定電流に比例した電流を出力し，電圧出力タイプは被測定電流に比例した電圧を出力します．電流出力の方がノイズに強いですが，電流-電圧変換回路が必要です．

▶ DC電流センサの使い方

表1にHAS50Sの仕様を示します．DC-CTの選定は変換ゲイン，精度，周波数特性に着目して選定します．速い電流応答を得たい場合には電流検出の周波数特性が電流応答周波数の50～100倍以上になるように選びます．変換ゲインは装置の最大電流に対して，10～20%程度余裕を持つように選びます．電流が小

写真2
DC-CTの外観写真
レム社のDC電流センサ HAS50S．寸法は40×30×30 mm．貫通する被測定電流によって発生する磁束をキャンセルするように内部の巻き線から磁束を発生させる．磁束は電流に比例するので，巻き線に流す電流や印加する電圧で被測定電流がわかる．

表1 DC電流センサ（DC-CT）の選定基準
変換ゲイン，精度，周波数特性に着目して選定する．

項 目	値
定格電流	50 A
電源電圧	± 15 V
測定範囲	± 150 A
定格電圧	500 V
負荷抵抗	1 kΩ以上
精度	± 1 %以下
直線性	1 %以下
オフセット電圧	20 mV以下
応答特性	3 μs以下
周波数特性	DC ～ 50 kHz

- 主回路の電圧より余裕を持って選ぶ
- パワエレではトルクや電流ひずみ波は数％の性能が求められるので精度は1％以下のもの
- 線形性が悪いと電流ひずみが出やすくなるので1％以下を選ぶ
- 応答が5 μs以下であれば十分
- 周波数特性は電流制御の応答周波数よりも十分高いものを選ぶ

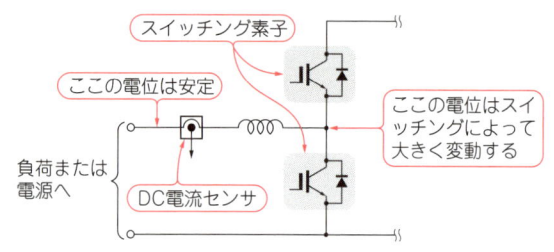

図3 電流センサの設置場所
リアクトルの安定した電位側にDC電流センサを設置する．スイッチング素子側は電位の変動が激しく，浮遊容量によるノイズが乗りやすい．

- スイッチング素子
- ここの電位は安定
- ここの電位はスイッチングによって大きく変動する
- 負荷または電源へ
- DC電流センサ

さい場合は，DC-CTのコアに被測定電流が流れる配線を巻き付けることでゲインを調整できます．例えば，被測定電流が100 Aで流れたとき4 V出力するDC-CTの場合，2ターン巻けば50 Aのとき4 Vとなり，4ターン巻けば25 Aで4 V出力されます．

表1に示したHAS50Sは電圧出力タイプで，定格電流が流れたときに，4 Vを出力します．精度，直線性は共に1％以下，周波数特性は50 kHzまであり，1 kHz程度の電流応答を求める電流制御なら，十分使えます．

DC-CTの設置場所はリアクトルの両端のどちらでもよいわけではなく，可能であれば，図3のように，負荷側もしくは電源側（スイッチング素子が接続されていない方）に設置するといいです．この理由は，スイッチング素子に接続されている側は電位変動が激しいため，スイッチング素子側にDC-CTを接続すると，浮遊容量により，電流検出の結果にノイズが乗りやすくなるからです．

● **ゲインを調整するOPアンプを付ける**

図4に電流検出回路の例を示します．電流出力タイプのDC-CTを使用した場合，電流を電圧に変換するために抵抗を接続します．電圧出力タイプを用いた場合は不要です．DC-CTから出力される信号は電流または±4 V程度の信号が多いので，ゲインを調節する回路が必要です．これには非反転増幅器や反転増幅器を用います．ここでは，反転増幅器を使っています．A-Dコンバータは0～5 Vなどの片極が多いので，オフセットを乗せて，正負の電流が検出できるようにしています．

三相回路の場合は，二つの相の電流がわかれば残り一つは演算により求められるので，コスト的な制約から，二相しか検出しない場合が多いです．しかし，性能（精度）を必要とするような用途では三相検出の方が，ノイズや検出誤差に対して強くできます．

数百Wクラスのインバータなど，コストが厳しい

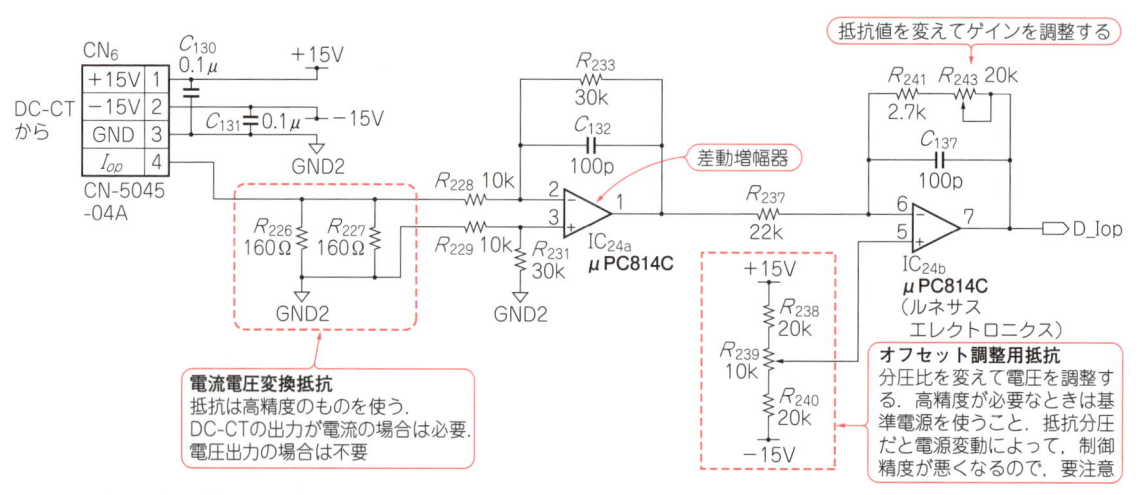

図4 電流検出回路の設計例（電流検出形）
電流出力タイプDC-CTの場合，電流を電圧に変換するための抵抗を接続する．DC-CTから出力される信号は±4 V程度が多いので，反転増幅器でゲインを調整する．A-Dコンバータは片極が多いので，オフセットで正負の電流が検出できるようにする．

- 電流電圧変換抵抗：抵抗は高精度のものを使う．DC-CTの出力が電流の場合は必要．電圧出力の場合は不要
- 差動増幅器
- 抵抗値を変えてゲインを調整する
- オフセット調整用抵抗：分圧比を変えて電圧を調整する．高精度が必要なときは基準電源を使うこと．抵抗分圧だと電源変動によって，制御精度が悪くなるので，要注意

ような用途では，シャント抵抗と差動増幅器，絶縁アンプによる電流検出を用います．安価にするために，絶縁アンプすら使用しない場合もあります．この場合は，差動増幅器の入力抵抗を大きく設定し，入力インピーダンスを高くして，電位変動の影響を少なくしたり，インバータの直流側の電流を検出して，交流側の電流を推定したりします．

7-4　位相検出

● 力率1が理想

電源の位相角の検出は，交流連系時に力率を制御するために必要です．力率が低い状態で交流連系をすると，同じ有効電力を系統に回生する際にたくさんの電流を流さなくてはいけなくなり，リアクトルやスイッチング素子の損失が増加します．理想的には力率1で連系することが望ましいです．力率1で制御するには電源の位相角と電流の位相角を一致させなくてはいけないので，電源の位相角を制御装置がわかっていないといけません．

● PLLで位相角度を検出する

図5にPLL回路の構成を示します．PLLは入力信号と同期した信号を作る回路で，弱電でもよく使われます．構成はフィードバック制御器になっていて，位相比較器で入力信号と出力信号の位相差を検出し，調節器により位相差に合わせてゲインを乗じ，発振器（VCO）によって，調節器の出力に応じた信号を発振します．フィードバックする前に，カウンタを挿入することで，分解能が細かいパルスが得られ，位相情報が得られます．たとえば，入力信号50 HzをPLLに入力し，10ビットのカウンタを挿入して，MSB（最上位ビット）と50 Hzが同期するようにすると，カウンタの値をCPUで読み出せば，360°＝1023の分解能が得られます．

電源の位相角検出は，電源電圧を電圧検出回路で検出し，その後，コンパレータにより，ゼロ・クロス点を判別します．正負の信号から，PLLを使って角度情報を得ます．日本の電源系統は50 Hzまたは60 Hzなので，PLLは50 /60 Hzの両方でロックできるように設計しないといけません．マイコンやDSPなどのCPUを使う場合は，PLLはCPUの内部機能のカウンタを使って，ソフトウェアにより作ることができます．現在では，マイコンやDSPをつかってPLLを作る方が簡単で，アナログのPLL ICを使用することはあまりありません．

● 三相の場合は三角関数を使って角度を求める

三相電源の場合は，電圧検出した後に，三相二相変換を行い，直交二軸の電圧に変換して，逆正接（アーク・タンジェント）を求めることで角度を求められます．ただしパワエレの場合，CPUの演算時間を短くするため，アーク・タンジェントはルックアップ・テーブルを使って求めます．間違っても，シミュレーションのようにmath.hの関数でそのまま計算してはいけません．他の三角関数や，平方根についても同様です．パワエレでは制御周期が短いほど性能をよくできるので，制御周期を短くするために常に演算時間を気にしないといけません．

7-5　異常発生時の検出とそのときの処理

● 重故障と軽故障

保護の考え方について説明しておきます．パワエレ装置は複雑なので，異常があった際に必ずしも装置を即止めることが正しいとは限りません．モータ駆動装置に異常があっても，半分の速度でもいいから，ゆっくりでも動いてくれた方がよいこともあります．

そこで，装置を設計する際には，重故障と軽故障という状態を考えておきます．

重故障は，装置の破壊やほかの装置の破壊，人に危険を及ぼす故障が起きた場合で，異常動作として，止

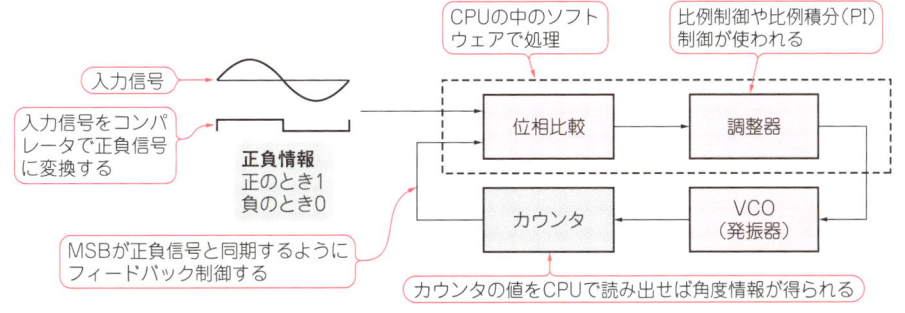

図5　PLL回路の構成例
位相比較器で入出力信号の位相差を検出し，調整器で位相差に合わせてゲインを乗じ，VCOで出力に応じた信号を発振する．カウンタを挿入することで，高分解能の位相情報が得られる．

めるための手続きを即行います．このときに，すぐに停止することだけが重要でないことを覚えておきましょう．たとえば，下りのエスカレータで異常があった場合にすぐに止めたら大変危険です．異常動作であっても極力，ゆっくりと停止させる必要があります．

　軽故障は所望の性能を得られないながらも限定的な性能で運転を継続させる状態をいいます．例えば，ロボットのアームを原点まで復帰させたり，電車を次の駅まで運転したり，エレベータを最寄り階まで動かすなどの動作をさせます．その後，アラームを出して，安全に停止します．

● 重故障と軽故障の区別

　重故障の要因は過電圧（OV：Over Voltage），過電流（OC：Over Current），過速度（OS：Over Speed），過熱（OH：Over Heat），過負荷（OL：Over Load）などです．ただし，これらの異常の前に警告レベルを設けて，アラームを出したり，負荷や運転制限をしたりすることで，重故障を回避して，軽故障ですますことができます．例えば，過電流を検出する前に，電流制限レベルを設けて，電流制限レベルを超えたら，運転性能には関係なく，電流を絞るような動作をさせます．そうすると，性能は劣化しますが，過電流には引っかからないので，軽故障としてアラームをあげ，運転を継続できます．

● 故障発生時のインバータの止め方

　軽故障の判断や止め方は装置によってさまざまなので，ここは太陽光発電用パワーコンディショナに絞って考えます．パワーコンディショナは異常時，停止すればよいので，何か異常が起こったら，インバータやチョッパのスイッチング素子をすべてOFFにします．このような動作を全ゲート遮断といいます（単にゲートブロックという場合もあります）．

　図6のように，スイッチング素子の全ゲート遮断は論理積を使って，ハードウェアで止めます．ソフトウェアのみでゲート遮断すると，CPUが暴走したときに止められないので，危険です．CPUとは別にAND回路を設けた方が，CPUが暴走した場合も確実に停止できるので，安心です．

　図7に過電流保護回路の例を示します．過電流／過

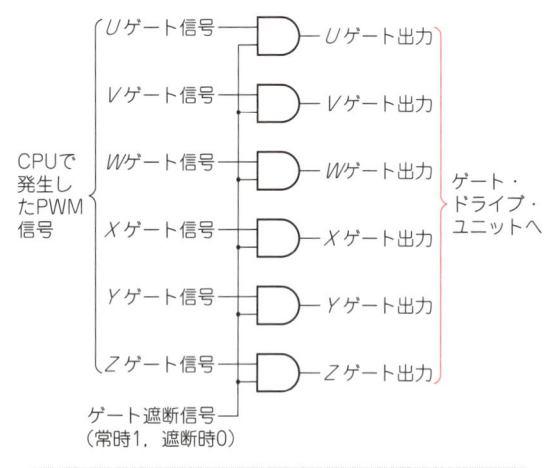

図6　異常時に使用する全ゲート遮断回路
スイッチング素子の全ゲート遮断には，CPUとは別にAND回路を設けた方が確実に停止できる．

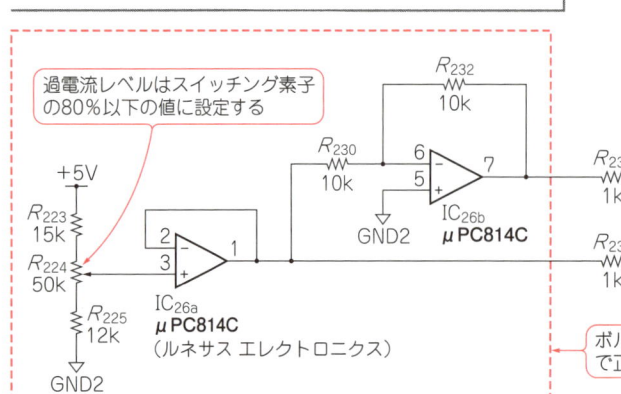

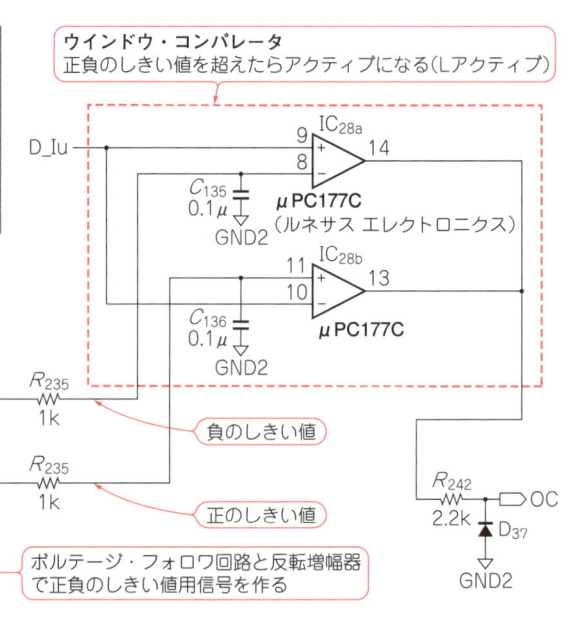

図7　ウインドウ・コンパレータを使った過電流保護回路
正負のしきい値を設定し，入力信号がしきい値を超えたとき過電流を検出する．出力はオープンコレクタなので，ワイヤードORで論理和をとる（図にはプルアップ抵抗がないので要注意）．

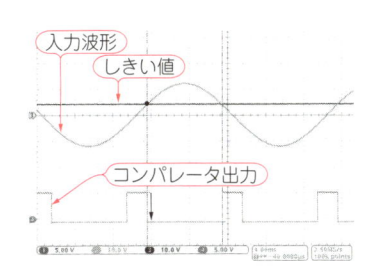

図8 ウインドウ・コンパレータの動作波形
入力信号が正負のしきい値を超えたとき，コンパレータ出力はアクティブになる．

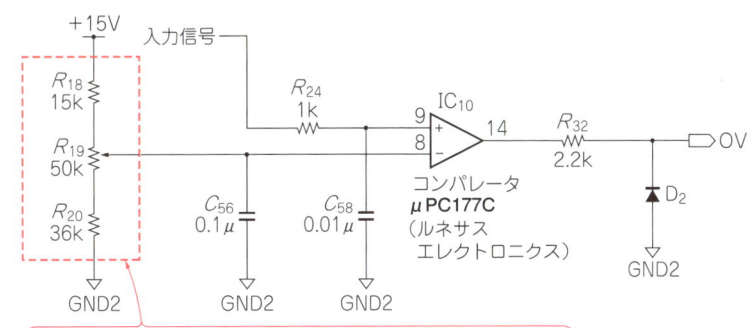

図9 過電圧保護回路の構成例
直流信号はコンパレータを使った保護回路を設ける．電圧検出に限らず，電流検出でも故障信号を検出したらラッチすることが重要．

過電圧レベルはスイッチング素子の電圧定格×0.9以下に設定する

電圧保護は交流電流の場合は，ウインドウ・コンパレータを使って，制限値より大きいかどうかを検出します．**図8**はウインドウ・コンパレータの動作例です．しきい値を超えたところで，出力信号（OC）がアクティブになります．出力はオープン・コレクタなので，ワイヤードORを使って，各故障信号の論理和をつくり，全ゲート遮断を行います．

直流電流／電圧の場合は，**図9**のように，正の値しかとらないので，簡単な単極のコンパレータで構いません．いずれも故障信号を検出したらラッチすることが重要です．故障信号を検出して全ゲートをオフにすると，電流や電圧が低下して自動復帰したときに，復帰と故障の動作を短時間で繰り返すことになり，動作が不安定になって破壊してしまいます．なお，保護回路のノイズ耐量が弱いと，ラッチが誤動作することありますが，まちがっても，ラッチをはずして試験してはいけません．ノイズ耐量をあげるため改造することが本質です．

● 過電流時のレベル設定
　過電流のレベルはスイッチング素子のジャンクション温度が規定値（125℃や150℃）を超えないレベルに設定します．厳密には損失シミュレーションなどによってレベルを設定します．簡単にはスイッチング素子の定格電流の80％くらいを目安にすればよいでしょう．ただし，保護をかける電流はリプルを含めた最大電流です．
　さらに注意が必要なのは，過電流時に発生するサージ電圧です．寄生インダクタンスによって発生するサージ電圧は電流の2乗に比例します．従って，過電流発生時が最も厳しい条件なので，スイッチング試験は必ず過電流レベルで行って，サージ電圧がスイッチング素子の定格電圧以下になっていることを確認しないといけません．初心者が作ったインバータでよくあるのが，過電流を検出して，過電流で止まるようになっ

ているのに，全ゲート遮断により発生するサージ電圧でインバータを壊してしまうことです．
　電流や電圧は，変化する時間が短いので，ハードウェアで故障を検出する必要があります．一方，過負荷や過熱は変化する時間が，CPUのサンプリング周波数よりも遅いので，ソフトウェアによる検出でも構いません．

　　　　　　　＊　　　　　　　＊

　パワエレの監視役である検出回路と保護について説明しました．パワエレは弱電に比べて扱う電圧や電流が大きいので，どんな簡単な装置でも検出や保護はとても重要です．実験回路でも「めんどくさいから」と言う理由で付けないと，故障したときに発火や破裂することがあるので，とても危険です．検出と保護回路は必ず付けましょう．

（初出：「トランジスタ技術」　2012年11月号）

第8章 パワエレ装置の冷却技術

大電力を扱うためコレが装置の大きさを左右する

パワエレ装置は大きい電力を扱うので，効率が高くても損失は大きくなります．例えば，出力 100 kW だと 99 % の効率でも損失は 1 kW になります．ここで重要なのは，どうやって 1 kW で発生する熱を冷やすのかどうかです．この章ではその技術を解説します．

8-1 太陽光発電インバータのどこを冷やす？

● スイッチング素子を冷やせ！

図1に，太陽光発電用パワーコンディショナの構成を示します．

スイッチング素子やリアクトルが主に発熱します．特にスイッチング素子はヒートシンクでの冷却が必要です．インバータのなかではヒートシンクでの冷却は弱電回路においても電源部ではよく使われます．この部分の考えかたは共通ですが，パワエレでは大きな電力をスイッチングしているので，弱電回路と冷却について，おもに次の2点が異なります．
(1) 損失の発生量とその計算方法
(2) 装置内部の熱を効率よく外に出す方法

これらの冷却方法の良し悪しは，スイッチング素子やフィンの大きさ，受動部品（LとC）の大きさに影響します．例えば，スイッチング素子に流せる電流はチップ温度で決まります．越えてはいけないチップ温度さえ守れれば，データシートにあるスイッチング素子の定格電流は目安であって，定格を越える電流も流せますし，温度が越えてしまうなら，定格以下の電流しか流せません．リアクトルも巻き線やコア温度が所定の値以下でないと絶縁破壊や性能劣化を引き起こします．

8-2 放熱フィンの熱抵抗の計算方法

● オームの法則との対比で考える

基本的な考えかたは，弱電（電子）回路でもパワエレ回路でも変わりません．図2のように熱抵抗で考えます．オームの法則と対比して覚えておくとよいと思います．

- 電気回路
  $E = RI$
  E：電圧 [V]，R：抵抗 [Ω]，I：電流 [A]
- 熱回路
  $T = R_{th} P_{loss}$
  T：温度上昇 [℃]，R_{th}：熱抵抗 [℃/W]
  P_{loss}：損失電力 [W]

簡単な例を図3に示します．ダイオードにどのようなフィンを付ければよいでしょうか？

手順を下記に示します．
① 損失がどのくらいあるかを調べる（損失の詳しい計算は次節で説明）

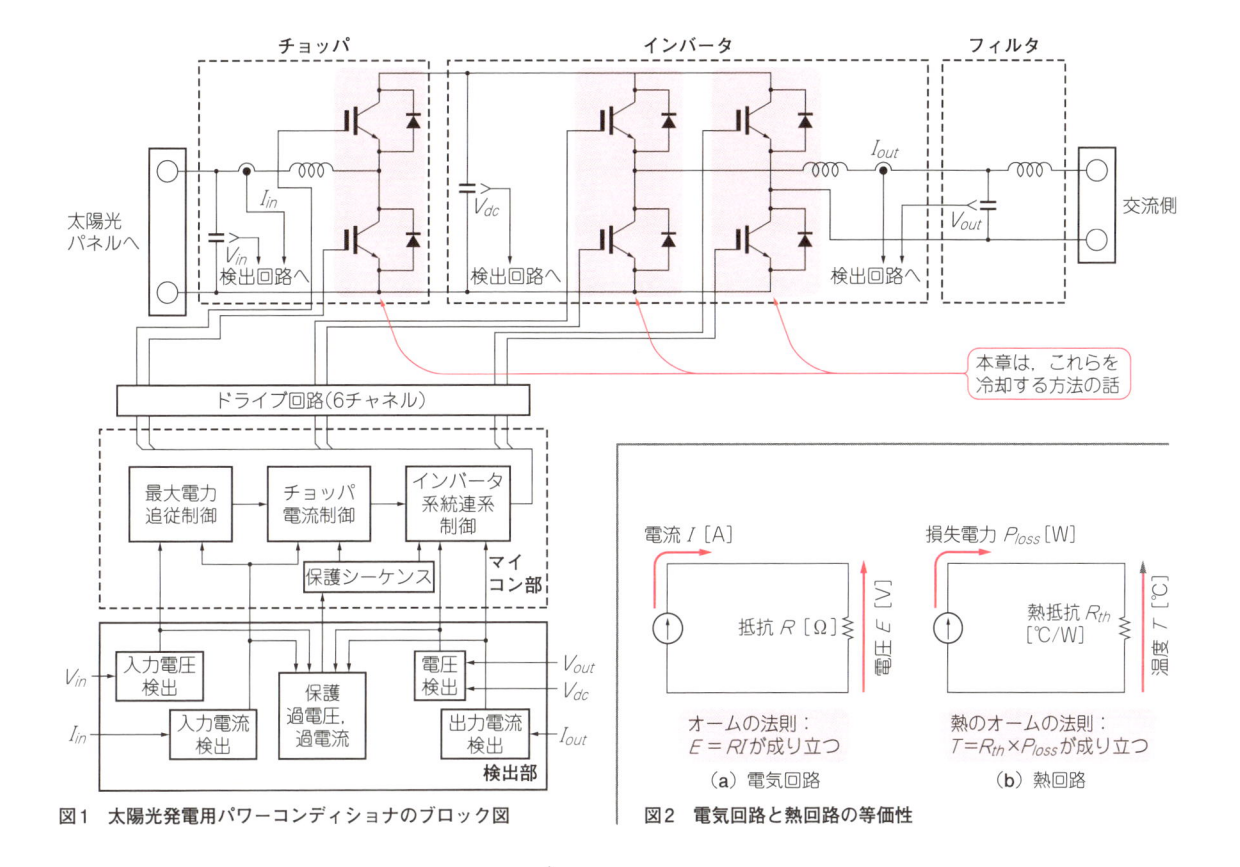

図1 太陽光発電用パワーコンディショナのブロック図

図2 電気回路と熱回路の等価性
(a) 電気回路 — オームの法則：$E = RI$ が成り立つ
(b) 熱回路 — 熱のオームの法則：$T = R_{th} \times P_{loss}$ が成り立つ

② 半導体のデータシートから越えてはいけないチップ温度を調べる
③ 半導体のデータシートから各熱抵抗を調べる
④ 使用する周囲温度を決める
⑤ 必要なフィンの熱抵抗を計算する
⑥ フィンのデータシートから⑤の計算結果より小さい熱抵抗をもつフィンを選ぶ

● 計算例

高速ダイオードFMXA-1106S（600 V，10 A，サンケン電気）を例に計算してみます．

① 損失の計算

簡単に順方向電圧降下V_Fのみの損失とします．データシートより，V_Fは1.98 Vです．電流を2 A流すとすると，

$$V_F I = 1.98 \text{ V} \times 2 \text{ A} = 4 \text{ W}$$

の損失が発生します．

パワエレの怖いところ
パワエレがなくなるとストレスが発散できなくなり大混乱です．徹夜，がぶ飲み，イッキはキケン．楽しくやるのが一番．

8-2 放熱フィンの熱抵抗の計算方法

周囲
ヒートシンク
ケース
チップ
ダイオード

(a) 実装図

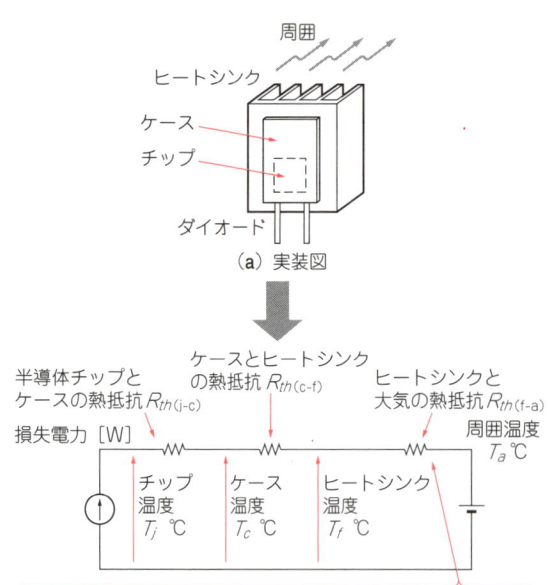

半導体チップと
ケースの熱抵抗 $R_{th(j-c)}$

ケースとヒートシンクの熱抵抗 $R_{th(c-f)}$

ヒートシンクと大気の熱抵抗 $R_{th(f-a)}$

損失電力 [W]

チップ温度 T_j℃
ケース温度 T_c℃
ヒートシンク温度 T_f℃

周囲温度 T_a℃

ヒートシンクを選定するためにはここの熱抵抗を求めればよい

(b) 熱の等価回路

◆絶対最大定格

No.	項目	記号	単位	定格	条件
1	ピーク非繰り返し逆電圧	VRSM	V	600	
2	ピーク繰り返し逆電圧	VRM	V	600	
3	平均順電流	IF(AV)	A	10	
4	サージ順電流	IFSM	A	100	10msec,正弦半波単発
5	I²t限界値	I²t	A²S	50	1msec≦t≦10msec
6	接合部温度	Tj	℃	−40〜+150	
7	保存温度	Tstg	℃	−40〜+150	

最高使用温度150℃

◆電気的特性

ダイオードがONのときに発生する電圧

No.	項目	記号	単位	特性	条件
1	順方向降下電圧	VF	V	1.98 max.	IF=10A
2	逆方向漏れ電流	IR	μA	100 max.	VR=VRM
3	高温逆方向漏れ電流	IR	mA	30 max.	VR=VRM, Tj=150℃
4	逆方向回復時間	trr	ns	28 max	IF=IRP=500mA 90%回復点
5	熱抵抗	Rth(j-c)	℃/W	4.0 max.	接合部−ケース間

ジャンクションとケース間の熱抵抗

(c) ダイオードFMXA-1106Sのデータシート(サンケン製)

図3 ダイオードのヒートシンク選定の例題

OSH-4725C-SFL(-MF)

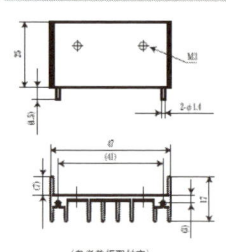

※素子取付穴(位置・数)に関してはご相談下さい.

熱抵抗14.25以下の条件を満たすヒートシンク

切断寸法・表面処理	熱抵抗(K/W)	重量(g)
L25-MF	14.5	13.1
L25-SFL	12.2	

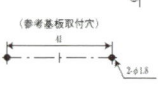

OSH-5450-SFL(-MF)

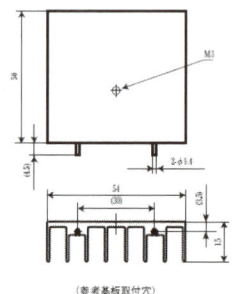

※素子取付穴(位置・数)に関してはご相談下さい.

熱抵抗14.25以下の条件を満たすヒートシンク

切断寸法・表面処理	熱抵抗(K/W)	重量(g)
L25-MF	9.80	16.6
L25-SFL	8.33	
L50-MF	7.81	33.1
L50-SFL	6.58	

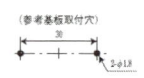

(d)(1) ヒートシンクのデータシート(リョーサン製)

抵抗を加える).

④ 周囲温度

装置の周囲温度を40℃とします．内部は5℃高いとして，ダイオードの周囲温度は45℃とします．

⑤ フィンの熱抵抗 $R_{th(f-a)}$

図3(b)の回路を $R_{th(f-a)}$ について解くと，14.25℃/Wとなります．

$$120℃ − 45℃ = (4 + 0.5 + R_{th(f-a)}) \times 4\,W$$
$$R_{th(f-a)} = (120℃ − 45℃) \div 4 − (4 + 0.5)$$
$$= 14.25℃/W$$

⑥ フィンの選定

例えば，図3(d)に示すデータシートより，14.25℃/W以下のものを選びます．意外に大きなフィンを付ける必要があります．

8-3 スイッチング素子の損失計算法

● 半導体メーカのツールを活用する

図1に示す連系インバータはスイッチングをするため，上記の例題で示したように簡単に損失を計算できません．最近では，各パワー半導体メーカのホーム・ページにいくと損失計算シミュレーションができるようになっています．

パワエレの怖いところ
怖いところを書こうとしても「パワエレがなかったら」になってしまって大混乱です．お二人ともテーマが違いますよ．

② 最大のチップ温度

データシートより150℃です．ここでは，マージンを見て120℃とします．

③ 熱抵抗 $R_{th(j-c)}$，$R_{th(c-f)}$

ダイオード・チップとケース間の熱抵抗 $R_{th(j-c)}$ は図3(c)のデータシートより，$R_{th(j-c)} = 4℃/W$です．ケースとヒートシンクの間の熱抵抗 $R_{th(c-f)}$ については理想は0℃/Wですが，実際は取り付けねじの締め付け具合やヒートシンクの平面度などで熱抵抗は接合部だけで，0.1〜0.5℃/Wあります．ここでは，ワースト・ケースを考えて0.5℃/Wとします(放熱シートや放熱用グリースを使用する場合は使用する素材の熱

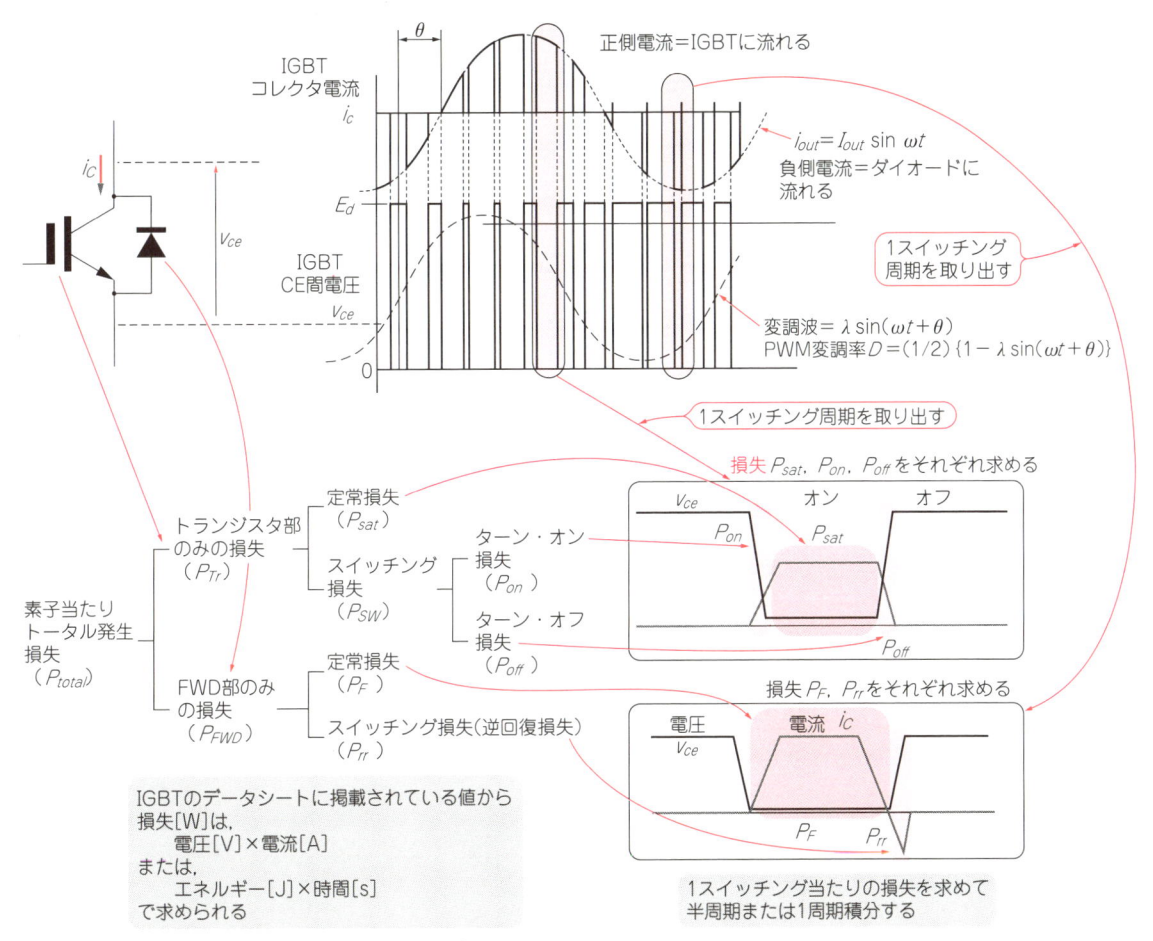

図4 スイッチング素子の損失計算原理(IGBTの場合)

ただし,自分が使おうとする回路方式がメーカ指定のものと異なっていたり,変調方法が違うと,使えません.
- 富士電機
   http://www.fujielectric.co.jp/products/semiconductor/technical/design/
- 三菱電機
   http://www.mitsubishielectric.co.jp/semiconductors/simulator/index.html

自分の使いたい条件を入れて計算すると損失が瞬時に出てきます.これを用いて,上記の手順に従ってヒートシンクを選定すればよいです.

● 手計算する方法

本章では,パワエレの入門者からエキスパートになったときに役に立つように少々難しい式が出てきます.物理的な意味は明快なので,式をぜひ追ってみてください.また,中身を理解すれば,基本的な考え方は同じなので,回路方式が違っても,半導体素子の損失を計算することができます.

図1に示したインバータの一つのスイッチの損失の計算例を示します.IGBTで発生する損失の種類は図4に示すように6種類あります.一つのIGBT当たりの損失P_{total}は,これらの合計です.これら一つ一つについて計算します.損失解析の条件は次のとおりです.

(1) PWM発生方法:三角波キャリア比較
(2) PWMのデューティは0～1で変化する
(3) 変換器交流側には理想的な正弦波電流が流れる(スイッチング・リプルを無視する)

① 導通損失の計算

図5に上側IGBTの導通損失P_{sat}の計算を示します.損失は1回のスイッチング周期において,IGBT電圧V_{CE}と電流i_Cを掛け算し,さらにデューティ比Dを掛け算します.Dを掛け算する理由は,スイッチング周期の間,IGBTがONしている割合を考慮するためです.V_{CE}は電流i_Cにより変化します.この特性はデータシートに示してあります.データシートの特性を直線近似して計算式に取り込みます.そして,IGBTの電流i_Cは正弦波$0～\pi$の期間を流れるので,$0～\pi$の

- 正側IGBTの導通損失

正側のスイッチング素子のIGBTには電源周波数の正側半周期のみ電流が流れるので半周期0〜πで積分をする

1スイッチング当たりの損失[W]は電圧と電流の掛け算

$$P_{sat} = \frac{1}{2\pi}\int_0^\pi I_{out} v_{ce} \, D \, d\omega t = \frac{1}{2\pi}\int_0^\pi (I_{out}\sin\omega t)(k_{igbt1}I_{out}\sin\omega t + k_{igbt2})\frac{1+\lambda\sin(\omega t+\theta)}{2} d\omega t$$

$i_{out} = I_{out}\sin\omega t$
連系インバータは正弦波電流が流れる

$v_{ce} = k_{igbt1}I_{out}\sin\omega t + k_{igbt2}$

さらにデューティ比Dで電流が流れている割合を考慮するためDをかける

$$D = \frac{1+\lambda\sin(\omega t+\theta)}{2}$$

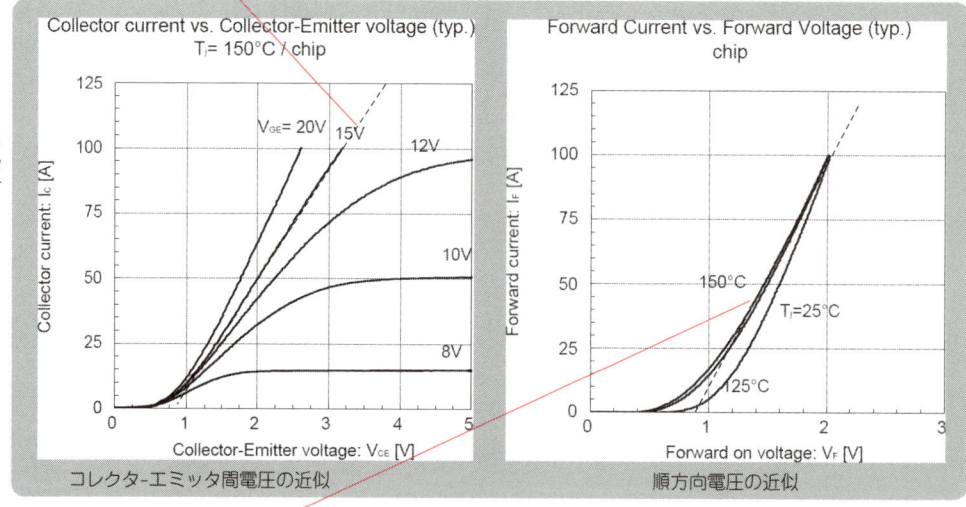

V_{ce}は電流により変わるのでデータシートから近似する

コレクタ-エミッタ間電圧の近似

順方向電圧の近似

- 正側ダイオードの導通損失

$$P_F = \frac{1}{2\pi}\int_\pi^{2\pi} -I_{out}\sin\omega t(-k_{fwd1}I_{out}\sin\omega t + k_{fwd2})\frac{1+\lambda\sin(\omega t+\theta)}{2} d\omega t$$

図5 導通損失P_{sat}とP_Fをデータシートの近似から求める

表1 インバータ1レグの導通損失

	P_{sat} IGBT	P_F FWD
上アーム導通損失	$I_{out}^2 k_{i1}\left(\frac{1}{8}+\frac{\lambda}{3\pi}\cos\theta\right)+I_{out}k_{i2}\left(\frac{1}{2\pi}+\frac{\lambda}{8}\cos\theta\right)$	$I_{out}^2 k_{f1}\left(\frac{1}{8}-\frac{\lambda}{3\pi}\cos\theta\right)+I_{out}k_{f2}\left(\frac{1}{2\pi}-\frac{\lambda}{8}\cos\theta\right)$
下アーム導通損失	$I_{out}^2 k_{i1}\left(\frac{1}{8}+\frac{\lambda}{3\pi}\cos\theta\right)+I_{out}k_{i2}\left(\frac{1}{2\pi}+\frac{\lambda}{8}\cos\theta\right)$	$I_{out}^2 k_{f1}\left(\frac{1}{8}-\frac{\lambda}{3\pi}\cos\theta\right)+I_{out}k_{f2}\left(\frac{1}{2\pi}-\frac{\lambda}{8}\cos\theta\right)$

期間で積分すると，IGBTの導通損失P_{sat}となります．

同様に上側のFWDの導通損失を求めることができます．データシートのV_{CE}と電流i_Cの特性を直線近似して計算式に取り込みます．そして，FWDの電流i_Cは正弦波π〜2πの期間を流れるので，π〜2πの期間で積分するとFWDの導通損失P_Fとなります．

P_{sat}とP_Fの結果を表1にまとめます．

② **スイッチング損失の計算**

図6にスイッチング損失の計算方法を示します．

スイッチング損失P_{on}またはP_{off}は，素子がON/OFFするときの電圧V_{CE}と電流i_Cが重なっている部分になるため，やはり電圧と電流の積です．例えば，上アームのスイッチ1個あたりのスイッチング1回のターン・オン損失e_{on}[J]（単位はジュールでエネルギーの単位）は，

$$e_{on} = \frac{k_{on} I_{out} \sin(\omega t) V_{dc}}{E_{nom}}$$

となります．k_{on}はデータシートから電流に対して1次近似して求めることができます．ここで，V_{dc}は実際に設計するインバータの直流電圧，E_{nom}はデータシートに記述しているスイッチング損失測定時の直流電圧です．

スイッチがONするときの平均スイッチング損失p_{on}[W]は，1回のターン・オン損失e_{on}[J]にスイッチング周波数f_Sを掛け算して求めることができます．中学の理科の教科書に出てきた仕事量と仕事率の関係です．仕事率[W]の仕事を何秒したのか，すなわち

仕事率[W]×時間[秒]＝仕事量[J]

です．いま，仕事率を求めたいので，時間で割ります．周波数は時間の逆数（Hz = 1/sec）なので掛け算となり，

$$p_{on} = e_{on} f_S$$

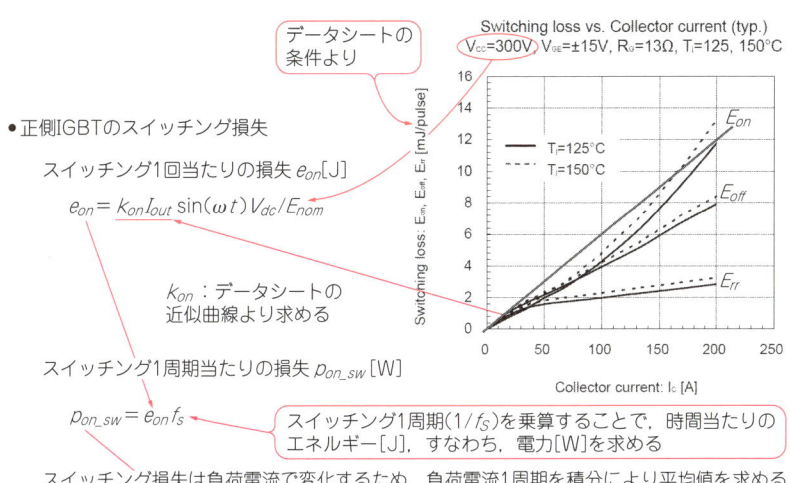

- 正側IGBTのスイッチング損失

 スイッチング1回当たりの損失 e_{on}[J]

 $e_{on} = k_{on}I_{out}\sin(\omega t)V_{dc}/E_{nom}$

 k_{on}：データシートの近似曲線より求める

 スイッチング1周期当たりの損失 p_{on_sw}[W]

 $p_{on\_sw} = e_{on}f_s$

 データシートの条件より：$V_{CC}=300V$, $V_{GE}=\pm15V$, $R_g=13\Omega$, $T_j=125, 150°C$

 データシートにより損失を近似する
 ターン・オン損失：E_{on}
 ターン・オフ損失：E_{off}
 リカバリ損失：E_{rr}

 スイッチング1周期($1/f_S$)を乗算することで，時間当たりのエネルギー[J]，すなわち，電力[W]を求める

 スイッチング損失は負荷電流で変化するため，負荷電流1周期を積分により平均値を求める

 $P_{on} = \frac{1}{2\pi}\int_0^\pi P_{on\_sw}\,d\omega t = \frac{1}{2\pi}\int_0^\pi k_{on}I_{out}\sin(\omega t)V_{dc}f_s/E_{nom}d\omega t = \frac{1}{\pi}k_{on}I_{out}\frac{V_{dc}}{E_{nom}}f_s = \frac{1}{\pi}E_{on}f_s$

 ターン・オフ損失，リカバリ損失も同様に計算できる

 $P_{off} = \frac{1}{2\pi}\int_0^\pi k_{off}I_{out}\sin(\omega t)V_{dc}f_s/E_{nom}d\omega t = \frac{1}{\pi}k_{off}I_{out}\frac{V_{dc}}{E_{nom}}f_s = \frac{1}{\pi}E_{off}f_s$

 $P_{rr} = \frac{1}{2\pi}\int_0^{2\pi}-k_rI_{out}\sin(\omega t)V_{dc}f_s/E_{nom}d\omega t = \frac{1}{\pi}k_rI_{out}\frac{V_{dc}}{E_{nom}}f_s = \frac{1}{\pi}E_rf_s$

図6 スイッチング損失はデータシートから求める

です．負荷電流1周期の損失は，$0 \sim \pi$の期間で積分すると表2のように表すことができます．

同様に，ターン・オフ，リカバリ損失も求めることができます（表2）．

③ 一つのスイッチング素子IGBT＋FWDの損失計算

まとめると，以下のようになります．図1のように四つのスイッチング素子の場合の損失 P_{loss2} は，

$P_{loss2} = [\{P_{sat}(上)+P_F(上)\}+\{P_{sat}(下)+P_F(下)\}+\frac{2}{\pi}f_S(e_{on}+e_{off}+e_r)]\times 2$

で計算できます．計算事例は第13章を参照してください．

表2 インバータ1レグのスイッチング損失

	上アーム	下アーム
ターン・オン損失	$\frac{1}{\pi}E_{on}f$	$\frac{1}{\pi}E_{on}f$
ターン・オフ損失	$\frac{1}{\pi}E_{off}f_s$	$\frac{1}{\pi}E_{off}f_s$
リカバリ損失	$\frac{1}{\pi}E_rf_s$	$\frac{1}{\pi}E_rf_s$
1レグのスイッチング損失	$\frac{2}{\pi}f_s(E_{on}+E_{off}+E_r)$	

8-4 ヒートシンクの選び方とスイッチング素子の取り付け方

● 自然風冷か強制空冷か

スイッチング素子の発生損失が明確になれば，次は前節で示した手順に従い必要なヒートシンクの熱抵抗を求めて，ヒートシンクを選定します．

- 自然風冷：ファンを使わないでヒートシンクだけで冷却する
  メリット：静か，ファン交換不用
  デメリット：大きい
- 強制空冷：ヒートシンクにファンにより風を流すことで冷却する
  メリット：小型化ができる
  デメリット：騒音が出る．ファン交換が必要

ここで，自然空冷と強制空冷のファンの大きさを比べてみましょう．例えば，損失が先ほどの例よりずっと大きく，75W，ヒートシンクの周囲温度を45℃とした場合に，IGBTのジャンクション温度を125℃にするための熱抵抗の計算をすると，下記のようになります．

$R_{th(f-a)} = (125℃ - 45℃) \div 75W - (0.71 + 0.05)$
$= 0.31℃/W$

写真1に，0.31℃/Wの熱抵抗をもつ強制風冷のヒートシンクと自然風冷のヒートシンクを示します．自然風冷の場合，強制風冷に対して約5倍の体積のヒートシンクが必要です．

● ヒートシンクと半導体素子を熱的に接続する

ヒートシンクの表面も半導体素子の表面（ヒートシンクと接触させる面）も，拡大すると凸凹していて平滑ではありません．この凸凹をそのままにしておくと，

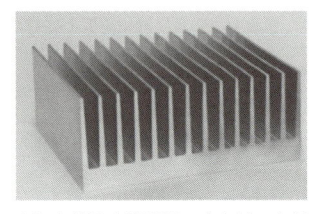

(a) 自然風冷(幅227×高さ90×奥行き200[mm]，重量5.1kg)

(b) 強制風冷(幅92×高さ92×奥行き100[mm]重量0.9kg)

写真1[(1)] **強制風冷と自然風冷でのヒートシンクの大きさ比較**
BSシリーズ，CBシリーズ；㈱リョーサン．

ヒートシンクと半導体素子との接触面積を十分に得ることができず，冷却不足となる可能性があります．

そこで**写真2**のように，ヒートシンクと半導体素子の間に放熱シートを挿んだり放熱用グリスを塗布したりして接触面積を稼ぐことによって，ヒートシンクの冷却性能を十分に引き出すことができます．

大型の半導体モジュールの場合は，ヒートシンク表面の凸凹に加えて反りに注意する必要があります．反ったヒートシンクに対して半導体モジュールを固定しても，一部が浮いてしまって十分な接触面積が得られなかったり，ヒートシンクと半導体モジュールの間に入り込んだ空気が伝熱の邪魔をしたりします．

半導体素子は種類によっては金属の伝熱部分が露出しているものと，すべてが樹脂で覆われているものがあります．金属の伝熱部分が露出している半導体素子の場合は，ヒートシンクとの間の絶縁性を確保するために絶縁性の放熱シートを使用します．

● **半導体素子の固定**

小型パッケージ・タイプの半導体素子では，固定金具などを介して半導体パッケージを挟み込んでヒートシンクへ固定することがあります．この固定の際に半導体素子の弱い部分に力が加わると，内部破損を招くことがあります．

IGBTモジュールなどの比較的大型の半導体素子でも，メーカが指定する締め付けトルクを守らずに過大なトルクで締め付けを行ったり，反りの大きなヒートシンクに固定したりすると，モジュール内部のチップの破損を招く場合があります．

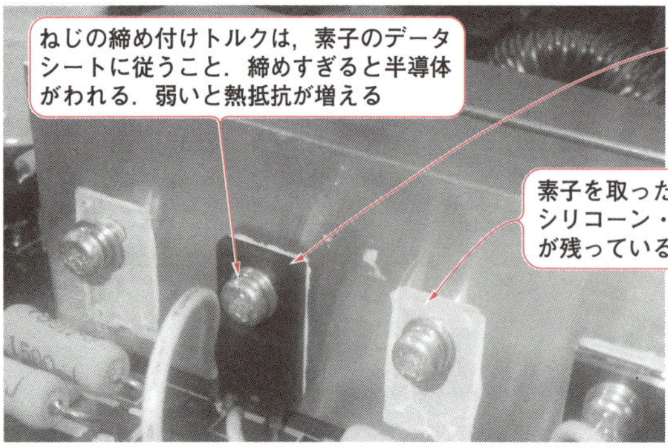

ねじの締め付けトルクは，素子のデータシートに従うこと．締めすぎると半導体がわれる．弱いと熱抵抗が増える

素子にシリコーン・グリスを塗布してネジで固定する．シリコーン・グリスは多すぎても少なすぎても熱抵抗が増える．塗布量はグリスの取扱説明書に従うこと

素子を取ったところ．シリコーン・グリスが残っている

ドライバの方向

製造工程上，横からねじ締めできないときは金具で押さえる場合もある

(a) フルモールド・パッケージの場合
(素子の裏面が樹脂で覆われているもの)

素子とフィンの間に絶縁シートを挟む．ここに使う絶縁シートは絶縁耐圧のほかに熱抵抗も明記してあるものを使うこと．色は緑や茶色などいろいろある

(b) 素子の裏面が金属の場合
(素子の裏面が樹脂で覆われていないもの)

(c) 固定金具を使用する場合

写真2 ヒートシンクとスイッチング素子の接続

● 発熱量と換気量の計算

　ヒートシンクとスイッチング素子とファンで構成されたインバータは装置内に収められます．むき出しで使用することはまずありません．そのため，装置内部から熱を外に出す必要があり，外気導入型の冷却方式が多く用いられています．

　装置の発熱量に合わせて開口部面積を稼いで冷却する自然空冷方式と，**写真3**のようにファンを利用して積極的に冷却する強制空冷方式に分けられます．

　強制空冷の場合に必要な換気量 Q [m³/分] の計算式を下記に示します．

$$Q = 60 \times q / (p C_p \Delta T)$$
$$= q / (20 \times \Delta T) \text{ [m}^3\text{/分]}$$

q：発熱量 [W]，p：空気密度，
C_p：空気の定圧比熱 = 1007 J/(kg・k)
ΔT：温度上昇値 $(T_o - T_i)$

　図7に示すように，装置の下部から吸った空気の温度が T_i，装置上部から排気されるときの温度が T_o（装置内部の温度）です．T_o と T_i の差が ΔT です．例えば，周囲温度40℃とすると ΔT は5℃～10℃以下になるように換気量 Q を設計します．ΔT = 20℃，30℃と上げると内部温度が60℃，70℃と高温になり，使用する部品が特殊になったり，部品の寿命が短くなったりして，良くありません．

● ファンの選定と設置

　図8にファンの種類を示します．ファンのメーカからはさまざまな種類のファンが発売されています．パワエレの冷却に最も利用されているものは「軸流ファン」です．軸流ファンはACタイプとDCタイプがあります．ファンを駆動する電源が交流電源か直流電源かの違いです．製作する装置で使いやすいものを選びます．DCタイプのほうが，長寿命型があるなどACタイプより種類が豊富です．

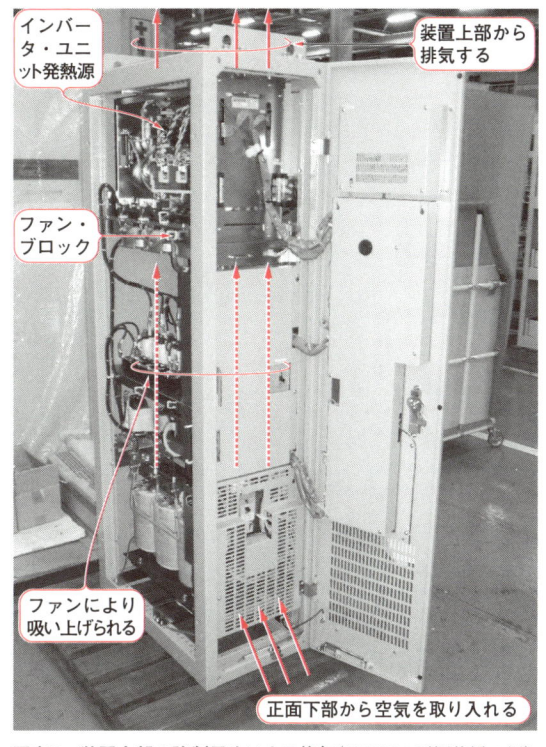

写真3　装置内部の強制風冷による換気(10 kWの電源装置の例)

　軸流ファンのカタログや仕様書を確認すると，**図9**のような風量と静圧特性のグラフが記載されています．使用する装置の実装密度によって，圧力損失特性（システム・インピーダンス）が決まり，風量-静圧特性とインピーダンス特性で動作点が決まります．

　当然，Ⓐのケースがない場合，インピーダンスはゼロでファンの風量が最大になり，Ⓒの開口部なしの場合，インピーダンスが最大になり風量がゼロになります．実際の設計では，計算でインピーダンスを導出することや測定することは難しいため，グラフ上で圧力

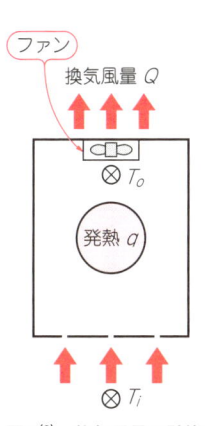

図7(2)　換気風量の計算

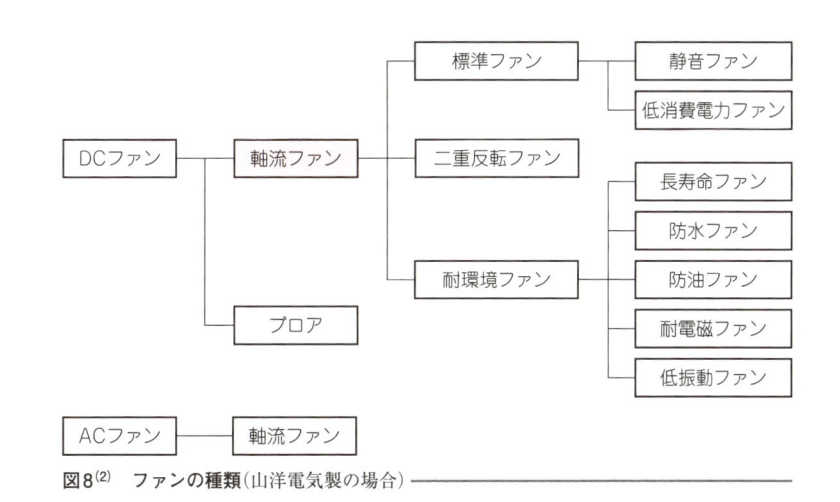

図8(2)　ファンの種類(山洋電気製の場合)

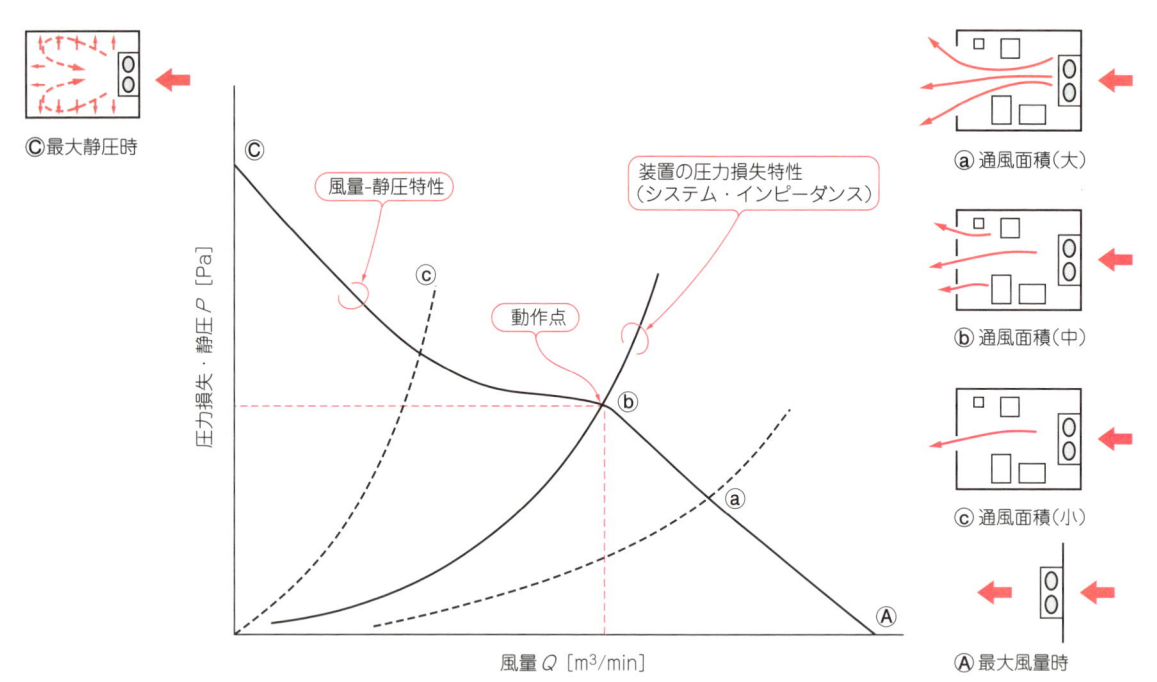

図9(2) ファンの風量-静圧特性

損失がなだらかになるあたり（最大風量の50％近辺）を目安として仮の熱計算を行います．

また，パワエレ機器の場合，チリやホコリが多いような悪環境で使われるときはエアー・フィルタを使用します．エアー・フィルタを使用する場合は静圧が高くなるため風量は小さくなります．逆に実装密度が低く空間の大きい機器の場合は，静圧が低くなるため風量は大きくなります．

ファンを使用した冷却には大きく分けて**図10**に示すように，プッシュ型（外気を吸い込む）の冷却とプル

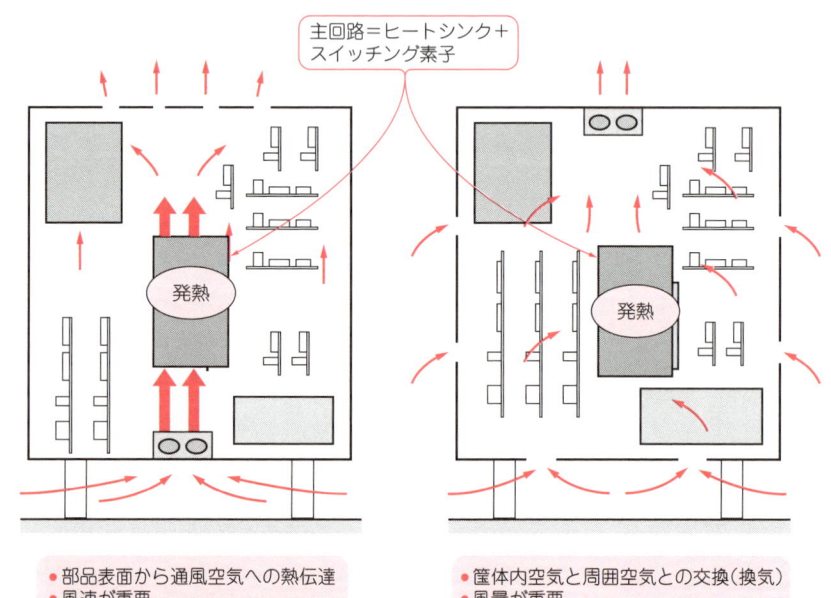

図10(2)
ファンの使い方の違いによる特徴（空気を吸い込むのか，吐き出すのか）

(a) プッシュ運転：空気を吸い込む
- 部品表面から通風空気への熱伝達
- 風速が重要
- 局所冷却が主体の場合に適する
- 筐体内によどみ領域ができやすい

(b) プル運転：空気を吐き出す
- 筐体内空気と周囲空気との交換（換気）
- 風量が重要
- 全体を平均的に冷やす場合に向く

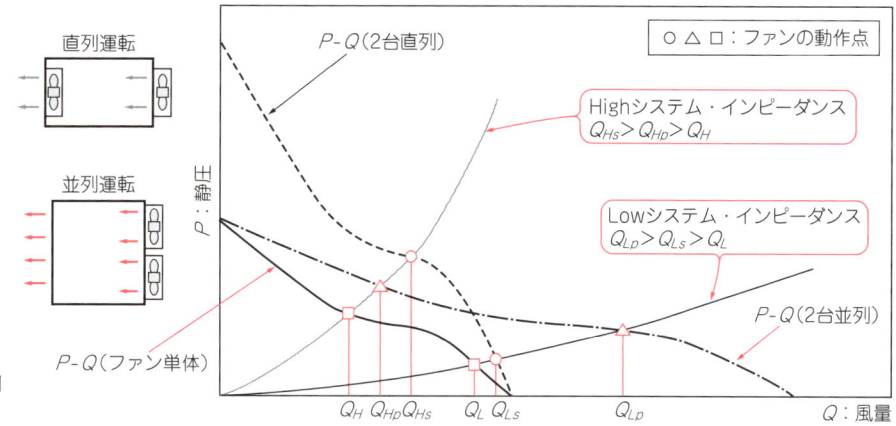

図11(2) ファンの並列運転と直列運転

型(内気を吐き出す)の冷却があります．

　プッシュ型の冷却では，高温になる部分にめがけて流速の速い風を当てることで冷却する「局所冷却」が主体となります．このとき装置の内部は正圧となっているため，外装に開口部があればそこから風が漏れ出します．

　プル型の冷却では，装置全体の換気をすることになります．このときの装置内部は負圧となっているため，外装に開口部があればそこから風を吸い込みます．また，ファンが排気側に設置されているため，周囲温度の上昇によるファンの寿命を考慮する必要があります．

　いずれの場合も装置内部での風の流れを考慮した設計を行わないと，肝心な部位が冷えないということになります．例えば，発熱するヒートシンクだけに風を当てるようにすると他の部分に熱がこもり，スイッチング素子は設計どおり冷却できていても，制御基板周辺の温度が異常に高いということになります．

　実際の装置でファンを使用する場合，複数個を使用することが多くあります．このときのファンの配列の仕方に，図11のように直列運転と並列運転があります．プッシュとプルを組み合わせた直列運転の場合は静圧を高くできるため，実装密度の高い機器やエアー・フィルタを使用している機器などに適用すると効果的です．

　並列運転にはプッシュ型の並列運転とプル型の並列運転がありますが，どちらの場合も風量が大きくなるため，複数の場所が局所的に高温になる装置の冷却に適しています．

● 効果的な強制空冷のポイント

　図12に示すように，効果的な強制空冷のポイントはおもに三つです．
(1) 通風路/通風量をコントロールする
　通風路は広ければ良いわけではありません．「通風路面積小→流速大」の関係があるため，局所的に冷却したい場合は意図的に通風路面積を狭くすることがあ

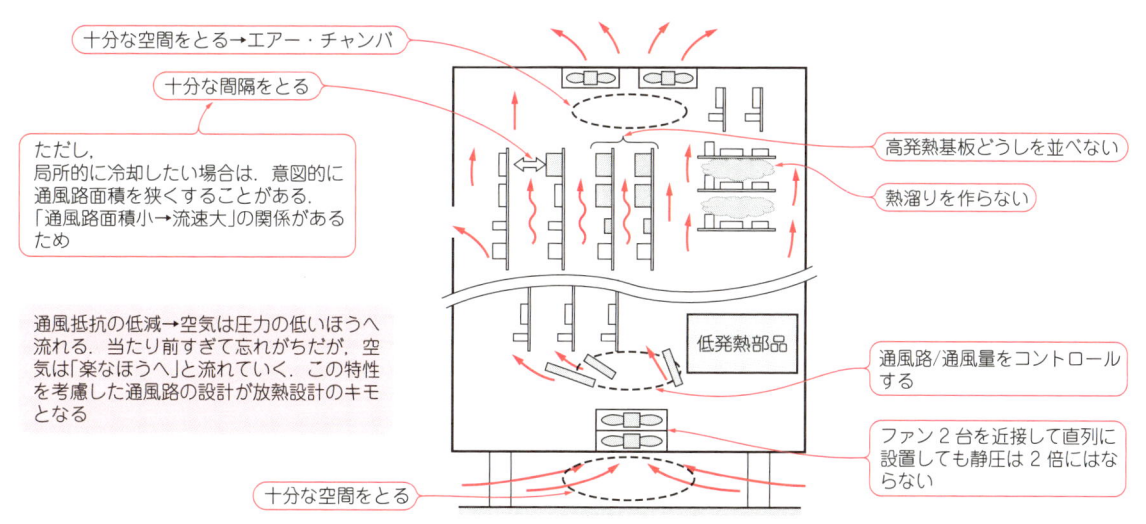

図12(2) 強制風冷のポイント

8-4 ヒートシンクの選び方とスイッチング素子の取り付け方

(a) 密閉型筐体(放射冷却式)の設置例

(b) 密閉型筐体(エアコン冷却式)の設置例

写真4 屋外筐体の実例

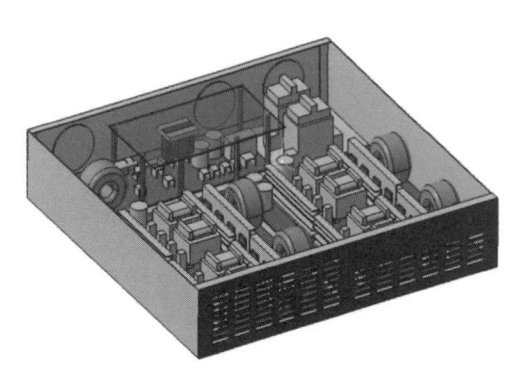

(a) 解析用の簡略化モデル

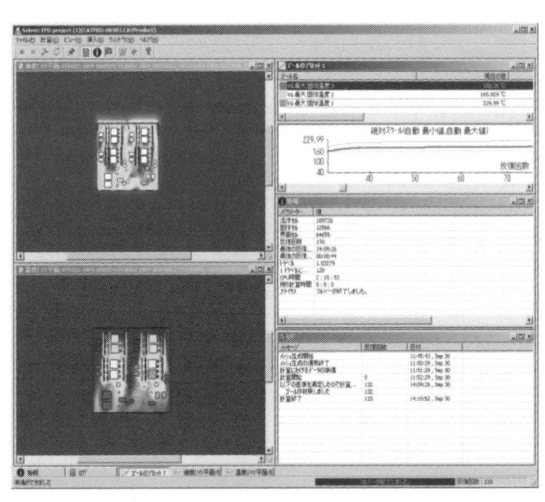

(b) 解析中の画面

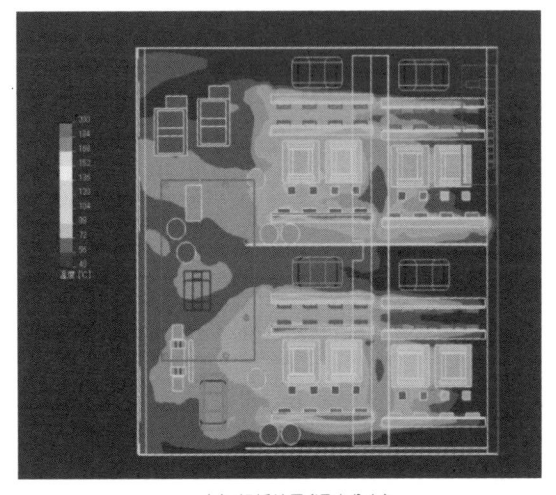

(c) 解析結果(温度分布)

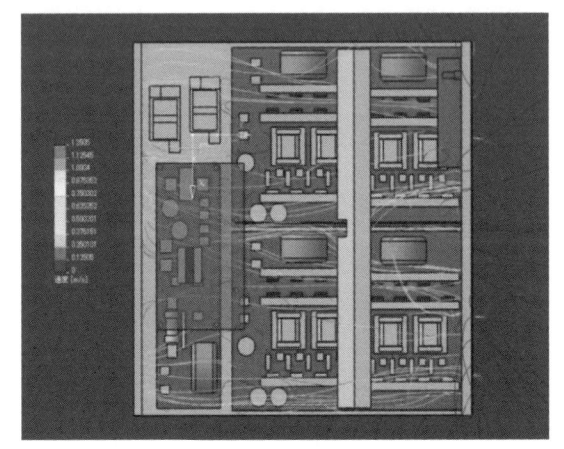

(d) 解析結果(流跡線)

図13 熱解析ソフトウェアの事例
(ソフトウェア：FloEFD 構造比較研究所).

ります．

(2) 空気は圧力の低いほうへ流れる

当たり前すぎて忘れがちですが，空気は「楽なほうへ」と流れていきます．この特性を考慮した通風路の設計が放熱設計のキモとなります．

(3) エアー・チャンバ

プル型のときにはファンの吸気側に十分な空間をとることが必要です．この空間がないとファンの近くの空気しか吸い込まないなどのアンバランスが生じます．また，騒音の原因になる場合もあります．この空間のことをエアー・チャンバと呼びます．

ファンの吸気側に必要なスペースは，ファンの流路径をD，軸径をd，部品までの距離をLとした場合に，

$$\frac{L}{D-d} > 1 \sim 2 \text{以上}$$

を目安とすると効果的です．

8-5 実際の装置

パワコンをはじめとするパワエレ機器は屋外に設置されることも多いです．

電源装置を屋外に設置するための冷却方法として，以下の方式が多く利用されています．

● **外気導入型の冷却方式（自然空冷，強制空冷）**

盤内に対して温度の低い外気を導入するため，小型かつ安定して冷却することができます．コスト面では有利になる半面，設置環境によっては塵埃やガス，塩害などの影響を受けやすくなります．

強制空冷式の場合は，冷却ファンが発生させる騒音が問題になることもあります．

● **密閉型筐体の冷却方式（放射を利用した冷却）**

比較的発熱量の小さい機器を収容する場合に利用されます［**写真4(a)**］．筐体外装面からの放射での冷却に頼るため，発熱量に対して装置外形が大きくなります．放熱のための表面積を稼ぐために，筐体外装にヒートシンクを取り付ける場合もあります．

筐体自体は密閉構造であるため，設置環境による塵埃等の影響はほとんど受けません．搭載する電源装置からの騒音以外には音がしないため静かさを求める環境に設置できます．

● **密閉型筐体の冷却方式（エアコンを使用した冷却）**

発熱量の大きい電源装置を屋外に設置する場合に利用されます［**写真4(b)**］．盤の温度環境を一定に保つためにエアコン（または熱交換機）を利用します．

この場合も筐体自体は密閉構造であるため，設置環境による塵埃などの影響はほとんど受けません．エアコンにより発生する損失と騒音を要求仕様以下にする必要があります．

8-6 熱流体解析ソフトウェアの利用

装置の小型化/高密度実装化の要求が高いことから，パワエレの設計現場でも3D-CADの利用が広がっています（**図13**）．現在主流の熱流体解析ソフトウェアは3D-CADの設計データを利用して解析ができるようになっており，試作後の「熱対策」ではなく，設計初期からの「熱設計」が行えるまでになってきました．

しかし，有効に解析を利用するためには，初期設定時に与えるデータの精度が重要となります．精度の悪いデータからは精度の悪い解析結果しか得られないことは容易に想像できると思います．一方，形状データなどを細かくしすぎると解析時間ばかりかかってしまいます．

解析結果と実験結果を比較しながら，独自のデータ精度やパラメータ設定をつかむことが設計者のノウハウとなります．

◆引用文献◆
(1) ヒートシンク製品カタログNo.201210，㈱リョーサン．
(2) クーリングシステム販促資料，山洋電気㈱．

（初出：「トランジスタ技術」 2012年12月号）

第9章 スイッチングによりどうやって電圧・電流が変換されているか

電力変換のしくみ

この章では主回路にフォーカスを当てて，主回路で使われている電力変換技術の基本原理について紹介します．電力変換器には，いろいろな回路がありますが，どれも原理は同じです．基本的な原理をおさえておけば，どんな回路が来ても，戸惑うことはありません．パワエレは，所詮，L, C とスイッチの組み合わせなので，難しくありません．

9-1 電力変換器の基本法則

● 電圧源素子と電流源素子

電源には一定の電圧を出力する電圧源と一定の電流を出力する電流源があります．電圧源は乾電池，バッテリ，コンセントなど日常皆さんが使用している電源と同じなのでイメージしやすいと思います．

一方，電流源は，開放にできないことから，一般にはひろまっていません．ただ，パワエレの世界では，両方とも非常に重要な役割を果たします．主回路に使われる部品は電圧源素子と電流源素子にわけることができます．コンデンサや電圧源など電圧を一定に保つ素子は電圧源素子と呼びます．例えば，負荷につながれるオゾン発生管や放電管はコンデンサの特性があるので，電圧源素子です．また，リアクトル電流を一定に保つはたらきがあるので，コイルがある素子は電流源素子と呼びます．たとえば，リアクトルやモータ，トランスなどが電流源素子に分類できます．

図2に示すように，パワエレの主回路による電力変換の基本法則は二つに集約できます．

電力変換の基本法則*

【第一の法則】電力は基本的に，電圧源から電流源へ，または電流源から電圧源への変換しかできない．

【第二の法則】スイッチング素子にはエネルギーは蓄積されない．

図2(a)の変換は第一の法則から可能です．同図(b)の変換はスイッチが入っていますが，すなわち第二の法則よりスイッチにはエネルギーを蓄えませんので，可能です．同図(c)のようにコンデンサと電圧源の間にスイッチがある場合や，リアクトルとリアクトルの間にスイッチがある場合の電力変換はできません．その理由は，コンデンサは電圧源素子であり，電位が異なる電圧源と電圧源(コンデンサ)を接続することになるので，スイッチをONしたときに，短絡電流が流れます．同様に，リアクトルは電流源素子であり，リアクトル間を流れている電流を直接OFFすると非常に大きなdi/dtがリアクトルに誘起され，スイッチをサージ電圧により壊してしまいます．

ただし，第一の法則で「基本的に」というのは，限定された条件内だけの使用や，LC共振を利用するなど特殊な条件で動かす場合に可能となることがありま

---

*本書で"法則"と呼んでいるだけで，一般的ではありませんので注意してください．ただし，筆者としては真理だと確信しておりますので"法則"と呼びます．

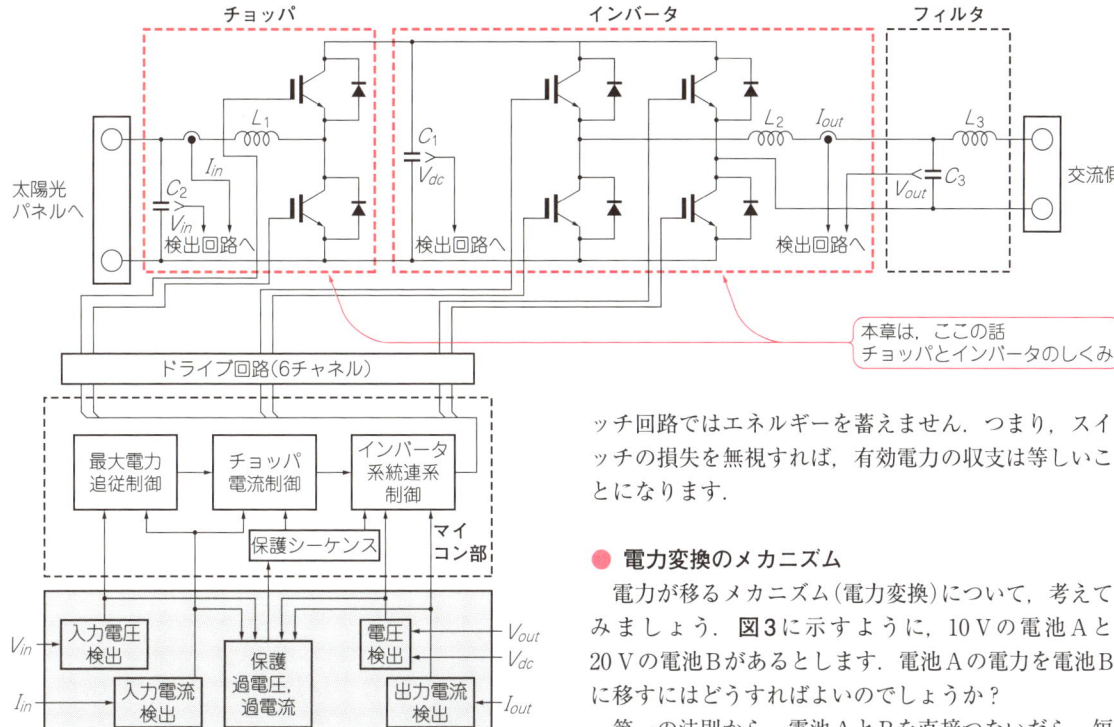

図1 太陽光発電用パワー・コンディショナのブロック図

す．基本的に主回路は電圧源素子，スイッチ，電流源素子を順々に組み合わせた回路です．もし，皆さんがスゴイ回路を考えたとしても，同じ形の素子の間にスイッチがある場合には注意してください．パワエレの主回路は基本的に，「C-スイッチ-L」または「L-スイッチ-C」の組み合わせです．

また，第2法則から，インバータであろうと，マトリックスコンバータであろうと，どんな複雑なスイッチの組み合わせであっても，LやCがない限り，スイッチ回路ではエネルギーを蓄えません．つまり，スイッチの損失を無視すれば，有効電力の収支は等しいことになります．

● 電力変換のメカニズム

電力が移るメカニズム（電力変換）について，考えてみましょう．図3に示すように，10 Vの電池Aと20 Vの電池Bがあるとします．電池Aの電力を電池Bに移すにはどうすればよいのでしょうか？

第一の法則から，電池AとBを直接つないだら，短絡電流が流れて配線が燃えたり，電池が壊れたりします．そこで第一法則を満たすように，電流源素子であるリアクトルを途中に入れます．電池BからAに電流は流れますが，電圧が違うので電流はどんどん増加し，やはり配線が燃えたり，電池が壊れたりします．結局，AからBには電力は移りません．そこで，リアクトルといっしょにスイッチを変換回路として入れます．

変換回路の中点電圧Aは，デューティ比により変えることができます．蓄電池Bの電圧を20 Vとしたとき，チョッパのデューティ比を50 %（上側と下側スイッチのON時間が同じ）とした場合，A点の平均電圧と電池Aの電圧が同じになるので電流は流れず，電

パワエレの怖いところ
新回路を初めて動かす実験だな．スリルとサスペンスが味わえる．バーチャルなホラー・ゲームよりも恐怖だ．ステルス性の敵キャラ（ノイズ）との戦いは根気がいるぞ．

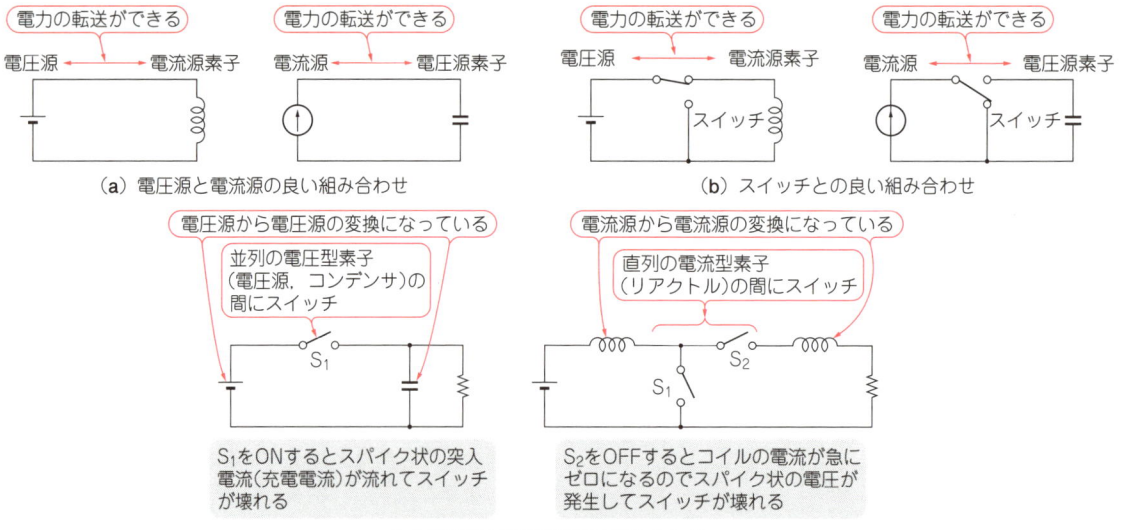

図2 パワエレ主回路の基本法則

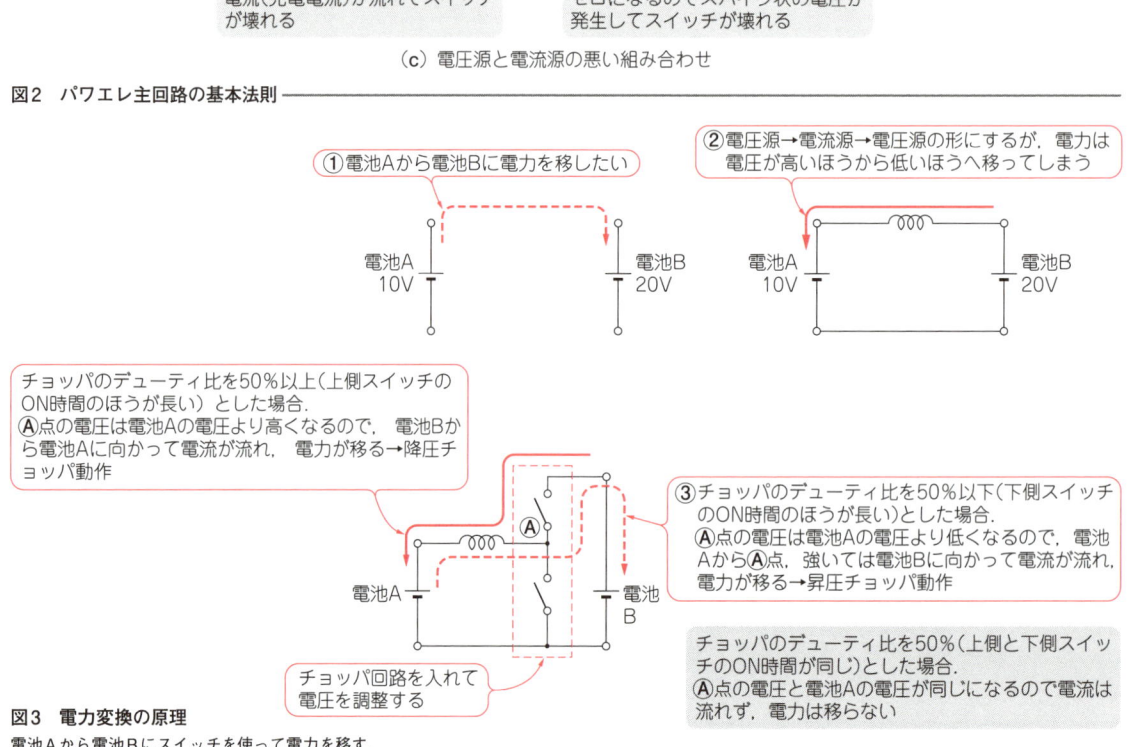

(a) 電圧源と電流源の良い組み合わせ
- 電力の転送ができる：電圧源 ⇄ 電流源素子
- 電力の転送ができる：電流源 ⇄ 電圧源素子

(b) スイッチとの良い組み合わせ
- 電力の転送ができる：電圧源 ⇄ 電流源素子（スイッチ）
- 電力の転送ができる：電流源 ⇄ 電圧源素子（スイッチ）

(c) 電圧源と電流源の悪い組み合わせ
- 電圧源から電圧源の変換になっている：並列の電圧型素子（電圧源，コンデンサ）の間にスイッチ。S₁をONするとスパイク状の突入電流（充電電流）が流れてスイッチが壊れる
- 電流源から電流源の変換になっている：直列の電流型素子（リアクトル）の間にスイッチ。S₂をOFFするとコイルの電流が急にゼロになるのでスパイク状の電圧が発生してスイッチが壊れる

図3 電力変換の原理
電池Aから電池Bにスイッチを使って電力を移す．

① 電池Aから電池Bに電力を移したい（電池A 10V，電池B 20V）
② 電圧源→電流源→電圧源の形にするが，電力は電圧が高いほうから低いほうへ移ってしまう
③ チョッパのデューティ比を50％以下（下側スイッチのON時間のほうが長い）とした場合．Ⓐ点の電圧は電池Aの電圧より低くなるので，電池AからⓐⒶ点，強いては電池Bに向かって電流が流れ，電力が移る→昇圧チョッパ動作

- チョッパのデューティ比を50％以上（上側スイッチのON時間のほうが長い）とした場合．Ⓐ点の電圧は電池Aの電圧より高くなるので，電池Bから電池Aに向かって電流が流れ，電力が移る→降圧チョッパ動作
- チョッパ回路を入れて電圧を調整する
- チョッパのデューティ比を50％（上側と下側スイッチのON時間が同じ）とした場合．Ⓐ点の電圧と電池Aの電圧が同じになるので電流は流れず，電力は移らない

力は移りません．

チョッパのデューティ比をわずかに50％以下（下側スイッチのON時間のほうが長い）とした場合，A点の平均電圧は電池Aの電圧より低くなるので，電池AからA点に向かって電流が流れます．A点から先はスイッチしかないので，第二法則よりエネルギーは蓄えません．結果として，電池Bに向かって電流が流れ，電池Bに電力が移ります．これは，昇圧チョッパ動作です．

一方，チョッパのデューティ比を50％以上（上側スイッチのON時間のほうが長い）とした場合，A点の平均電圧は電池Aの電圧より高くなるので，同様に電池Bから電池Aに向かって電流が流れ，電力が移ります．これは，電池Bから見れば，降圧チョッパ動作となります．

以上，電力変換器は電圧の調整だけを行っており，電圧源同士の電力変換ではリアクトルが重要な役割を担っていることがわかります．一般のパワエレの教科書では，このような説明をしているものは少ないと思いますが，本書によればチョッパから連系インバータまで同一原理で説明できます．

> パワエレの怖いところ
> 適当に混ぜると，大変なことになる．記憶が飛んで大暴走！翌日大後悔．混ぜるなキケン！

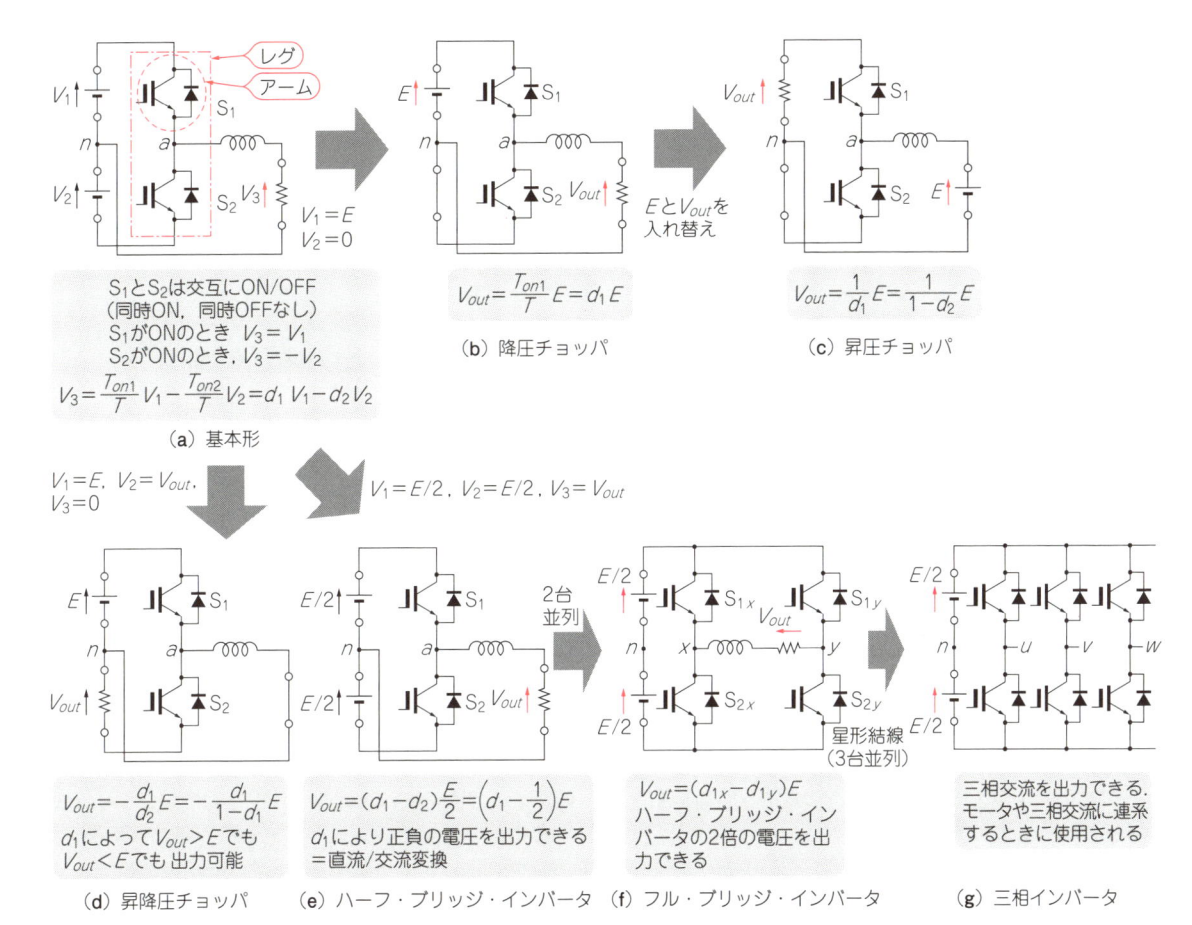

図4 電力変換回路の基本回路

(a) 基本形

S₁とS₂は交互にON/OFF
(同時ON, 同時OFFなし)
S₁がONのとき $V_3 = V_1$
S₂がONのとき $V_3 = -V_2$

$$V_3 = \frac{T_{on1}}{T}V_1 - \frac{T_{on2}}{T}V_2 = d_1V_1 - d_2V_2$$

$V_1 = E$, $V_2 = 0$

(b) 降圧チョッパ

$$V_{out} = \frac{T_{on1}}{T}E = d_1 E$$

(c) 昇圧チョッパ

EとV_outを入れ替え

$$V_{out} = \frac{1}{d_1}E = \frac{1}{1-d_2}E$$

$V_1 = E$, $V_2 = V_{out}$, $V_3 = 0$

$V_1 = E/2$, $V_2 = E/2$, $V_3 = V_{out}$

(d) 昇降圧チョッパ

$$V_{out} = -\frac{d_1}{d_2}E = -\frac{d_1}{1-d_1}E$$

d_1によって$V_{out} > E$でも$V_{out} < E$でも出力可能

(e) ハーフ・ブリッジ・インバータ

$$V_{out} = (d_1 - d_2)\frac{E}{2} = \left(d_1 - \frac{1}{2}\right)E$$

d_1により正負の電圧を出力できる＝直流／交流変換

2台並列

(f) フル・ブリッジ・インバータ

$$V_{out} = (d_{1x} - d_{1y})E$$

ハーフ・ブリッジ・インバータの2倍の電圧を出力できる

星形結線(3台並列)

(g) 三相インバータ

三相交流を出力できる．モータや三相交流に連系するときに使用される

9-2 電力変換の基本回路とバリエーション

電力変換器の回路をもう少し体系的に見ていきましょう．

図4(a)に電力変換回路の基本回路図を示します．「C-スイッチ-L」の構成になっています．ここで，a-n点の電圧がスイッチングにより大きく変動するからと，コンデンサを接続すると「並列の電圧源素子の間にスイッチ」という関係になるので，スイッチが壊れます．

スイッチS₁とS₂は同時にONすると電源を短絡してしまうので，交互にON/OFFさせることにします．ダイオードとスイッチング素子からなるスイッチ群を「アーム(arm)」，アームを直列に接続し，その中点から出力を引き出した構成を「レグ(leg)」と呼びます．

図4(a)の回路ではスイッチをON/OFFすることにより，電源V_1，V_2からリアクトルを介して，負荷に電圧を出力します．リアクトルの電流が連続であれば，スイッチがONしているときとOFFしているときのリアクトルの平均電圧はゼロになるので，スイッチS₁のON時間をT_{on1}，スイッチS₂のON時間をT_{on2}，

スイッチング1サイクルの時間をTとすると，V_1，V_2，負荷電圧V_3の間には，式(1)の関係があることがわかります．

$$V_3 = \frac{T_{on1}}{T}V_1 - \frac{T_{on2}}{T}V_2 = d_1 V_1 - d_2 V_2 \cdots (1)$$

d_1：スイッチS₁のデューティ比，d_2：スイッチS₂のデューティ比．ただし，S₁とS₂は交互にON/OFFしているので$d_1 + d_2 = 1$

つまり，スイッチS₁のデューティ比に応じて，負荷電圧V_3を調整できます．電力変換器の動作は難しいように思いますが，基本はこの回路と式(1)がすべてです．あとは条件を変えると，いろいろな回路が現れます．

▶降圧チョッパ [図4(b)]

電源EをV_1に接続し，V_2を短絡したとします．つまり，$V_1 = E$，$V_2 = 0$，$V_3 = V_{out}$とすると，降圧チョッパになります．V_1よりも低い電圧を出力でき，このとき，出力電圧は式(2)となります．

$$V_{out} = \frac{T_{on1}}{T}E = d_1 E \cdots (2)$$

▶昇圧チョッパ [図4(c)]

図4(b)の状態で，V_3に負荷の代わりに電源Eを接

パワエレの怖いところ
理解しようと思えば思うほど睡魔が襲う．眠くなくても寝てしまう睡眠薬のようで恐怖(. ｡ω｡)/³

続し，V_1に負荷を接続します．つまり，$V_1 = V_{out}$，$V_2 = 0$，$V_3 = E$とします．入出力を入れ替えてもリアクトルの平均電圧はゼロであり，出力電圧の関係は変わらないので，負荷の電圧V_{out}は式(3)となります．

$$V_{out} = \frac{1}{d_1}E = \frac{1}{1-d_2}E \quad \cdots \cdots \cdots \cdots (3)$$

▶ **昇降圧チョッパ**［図4(d)］

図4(a)で電源EをV_1に接続し，負荷をV_2に取り付けます．このとき，V_3を短絡します．つまり，$V_1 = E$，$V_2 = -V_{out}$，$V_3 = 0$とします．同様に入出力を入れ替えてもリアクトルの平均電圧はゼロであり，出力電圧の関係は変わらないので，負荷の電圧V_{out}は式(1)より，式(4)となります．

$$0 = d_1 E + d_2 V_{out}$$

$$V_{out} = -\frac{d_1}{d_2}E = -\frac{d_1}{1-d_1}E \quad \cdots \cdots (4)$$

つまり，出力電圧はd_1とd_2の比によって，電源電圧より大きい電圧もしくは小さい電圧が出力できます．つまり，昇降圧チョッパとして動作します．

▶ **ハーフ・ブリッジ・インバータ**［図4(e)］

図4(a)に電圧$E/2$の電源をそれぞれV_1，V_2に接続し，負荷をV_3に取り付けます．つまり，$V_1 = E/2$，$V_2 = E/2$，$V_3 = V_{out}$とします．負荷の電圧V_{out}は式(1)より，式(5)となります．

$$V_{out} = (d_1 - d_2)\frac{E}{2} = \left(d_1 - \frac{1}{2}\right)E \quad \cdots \cdots (5)$$

つまり，出力電圧はd_1とd_2の比によって，正または負の電圧を出力できます．例えば，ある時間$T_{out}/2$で，$d_1 = 1$，$d_2 = 0$と$d_1 = 0$，$d_2 = 1$を交互に繰り返せば，振幅$E/2$，周波数$1/T_{out}$の交流が出力できます．これが直流-交流変換（インバータ動作）の原理です．

▶ **フル・ブリッジ・インバータ**［図4(f)］

今度は図4(e)の状態で，二つのレグを並列に接続し，その間X-Yに負荷を接続することを考えます．出力電圧は2台のハーフ・ブリッジ・インバータの差の電圧になります．よって，それぞれのハーフ・ブリッジ・インバータの出力は式(5)となりますから，式(6)となります．

$$V_{out} = V_{xn} - V_{yn} = \left(d_{1x} - \frac{1}{2}\right)E - \left(d_{1y} - \frac{1}{2}\right)E$$

$$V_{out} = (d_{1x} - d_{1y})E \quad \cdots \cdots \cdots \cdots (6)$$

例えば，ある時間$T_{out}/2$で，$d_{1x} = 1$，$d_{2x} = 0$，$d_{1y} = 0$，$d_{2y} = 1$と$d_{1x} = 0$，$d_{2x} = 1$，$d_{1y} = 1$，$d_{2y} = 0$，つまりXとYを反対の状態で動作させれば，振幅E，周波数$1/T_{out}$の交流が出力できます．フル・ブリッジ・インバータはハーフ・ブリッジ・インバータの2倍の電圧を出力することができます．

▶ **三相インバータ**［図4(g)］

さらに電源を共通にして，ハーフ・ブリッジ・インバータを星形結線してみましょう．そうすると，三つのレグが並列となり，三相インバータが構成できます．各レグのアームに与えるデューティ比を120°ずつずらすことで，出力には三相電圧が得られます．三相インバータは，エアコンや電気自動車をはじめとするモータ駆動回路によく用いられます．また，太陽光インバータでも10 kWを越えるような大容量では三相が使われます．

9-3　出力電圧の制御

● パルス幅変調（PWM）

さて，チョッパやインバータはデューティ比によって出力電圧を調整できます．ハーフ・ブリッジ・インバータで説明したように，ある時間$T_s/2$で，$d_1 = 1$，$d_2 = 0$と$d_1 = 0$，$d_2 = 1$を交互に繰り返せば，振幅$E/2$，周波数$1/T_{out}$の交流出力できますが，振幅$E/2$の方形波となって振幅が調整できません．これでは，高調波をたくさん含むので，太陽光インバータのような系統連系やモータ駆動で使用するには問題があります．連系インバータでは高調波低減のリアクトルを大きくしなくてはならなくなりますし，モータ制御では低速領域では速度に比例して電圧を制御しなくてはなりません．

もう一度，式(5)を眺めると，デューティ比によって，正負だけでなく，振幅そのものが調整できることがわかります．これを利用して，出力周波数より十分に高い周波数f_sでデューティ比を細かく変化させ，出力電圧を正弦波状に生成する方法があります．これがPWM（Pulse Width Modulation）です．

PWMでは，デューティ比を徐々に大きくしたり，小さくしたりすることで，正弦波状に電圧を生成できます．デューティ比を徐々に変化させることで，交流電圧が出力できます．f_sはスイッチング周波数と呼ばれ，スイッチング素子によって決まります．IGBTならば4 k～20 kHz，MOSFETならインバータで100 kHzくらい，チョッパで数百kHzまで使われることもあります．

図5に示すように，PWM波は出力したい電圧指令信号（変調信号）と三角波を比較して発生させると簡単です．三角波の周波数がスイッチング周波数になります．この三角波は「キャリア」（搬送信号）とも呼ばれます．アナログ回路で作成する場合はコンパレータを用いればできます．また，マイコンやDSPで生成する場合には，タイマ機能を使ってもできますが，インバータ制御用のマイコンだとPWMジェネレータをもっているものも多数あります．

PWMをすると，ハーフ・ブリッジ・インバータは図6に示すような電圧源と電流源モデルで表すことが

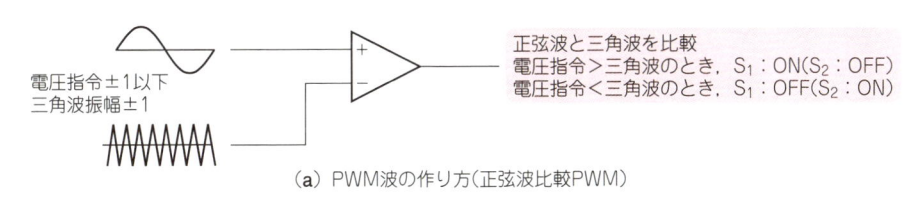

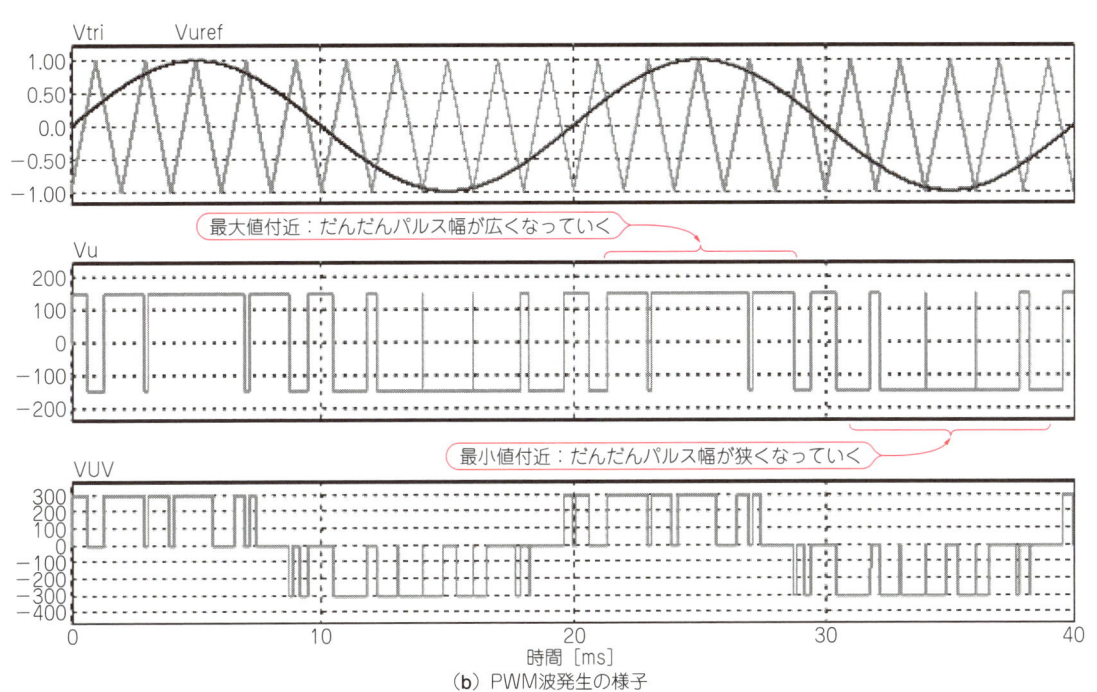

正弦波と三角波を比較
電圧指令±1以下
三角波振幅±1
電圧指令＞三角波のとき，S_1：ON(S_2：OFF)
電圧指令＜三角波のとき，S_1：OFF(S_2：ON)

(a) PWM波の作り方(正弦波比較PWM)

最大値付近：だんだんパルス幅が広くなっていく

最小値付近：だんだんパルス幅が狭くなっていく

(b) PWM波発生の様子

図5　PWM波形の発生方法

できます．ハーフ・ブリッジ・インバータの出力からは電圧源と見えますし，入力側からは出力電力に応じて電流を吸い込む電流源に見えます．インバータのレグは，出力側からはゲイン$E/2$をもつアンプに見えます．

ただし，チョッパの場合，片方の素子をダイオードだけにすると，リアクトル電流や負荷の電流が不連続になることがあります．この領域では前節で示したとおりのデューティ比と出力電圧の関係にならず，非線形となるので，別の取り扱いが必要です．しかし，ここでは複雑になるので扱いません．

● デッド・タイムとデッド・タイム誤差補償

直列に接続されたスイッチは同時にONすると短絡してしまいます．しかし，電力変換器の出力にはリアクトルが接続されるので，同時にOFFすると，リアクトル電流の行き場がなくなり，大きなサージ電圧が発生します．したがって，上下アームのスイッチは同時にONしてもOFFしてもいけません．

そこで，インバータやチョッパでは，スイッチング素子の隣にダイオードを接続して，電流極性に関係な

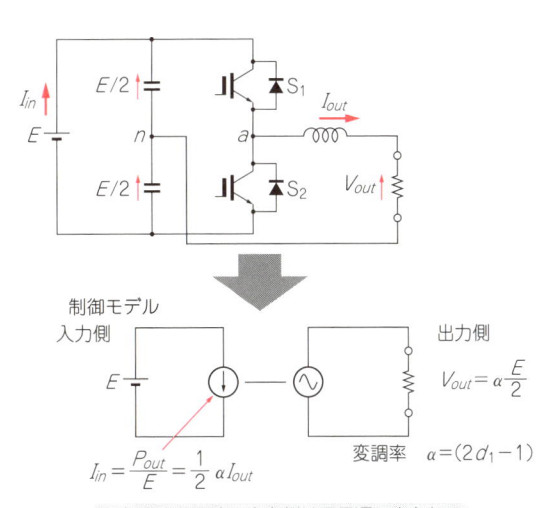

$$I_{in} = \frac{P_{out}}{E} = \frac{1}{2}\alpha I_{out}$$

$$V_{out} = \alpha \frac{E}{2}$$

変調率　$\alpha = (2d_1 - 1)$

入力側は電源流，出力側は電圧源で表される

図6　ハーフ・ブリッジ・インバータの制御等価モデル

く電流が還流できるように「還流ダイオード」を設けます．電源短絡を防止するには，同時OFFを設けます．これをデッド・タイム (dead time) といいます．

図7にデッド・タイム中のインバータの出力電圧波

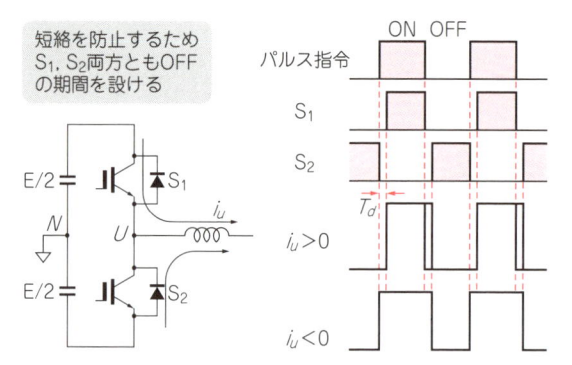

短絡を防止するため
S_1, S_2両方ともOFF
の期間を設ける

★出力電圧誤差 ΔV 発生！… $\Delta V = -E f_s T_d \text{sign}(i_u)$
$i_u > 0$：電圧減少 ⎫ 電流極性に
$i_u < 0$：電圧増加 ⎭ 依存

図7 デッド・タイムの影響

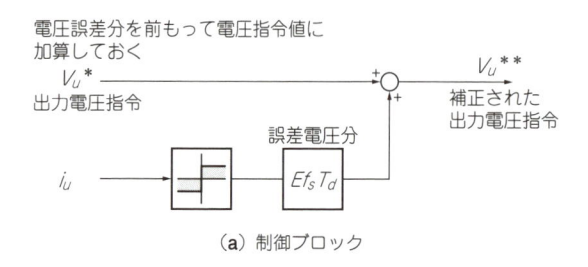

形の様子を示します．デッド・タイム期間中は，電流極性に応じて還流ダイオードを通ってリアクトル電流が還流します．つまり，デッド・タイム中に$E/2$が出力されるか，$-E/2$が出力されるかは電流極性によります．デッド・タイム中に発生する誤差電圧は，スイッチング周波数f_s，直流電圧E，デッド・タイム時間T_dとの間には式(7)の関係があります．

$$\Delta V = E\, T_d\, f_s\, \text{sign}(i) \quad \cdots\cdots\cdots\cdots\cdots\cdots (7)$$

ただし，$y = \text{sign}(x)$は符号関数，
$i > 0$で$y = 1$，$i < 0$で$y = -1$

電圧誤差は直流電圧300 V，$T_d = 3\,\mu s$，$f_s = 10\,kHz$のとき，$\Delta V = 9\,V$となります．出力電圧200 Vに対して9 Vはたいしたことないように見えるかもしれませんが，モータ駆動など，出力電圧を制御する用途では，出力電圧低下とともに影響が大きくなります．例えば，モータ駆動で定格の10%速度で運転していると，出力電圧も1/10となり，出力電圧は20 Vくらいになります．そのとき，9 Vも誤差が発生したら何をやっているのかわからなくなります．

図8にデッド・タイムによる誤差電圧補償のブロック図を示します．発生する誤差電圧がわかっているので，電流極性を検出し，そのぶんを前もって出力電圧

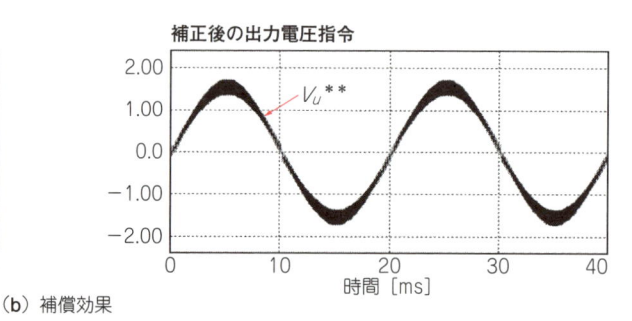

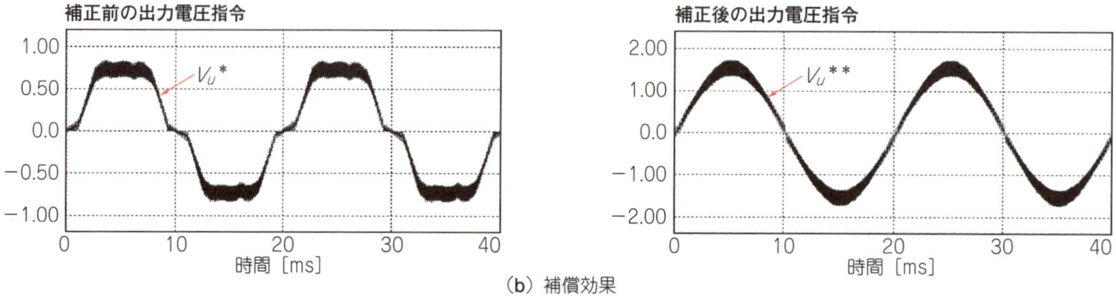

電圧誤差分を前もって電圧指令値に加算しておく
V_u^* 出力電圧指令
V_u^{**} 補正された出力電圧指令
誤差電圧分 $E f_s T_d$
i_u

（a）制御ブロック

補正前の出力電圧指令 V_u^*

補正後の出力電圧指令 V_u^{**}

時間 [ms]

（b）補償効果

図8 デッド・タイムによる誤差電圧補償方法

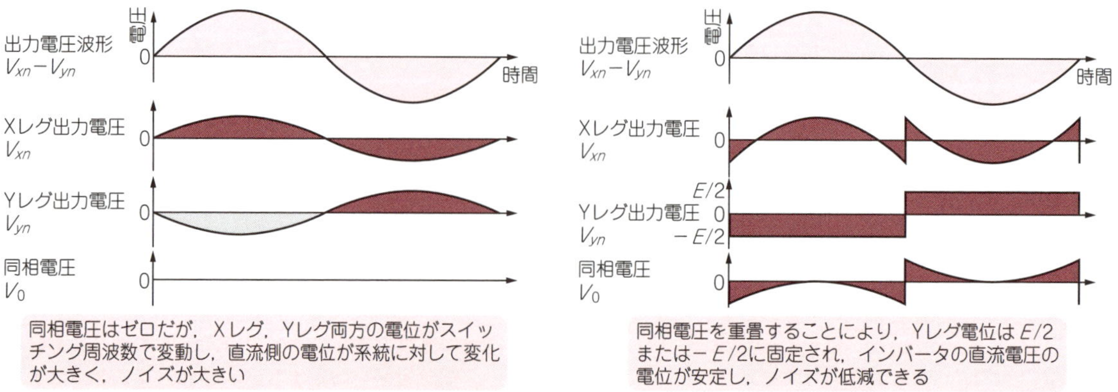

出力電圧波形 $V_{xn} - V_{yn}$
Xレグ出力電圧 V_{xn}
Yレグ出力電圧 V_{yn}
同相電圧 V_0

同相電圧はゼロだが，Xレグ，Yレグ両方の電位がスイッチング周波数で変動し，直流側の電位が系統に対して変化が大きく，ノイズが大きい

（a）XレグとYレグで反転した電圧指令を使用する場合

出力電圧波形 $V_{xn} - V_{yn}$
Xレグ出力電圧 V_{xn}
Yレグ出力電圧 V_{yn}（$E/2$, $-E/2$）
同相電圧 V_0

同相電圧を重畳することにより，Yレグ電位は$E/2$または$-E/2$に固定され，インバータの直流電圧の電位が安定し，ノイズが低減できる

（b）同相分を重畳した場合

図9 同相分の制御による電位変動の違い

指令に加えることで，出力電圧誤差が少ない出力を得られます．モータ駆動の場合，非常に高精度に電圧を制御するので，ソフトウェアだけでなく，ハードウェアを使って微妙な出力電圧誤差も補償します．

● 最大電圧と電圧利用率

各レグの最大電圧は$E/2$です．単相フル・ブリッジ・インバータの場合，XレグとYレグでそれぞれ反対の極性を出力すれば，

$$\Delta V_{out} = V_{xn} - V_{yn} = E/2 - (-E/2)$$

となって，Eまで出力できます．ただし，このようにスイッチングすると，直流部の電位が電源のグラウンドに対して常に高周波で変動するので，漏れ電流やノイズが大きくなります．そこで，フル・ブリッジ・インバータの出力は二つのレグの出力電圧の差であることに注目します．つまり，同じ電圧（同相ぶん）は出力電圧に表れません．そこで，一つのレグの電圧指令に図9のように同相分を適用して，次のように変調信号を発生させることもできます．

$$V_{xn} = V_{out}^*/2 + V_0$$
$$V_{yn} = -V_{out}^*/2 + V_0$$

V_{out}^*：出力電圧指令，V_0：同相分の電圧

このとき，出力電圧はV_{xn}とV_{yn}の差なので，V_0がどのような値であっても，$V_{out} = V_{out}^*$になることは簡単にわかると思います．ここで出力電圧指令が，正の半周期で$V_0 = -E/2 + V_{out}^*/2$，負の半周期で$V_0 = -E/2 - V_{out}^*/2$と設定すると，正の半周期で$V_{yn} = -E/2$，負の半周期で$V_{yn} = E/2$となり，正の半周期ではYレグの下アームがずっとON，負の半周期ではYレグの上アームがずっとONとなります．この結果，電位が固定され，ノイズを低減できます．このように，ちょっとした変調信号発生の工夫でノイズを低減できるというのもパワエレならではです．

9-4 相似回路：機械系と電気系の対応

太陽光インバータでは電力系統に電力を送るだけですが，モータ駆動は，電気エネルギーを機械エネルギーに変換するシステムと言えます．電流と電圧の世界からトルクと速度の世界になります．また一から機械系を勉強しなければならないと思うと大変ですが，相似関係を知っていれば，たいしたことはありません（知るべき内容ももともと限定されますので）．図10に電気と機械の相似関係について示します．パワエレではなくて共通の技術センスと言えます．いままで連系インバータをやっていた人がモータ駆動の制御をやる場合，この関係を知っていると非常に便利です．物理的な関係式，すなわち線形微分方程式は同じになるわけです．線形微分方程式になれば，ラプラス変換で簡単に解け，電気回路で置き換えることができます．

つまりどちらか一方を極めれば，もう一方も等価回路で理解できることになります．筆者の場合，トルクTと馬力（モータ軸出力）P_h，速度ωの関係がイメージできなかったのですが，相似の関係から，電流Iと電力P_w，電圧Vと考えると理解できます．モータの軸出力は$P_h = \omega T$にて求められますが，これは$P_w = VI$に対応します．回転数や速度が電圧に相当し，トルクや力が電流に相当します．また，コンデンサ，リアクトル，抵抗は図10のようにそれぞれ慣性モーメントまたは質量，バネ，ダンパに対応します．

9-5 双対回路

図11に双対回路の考え方を示します．直列が並列に置き換わります．これもパワエレ特有ではなくて共通の技術センスですが，パワエレ以外ではあまり見たことはありません．図12に示す回路はインバータ回路ですが左側が電圧形，右側が電流形と呼ばれます．電圧形は直流電圧をスイッチで切り刻んで，出力電圧を作りますが，電流形は一定の直流電流を切り刻んで，出力電流を作ります．これらは，電圧と電流を入れ替えた関係に対応することから，双対回路と呼ばれます．双対回路は，回路図から簡単な手順で一意に作ることができます．図13，図14にチョッパの例を示します．

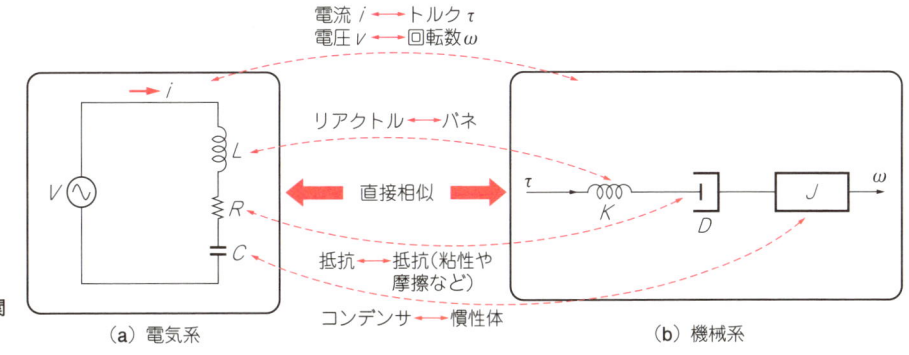

図10
電気系と機械系の相似関係

(a) 電気系 ← 直接相似 → (b) 機械系

電流 i ↔ トルク τ
電圧 V ↔ 回転数 ω
リアクトル ↔ バネ
抵抗 ↔ 抵抗（粘性や摩擦など）
コンデンサ ↔ 慣性体

三相インバータの電圧利用率 　　　　　　　　　　　　　　　　　　Column

　三相インバータの場合は，出力電圧を増加させるために，この同相成分(三相の場合はゼロ相V_0と表現)を使います．各レグの出力電圧(相電圧)最大値が±$E/2$だと，線間電圧の最大値は$(\sqrt{3}/2)E$しか出力できません．インバータの直流電圧よりも15%くらい小さい値になってしまいます．そこで，**図A**(a)のようにゼロ相分を重畳することにより，線間電圧最大値をEにします．具体的には，U相の電圧指令が$V_0 = V_m \sin(\omega t)$で表せるとき，ゼロ相分を下記で発生させます．

$$V_0 = \frac{1}{6} V_m \sin(3\omega t)$$

　また，**図A**(b)に示すように，単相フル・ブリッジ・インバータのように出力電圧指令をシフトさせて，各相のレグの出力電圧が60°期間$E/2$または$-E/2$が出力されるようにスイッチングする方法もあります．±$E/2$を出力している相はスイッチングしていないので，この方法はスイッチング損失を2/3にすることができます．

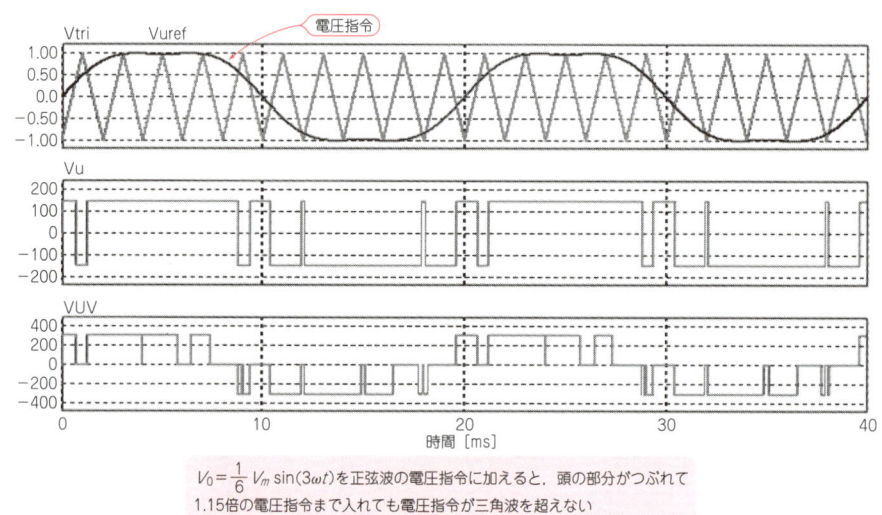

$V_0 = \frac{1}{6} V_m \sin(3\omega t)$を正弦波の電圧指令に加えると，頭の部分がつぶれて1.15倍の電圧指令まで入れても電圧指令が三角波を超えない

出力電圧が15%増加

(a) 3次高調波注入による出力電圧増加

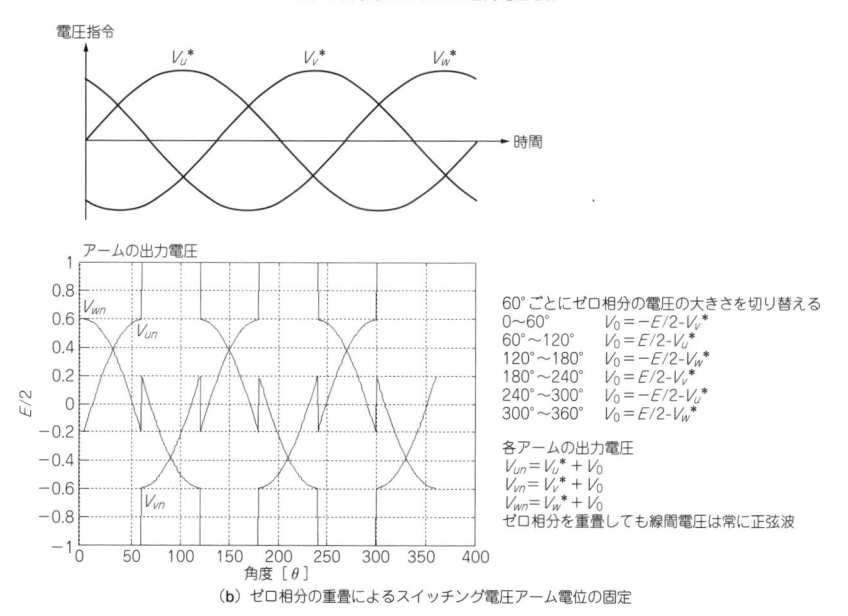

60°ごとにゼロ相分の電圧の大きさを切り替える
0～60°　　　$V_0 = -E/2-V_v{}^*$
60°～120°　$V_0 = E/2-V_u{}^*$
120°～180°　$V_0 = -E/2-V_w{}^*$
180°～240°　$V_0 = E/2-V_v{}^*$
240°～300°　$V_0 = -E/2-V_u{}^*$
300°～360°　$V_0 = E/2-V_w{}^*$

各アームの出力電圧
$V_{un} = V_u{}^* + V_0$
$V_{vn} = V_v{}^* + V_0$
$V_{wn} = V_w{}^* + V_0$
ゼロ相分を重畳しても線間電圧は常に正弦波

図A　出力電圧を増加する方法
(b) ゼロ相分の重畳によるスイッチング電圧アーム電位の固定

Step1：回路の外に点を一つ，それぞれループになっているところにそれぞれ点を一つ置きます．
Step2：すべての点を線で結びます．
　線を通った素子を双対関係にある素子に置き換えます．電圧源は電流源に，直列は並列に，コンデンサはリアクトルに，リアクトルはコンデンサになります．
Step3：回路を整理します．

　結果として昇圧チョッパは，降圧チョッパの双対回路であり，Cukコンバータは昇降圧チョッパの双対回路で得られます．Cuk氏は双対回路により本回路を発明したわけではないと思いますが，このように既存回路の双対回路を考えることで新しい発展につながる可能性があります．

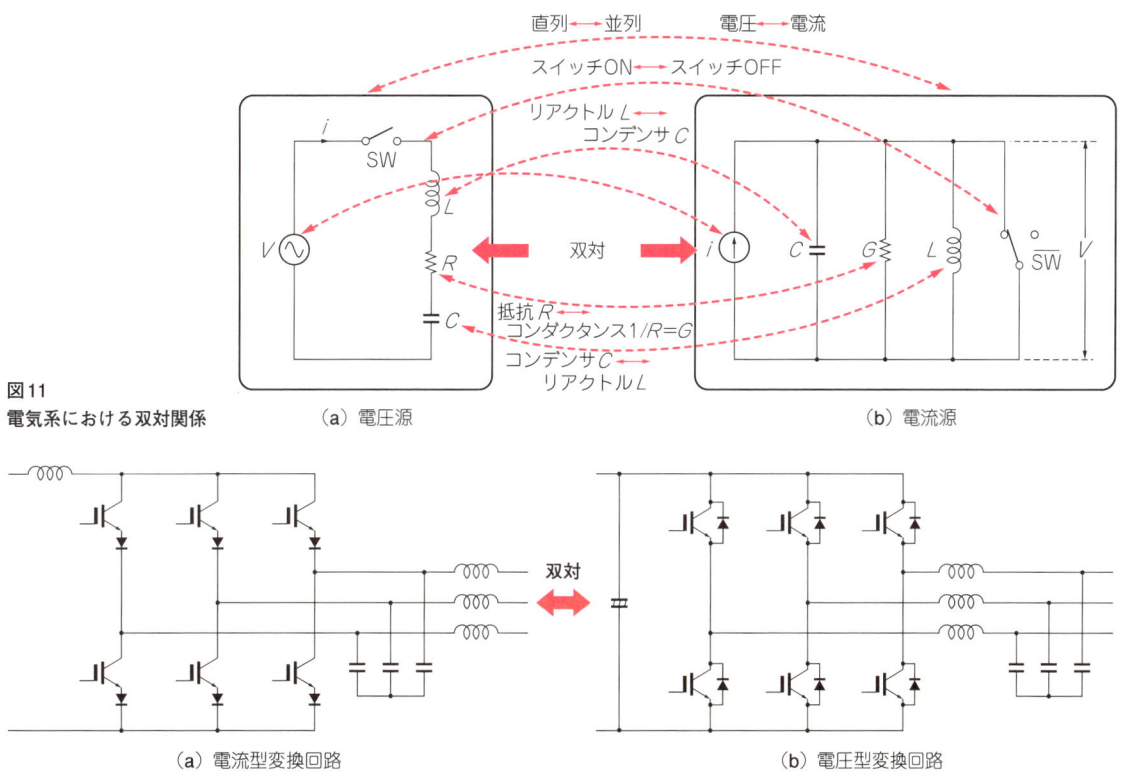

＊　　　　　　　＊

図11
電気系における双対関係
　（a）電圧源
　（b）電流源

図12　電流型インバータと電圧型インバータは双対関係
　（a）電流型変換回路
　（b）電圧型変換回路

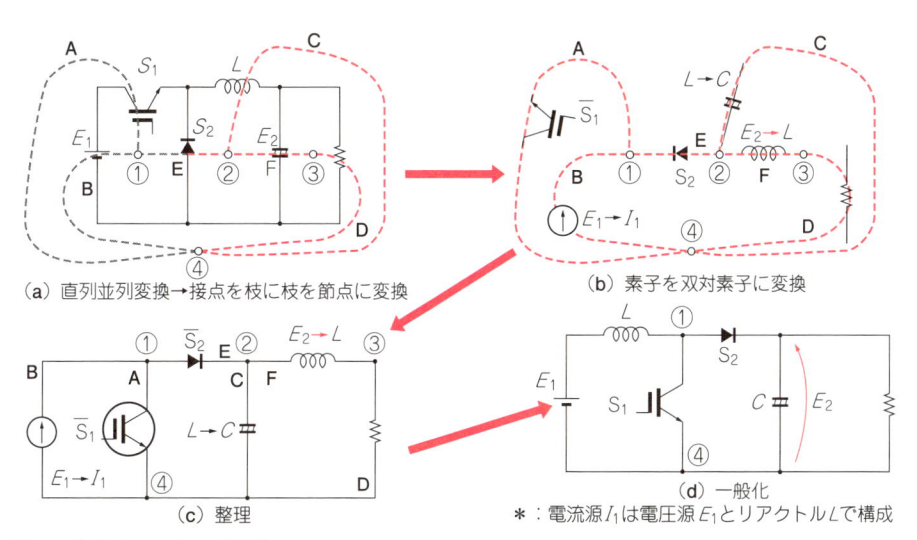

図13　降圧チョッパの双対回路は？
（a）直列並列変換→接点を枝に枝を節点に変換
（b）素子を双対素子に変換
（c）整理
（d）一般化
＊：電流源I_1は電圧源E_1とリアクトルLで構成

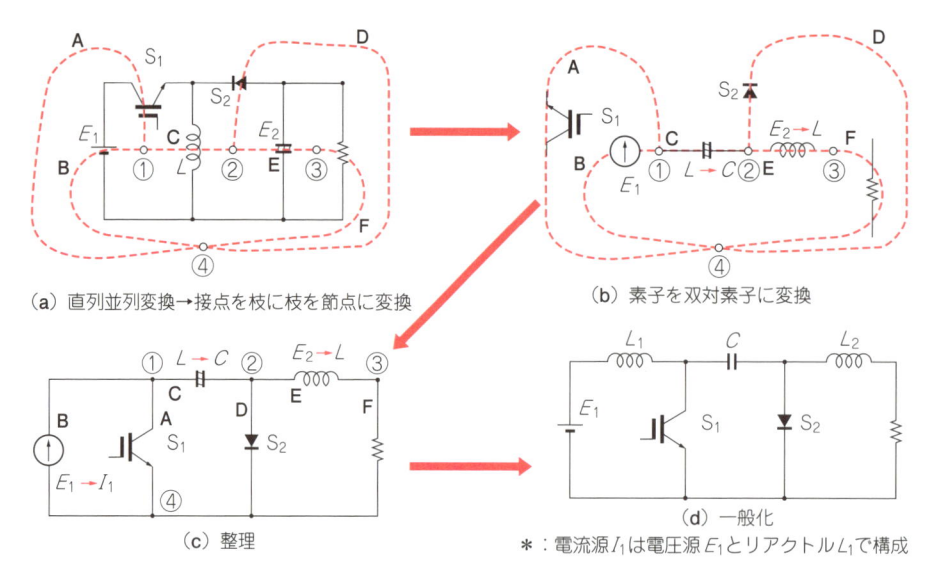

(a) 直列並列変換→接点を枝に枝を節点に変換

(b) 素子を双対素子に変換

(c) 整理

(d) 一般化

＊：電流源I_1は電圧源E_1とリアクトルL_1で構成

図14　昇降圧チョッパの双対回路は？

　この章は，電力変換の基礎と回路方式，出力電圧制御などについて説明しました．いろいろ出てきましたが，簡単にいえば，制御的な視点では，電力変換器はただのアンプに見えます．パワエレの難しさは周辺技術の多さにあると思います．

　ただ，どうやって電圧指令や電流指令どおりに電圧や電流を流すアンプにできるかどうかがキモになります．またどうせなら，効率よく，小さく作りたいものです．このような欲求が主回路技術をドンドン発展させます．

　次章はハードウェアから一転，ソフトウェアの解説に入ります．

（初出：「トランジスタ技術」2013年1月号）

第10章 電圧・電流を自在に制御するために…
制御理論とその使い方

前章までは，ハードウェアとそのインバータの電力変換のしくみについて説明しました．これらを使って，インバータをどのように制御すればよいのか（どのように制御系を設計すればよいのか）を，本章から，制御理論編，制御回路編，制御系設計編に分けて解説していきます．

10-1 太陽光発電用インバータのどこを制御するか

図1に，太陽光発電用パワーコンディショナの構成を示します．電圧形の電力変換器は基本的には，スイッチング素子のオンオフの時間比を調節して，レグから出力する電圧を調節します．太陽光発電用インバータで最終的に制御する部分は太陽電池の電流とチョッパとインバータの間にある直流，系統連系の交流電流です．これらを制御するためには，図1から制御理論の教科書にあるブロック線図を思い浮かべる必要があります．この章では，このブロック線図までを作成する過程を，パワエレで使う制御理論を含めて説明していきます．

10-2 系統連系インバータの等価回路モデル

図2に，図1の系統連系インバータの主回路と制御回路（ブロック線図）を示します．系統連系インバータの制御課題は，交流側リアクトルの電流を正弦波状の指令値に追従制御させることです．制御ブロックの構成がなぜこのようになるのかを後で説明します．

インバータ部とPWM発生器は，図2(b)のように可変の電圧源となります．制御理論では，これを増幅器（アンプ）と呼びます．増幅器のゲインは，フル・ブリッジ・インバータなので直流電圧 V_{dc} です．変調率 m（三角波キャリアの振幅と被変調波である正弦波振幅の比）とした場合，出力電圧 V_{inv} は下記になります［前章の図4(f)と式(6)を参照］．

$$V_{inv} = V_{dc}\, m \qquad\qquad\qquad\qquad (1)$$

リアクトルと交流電源の部分は，変わりません．制御理論では，この部分を制御対象と呼びます．図2(b)では，スイッチング回路がなくなり，制御系を考えやすくなりました．

系統連系インバータの制御原理を説明します．系統連系インバータは等価的に図3(a)のようにかけます．このとき，等価回路においてインバータによる可変電圧源 V_{inv} の振幅と位相を調整して，電力を系統にリアクトルを介して送ります．基本的に V_{inv} を V_{com} と同じ振幅，同じ位相にすれば，電流はリアクトルに流れません．

図3(b)のように，インバータの振幅を少し下げると，90°ずれた電流が流れます．また，図3(c)のように位相を数度ずらすと，同相の電流が流れます．このような特性を踏まえながら，振幅と位相をインバータによって調整すれば，交流側リアクトルの電流を正弦

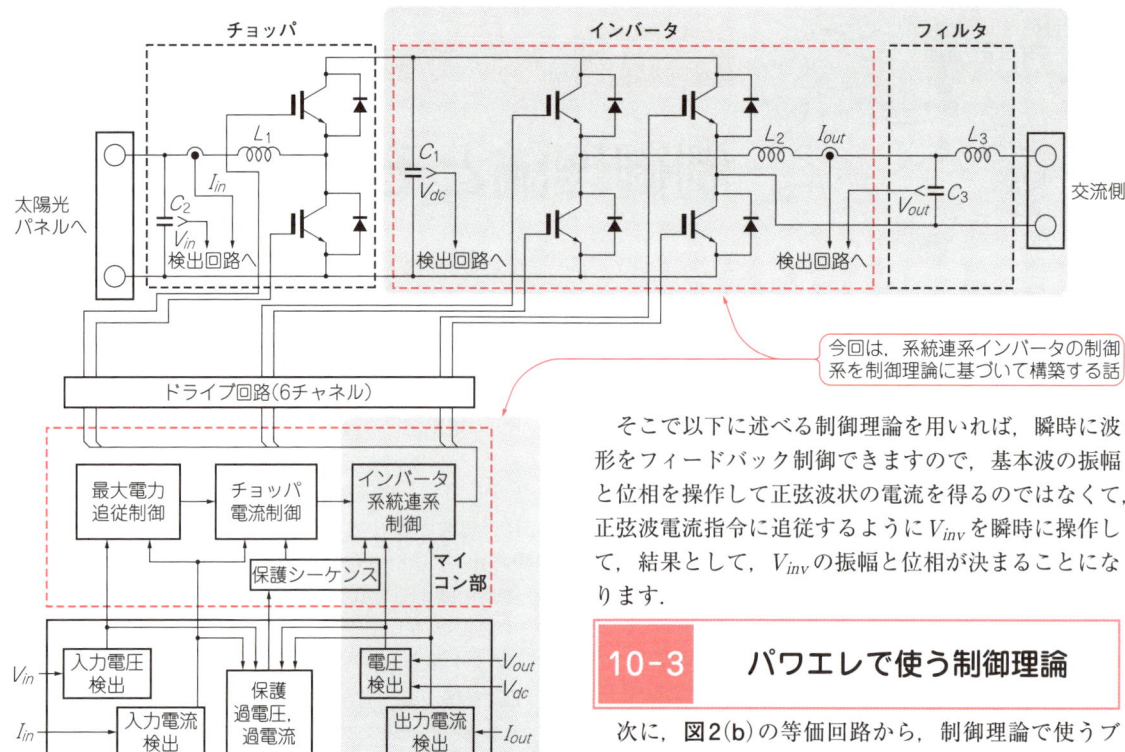

図1 太陽光発電用パワーコンディショナのブロック図

波状の指令値に追従制御させることになります．図3(a)の電流とインバータ電圧，電源電圧との関係は，リアクトルの巻き線抵抗が無視できるとすれば，

$$\dot{I} = \frac{\dot{V}_{inv} - \dot{V}_{com}}{j\omega L}$$

で表すことができます．しかし，この式に基づいてインバータ電圧を制御していたのでは，電源電圧が変動したときや L が飽和して変化したときに，正しく制御できなくなります．

今回は，系統連系インバータの制御系を制御理論に基づいて構築する話

そこで以下に述べる制御理論を用いれば，瞬時に波形をフィードバック制御できますので，基本波の振幅と位相を操作して正弦波状の電流を得るのではなくて，正弦波電流指令に追従するように V_{inv} を瞬時に操作して，結果として，V_{inv} の振幅と位相が決まることになります．

10-3 パワエレで使う制御理論

次に，図2(b)の等価回路から，制御理論で使うブロック線図に変換します．そのために制御理論について説明します．パワエレで使用する制御理論はそんなに多くありません．ここで説明していることを知っておけば，ほぼこと足ります．なぜなら，制御する量が電流，電圧や速度，トルク，位置など，二つ三つであるためです．

● 古典制御理論と現代制御理論

図4に示すように，制御理論は大きく二つあります．1入力，1出力を扱う古典制御理論，多入力，多出力を扱う現代制御理論です．古典制御理論は，1950年代に確立され，いろいろな工業製品のフィードバック制御系に採用されています．現代制御は，1960年代

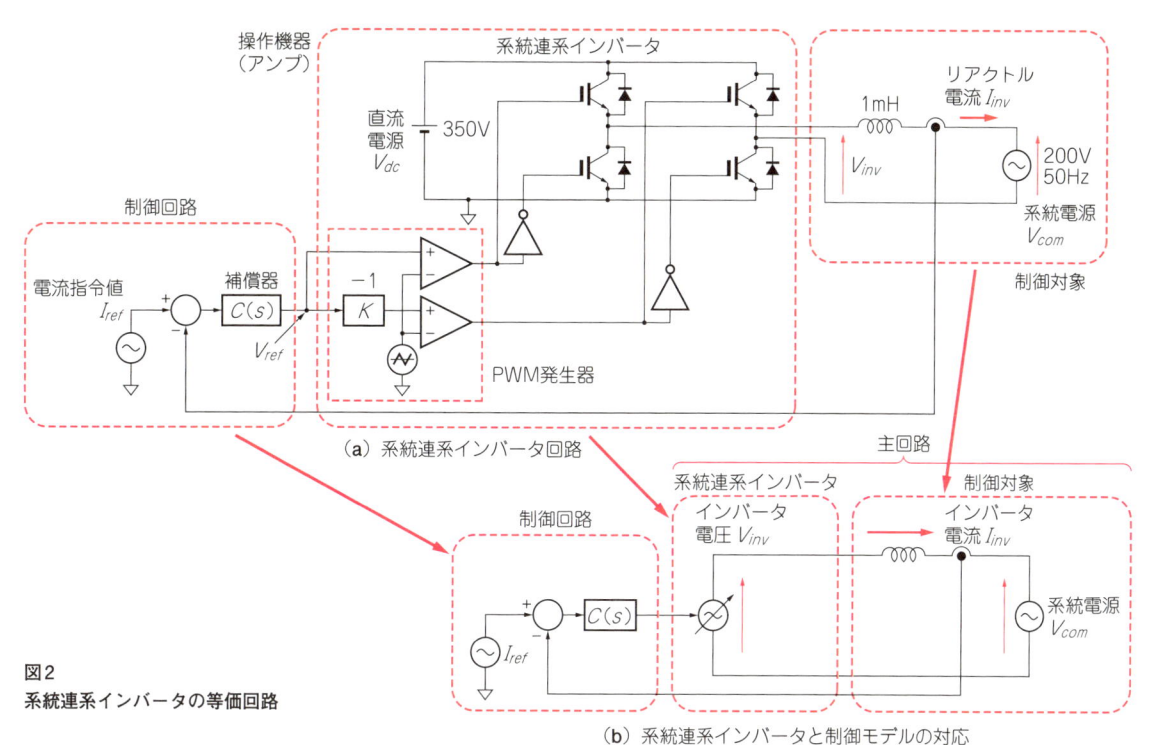

図2
系統連系インバータの等価回路

(a) 系統連系インバータ回路

(b) 系統連系インバータと制御モデルの対応

に発展し，最適制御や状態観測器などパワエレでも応用されています．下記に，それぞれの特徴を簡単にまとめます．

▶**古典制御**
(1) 1入力1出力を扱う
(2) 周波数をパラメータとして解析を行う（特性を表すとき周波数が横軸：ボード線図）
(3) 多項式の計算を行う
(4) 慣れると直感にわかりやすい．パワエレでは，PID（ピーアイディー）制御が広く使われている

▶**現代制御**
(1) 多入力多出力を扱える

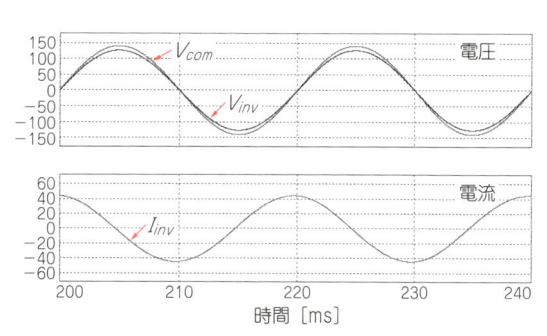

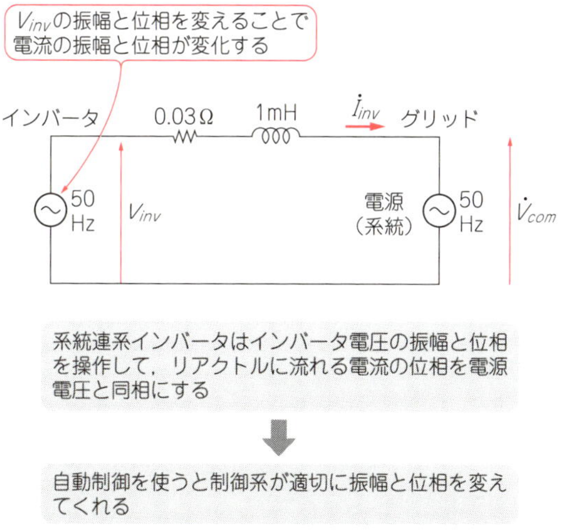

(a) 系統連系インバータ主回路の等価回路

V_{inv}の振幅と位相を変えることで電流の振幅と位相が変化する

系統連系インバータはインバータ電圧の振幅と位相を操作して，リアクトルに流れる電流の位相を電源電圧と同相にする

⇩

自動制御を使うと制御系が適切に振幅と位相を変えてくれる

(b) 電源電圧V_{com}＝141Vのときにインバータ電圧V_{inv}を127Vにすると90°位相がずれた電流が流れる

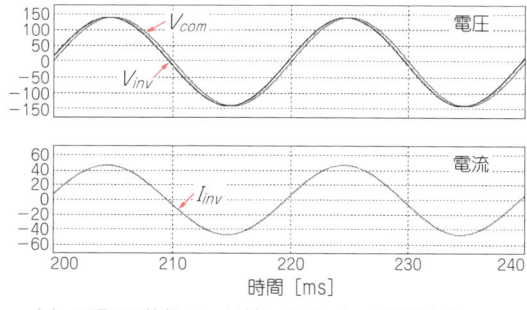

(c) 電源電圧位相V_{com}に対してインバータ電圧位相V_{inv}φの位相を6°進めると電源には同相の電流が流れる

図3 **インバータの電圧振幅，位相の操作と流れる電流**

「パワエレにお世話になっていること」
いつの間にか何処でどんだけお世話になってるのか分からない程お世話になってるらしい．便利でエコな世の中，それがパワエレ？

10-3 パワエレで使う制御理論

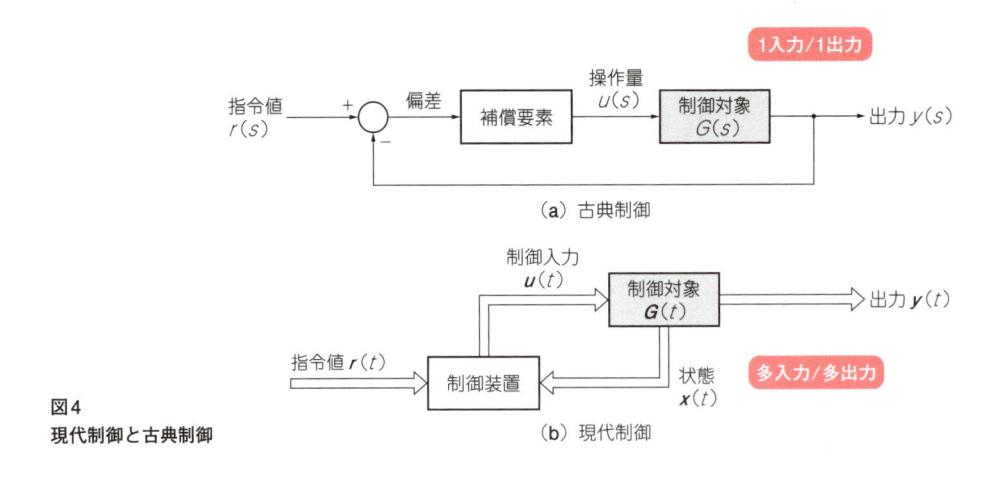

図4 現代制御と古典制御
(a) 古典制御　1入力/1出力
(b) 現代制御　多入力/多出力

(2) 時間がパラメータになる（評価するとき時間が横軸：時間応答）
(3) 行列の計算を行う
(4) 複雑系が機械的に解ける

基本的には，連系インバータは古典制御理論を用いて設計できますので，古典制御理論を説明します．ただ，パワエレでも現代制御理論から生まれた技術で，オブザーバという制御器が大活躍しています．

● フィードバック制御系の型

古典制御の基本制御系を図5に示します．制御したいもの（制御量）をフィードバックして，指令値（目標値）との誤差を取り，制御装置（補償器）によって操作量を発生させます．そして，操作量を増幅して制御対象に入力します．制御系を組むときは，まずこのパターンしかありませんので，迷わずにこの構成を作ってください．

図2の制御ブロックでは，電流を制御するので，電流をフィードバックして指令値との誤差を取り，補償器を介して操作量を作っています．

表1に，図5における用語の定義を示します．操作量と制御量が正しく使われないことがあるので注意してください．

● 時間の世界から周波数の世界へ

まずはじめに，フィードバック制御できるものというのは，ダイナミクスをもっているものに限られます．「ダイナミクスがあるシステム」とは，「出力が入力とそのときの状態によって変わるシステム」ということで，簡単に言うと，時間遅れがあるシステムと考えてよいです．厳密に言うと，「制御対象のふるまいや動

表1　古典制御系で使われる用語一覧

用語	説明	車の運転の例
制御対象	制御されるシステム	車の車体（慣性モーメント）
制御装置	制御対象を制御する装置	人間の頭
制御量	制御対象の出力で，制御したい量	車の速度
操作量	制御を行うために制御対象に加える量	アクセルまたはブレーキ（それぞれの操作量はエンジンが発生するトルクと比例すると仮定する）
目標値/指令値	制御系において制御量がその値をとるように目標として外部から与えられる値	制限速度
フィードバック信号	制御量の値を目標値と比較するためにフィードバックされる信号	スピード・メータの表示
誤差信号	目標値とフィードバック信号の差	スピード・メータと制限速度の差
フィードバック要素	制御量をフィードバック信号に変換する要素	スピード・メータ
外乱（disturbance）	制御系の状態を乱そうとする外的作用	道のでこぼこ，坂道など

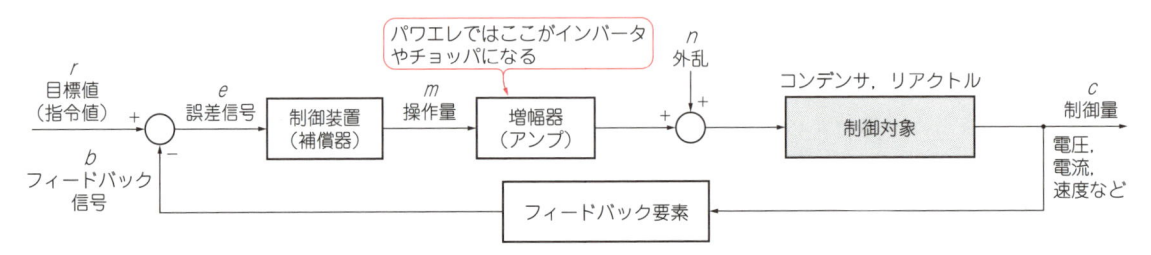

図5　制御理論の教科書にあるフィードバック制御系のブロック線図

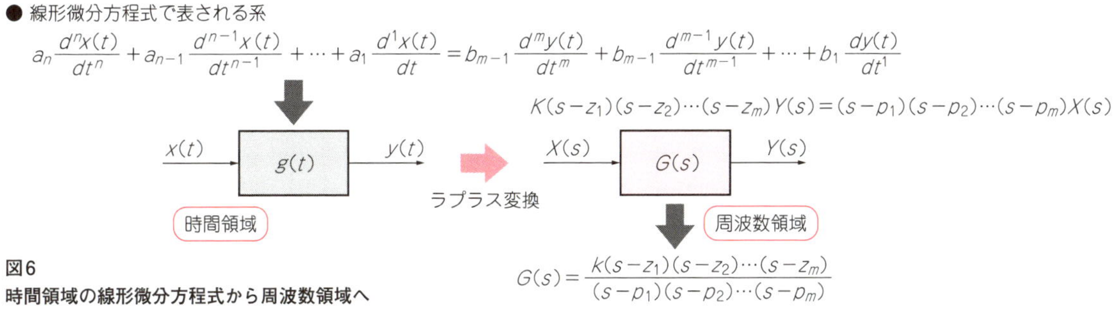

● 線形微分方程式で表される系

$$a_n \frac{d^n x(t)}{dt^n} + a_{n-1}\frac{d^{n-1}x(t)}{dt^{n-1}} + \cdots + a_1\frac{d^1 x(t)}{dt} = b_{m-1}\frac{d^m y(t)}{dt^m} + b_{m-1}\frac{d^{m-1}y(t)}{dt^{m-1}} + \cdots + b_1\frac{dy(t)}{dt^1}$$

$$K(s-z_1)(s-z_2)\cdots(s-z_m)Y(s) = (s-p_1)(s-p_2)\cdots(s-p_m)X(s)$$

$$G(s) = \frac{k(s-z_1)(s-z_2)\cdots(s-z_m)}{(s-p_1)(s-p_2)\cdots(s-p_m)}$$

図6
時間領域の線形微分方程式から周波数領域へ

きを微分方程式で表せる」となります．フィードバック制御ですから，遅れがないと制御できません．実際の車では，アクセルを踏むとトルクが増えて，徐々にスピードが出てきて，出したいスピードになるとアクセルを離します．このとき，アクセルの角度（トルクT）とスピードωの間には$J\,d\omega/dt = T$という関係があり，そのダイナミクスに基づいてスピードの制御ができることになります．Jは車の慣性で，慣性があることで遅れが生じ，フィードバック制御が成立していることになります．

電気の世界は，例えば，電圧Vと電流Iには，

$$I = (1/R)V \quad \cdots\cdots\cdots (2)$$

の関係がありますが，遅れがありません．電圧Vを変えると瞬時にIが変わるので，純粋な抵抗に流れる電流はフィードバック制御できません．これに，徐々に電流が増えるようにリアクトルを加えると，

$$I = (1/L)\int (V - RI)dt \quad \cdots\cdots (3)$$

となって，リアクトルがあることによりダイナミクス（遅れ）が生まれて，電流が制御できることになります．制御理論の世界では，リアクトルやコンデンサが微分や積分で記述されますので，設計の主役となります．スイッチング回路は，ただのアンプとなり，残念ながら脇役です．

一般的に言えば，古典制御理論で扱えるものは「線形系」で，下記の「線形微分方程式」で表されるものになります．

$$a_n \frac{d^n x(t)}{dt^n} + a_{n-1}\frac{d^{n-1}x(t)}{dt^{n-1}} + \cdots + a_1 \frac{dx(t)}{dt}$$
$$= b_m\frac{d^m y(t)}{dt^m} + b_{m-1}\frac{d^{m-1}y(t)}{dt^{m-1}} + \cdots + b_1\frac{dy(t)}{dt}$$
$$\cdots\cdots\cdots (4)$$

なにやら難しいようですが，ある変数xとyの関係を表しています．これらの変数が時間の関数となっていることを示すために(t)を付けて，$x(t)$, $y(t)$と表しています．さらに線形系とは，a_nとb_nが定数である（時間的に変化しない）というだけのことです．また，微分になっているのは，$x(t)$に対して$y(t)$は時間とともに遅れて変化することを示しています．逆に，遅れて変化するものしか制御できないことを意味します．簡単な例を示します．

$$y(t) = a\,x(t) \quad \cdots\cdots\cdots (5)$$
⇒線形系であるが，微分がないので制御できない
$$y(t) = a(t)\,x(t) \quad \cdots\cdots\cdots (6)$$
⇒aが時間で変化するので非線形系
$$y(t) = a\,dx(t)/dt \quad \cdots\cdots\cdots (7)$$
⇒線形系であり，制御できる

制御対象が微分方程式で記述できるのであれば，**図6**に示すように周波数領域の方程式に変換することは，ラプラス変換を用いて機械的にできます．

$$K(s-z_1)(s-z_2)\cdots(s-z_m)Y(s)$$
$$= (s-p_1)(s-p_2)\cdots(s-p_m)X(s) \quad \cdots\cdots (8)$$

時間tの代わりにラプラス演算子sを使います．変数は大文字で記述し，sの関数であることを示すために，時間関数と区別して$X(s)$, $Y(s)$とします．時間領域では足し算の関係が，周波数領域では掛け算の関係になります．さらに，$X(s)$と$Y(s)$の関係を示す関数，

$$G(s) = \frac{k(s-z_1)(s-z_2)\cdots(s-z_m)}{(s-p_1)(s-p_2)\cdots(s-p_m)} \quad \cdots\cdots (9)$$

の関係を表す式を伝達関数$G(s)$と呼んでいます．

ここまで読むと猛烈に難しそうでね．でも，実は簡単に考えることができます．皆さんはすでに交流理論で$j\omega$で解く方法を知っていると思います．ωの単位はrad/secで周波数です．これは，ラプラス演算子sの特定の周波数$j\omega$での解析をしていることになります．同じなのです．したがって，tとsと$j\omega$の関係をまとめると**表2**のとおりです．数学的にはいろいろありますが，ラプラス・ユーザの我々は，細かく知る必要はありません．実用的にはこれで十分です．

図7の交流回路を例として伝達関数を求めてみます．制御理論なので，電圧$v(t)$を調整してリアクトル電流$i(t)$を制御することにします．電圧＝操作量，電流

表2
時間領域と周波数領域の関係

	時間領域	周波数領域	交流理論計算
積分	$\int dt$	$\dfrac{1}{s}$	$\dfrac{1}{j\omega}$
微分	$\dfrac{d}{dt}$	s	$j\omega$

図7 電気回路での解析例

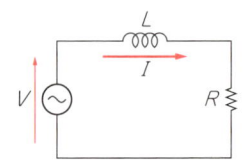

・$v = V_m \sin \omega t \Rightarrow V$
・$L \rightarrow j\omega L$
・$z = R + j\omega L$
・$I = V/z$

=制御量になります．交流回路なので，

$$v(t) = V_m \sin \omega t \Rightarrow V \quad \cdots\cdots (10\text{-}1)$$
$$i(t) \Rightarrow I \quad \cdots\cdots (10\text{-}2)$$
$$L \Rightarrow j\omega L \quad \cdots\cdots (10\text{-}3)$$

として，交流理論計算を行い，電圧と電流の関係を求めます．

$$V = (j\omega L + R)I \quad \cdots\cdots (11)$$

となります．オームの法則の域を出ていません．すでにωがありますので周波数領域なのです．ラプラス変換とは名ばかりで，**表2**の関係より$j\omega$をsにすれば，ラプラス変換は完了です．電圧を入力したときの電流が出力される関係を表すと，

$$I(s) = \frac{1}{Ls + R} V(s) \quad \cdots\cdots (12\text{-}1)$$

$$I(s) = G(s)\ V(s), \ G(s) = \frac{K}{1 + \tau s} \quad \cdots\cdots (12\text{-}2)$$

ただし，$\tau = \dfrac{L}{R}$, $K = \dfrac{1}{R}$

となります．$G(s)$が電圧を入力したときの電流が出力される伝達関数です．どうです，簡単でしょう．

式(12-2)において，τは時定数と呼ばれ，単位は秒(sec)です．τの逆数$1/\tau$は固有角周波数ωと呼ばれ，単位はrad/secです．ちなみに，周波数f[Hz]とωの関係は，f[Hz] $= \omega/2\pi$です．

10-4 制御系の特性を表す便利なグラフ：ボード線図

周波数領域にするメリットは，伝達関数について，横軸に周波数，縦軸にゲインと位相を描いたグラフを見て特性がわかることです．式(11)の交流理論で求めるVとIは，ある1点の値しか求めることができません．式(12)では，Vの変化に対してIがどのようになるのかを知ることができます．

一般的な作図方法は，次のようになります．

① 伝達関数$G(s)$を求める
② 伝達関数のsを$j\omega$に置き換える
③ ゲイン曲線は，横軸にω，縦軸に大きさ$20\log_{10}|G(j\omega)|$をプロットする
④ 位相曲線は，横軸にω，縦軸に位相をプロットする
式(10-2)を例として作図します．
⑤ 伝達関数$G(s)$を求める：式(12-2)から
$G(s) = K/(1 + \tau s)$です．

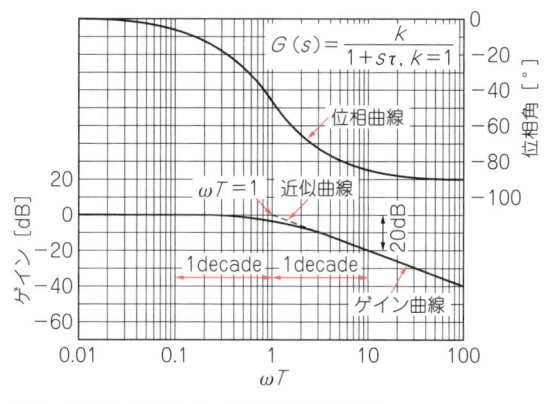

図8 1次遅れ要素のボード線図(周波数特性)

⑥ 伝達関数のsを$j\omega$に置き換える：$K/(1 + j\tau\omega)$
⑦ ゲイン曲線は，横軸にω，縦軸に大きさ$G = 20\log_{10}|G(j\omega)|$をプロットする

$$\begin{aligned}G &= 20\log_{10}|K/(1 + j\tau\omega)| \\ &= 20\log_{10}K - 20\log_{10}\sqrt{(1^2 - \tau^2\omega^2)} \quad \cdots (13) \\ &= 20\log_{10}K - 10\log_{10}(1 - \tau^2\omega^2)\end{aligned}$$

⑧ 位相曲線は，横軸にω，縦軸に位相$\phi = \tan^{-1}\text{Im}\{G(j\omega)\}/\text{Re}\{G(j\omega)\}$をプロットする

$$\begin{aligned}\phi &= \tan^{-1}\frac{\text{Im}\{1/(1 + j\tau\omega)\}}{\text{Re}\{1/(1 + j\tau\omega)\}} \\ &= \tan^{-1}\frac{\text{Im}\{(1 - j\tau\omega)/(1 + \tau^2\omega^2)\}}{\text{Re}\{(1 - j\tau\omega)/(1 + \tau^2\omega^2)\}} \\ &= \tan^{-1}\frac{-\tau\omega/(1 + \tau^2\omega^2)}{1/(1 + \tau^2\omega^2)} \\ &= -\tan^{-1}(\tau\omega) \quad \cdots\cdots (14)\end{aligned}$$

作図した結果を**図8**に示します．同じ伝達関数であれば同じグラフになります．この伝達関数は1次遅れと呼ばれ，ポイントは下記のとおりです．

● 直線で近似(折れ線近似という)したときに必ず$1/\tau$に折れ点がある
● 傾きは20 dB/decとなる(周波数が10倍になるとゲインは1/10になる)
● 位相は必ず90°遅れる

図8の定性的な読み方を説明します．この特性を示すものは1次ロー・パス・フィルタです．時定数τの逆数をω_cとして，三つの場合について見ていきます．

【CASE1】 入力信号のωがω_cの1/10のとき：ゲイン曲線と位相曲線からゲイン0 dB，位相0°であるため，出力信号の振幅と位相は入力信号のそれらと変わりません．

【CASE2】 入力信号のωがω_cと同じとき：ゲイン曲線と位相曲線からゲイン-3 dB，位相45°であるため，出力信号の振幅は入力信号の$1/\sqrt{2}$，位相は45°遅れとなります．

出力信号の振幅が入力信号の$1/\sqrt{2}$(-3 dB)にな

表4 ブロック線図の変形の決まり

変換の種類	ブロック線図	等価なブロック線図
加え合わせ点の位置（変更Ⅰ）	$X \xrightarrow{+} \bigcirc \xrightarrow{X \pm Y} G \xrightarrow{} Z$, $Y \to \pm$	$X \to G \to \bigcirc \xrightarrow{} Z$, $Y \to G \to \pm$
直列結合	$X \to G_1 \to G_2 \to Y$	$X \to G_1 G_2 \to Y$
フィードバック結合（フィードバック・ループの消去）	$X \to \bigcirc \to G \to Y$, H フィードバック	$X \to \dfrac{G}{1 \pm GH} \to Y$
フィードバック結合（フィードバック・ループ中のブロック消去）	（同上）	$X \to \dfrac{1}{H} \to \bigcirc \to GH \to Y$

ることから，この角周波数ω_cはローパス・フィルタにおけるカットオフ周波数（または遮断周波数）といえます．

【CASE3】 入力信号のωがω_cより10倍大きいとき：ゲイン曲線と位相曲線からゲイン-20 dB，位相$90°$であるため，出力信号の振幅は入力信号の1/10，位相は$90°$遅れとなります．

● **伝達関数とブロック線図の表示**

さて，古典制御では制御形やモデルをブロック線図で表します．**表3**にブロック線図の種類，**表4**に変形の法則を示します．このルールに従って回路図と制御

表3 ブロック線図の種類

記号	名称	内容
$X(s) \to G(s) \to Y(s)$	伝達要素	$Y(s) = G(s)X(s)$
$X(s) \xrightarrow{+} \bigcirc \xrightarrow{} Z(s)$, $Y(s) \to \pm$	加え合わせ点	$Z(s) = X(s) \pm Y(s)$
$X(s) \to \bullet \to Y(s)$, $\downarrow Z(s)$	引き出し点	$X(s) = Y(s) = Z(s)$

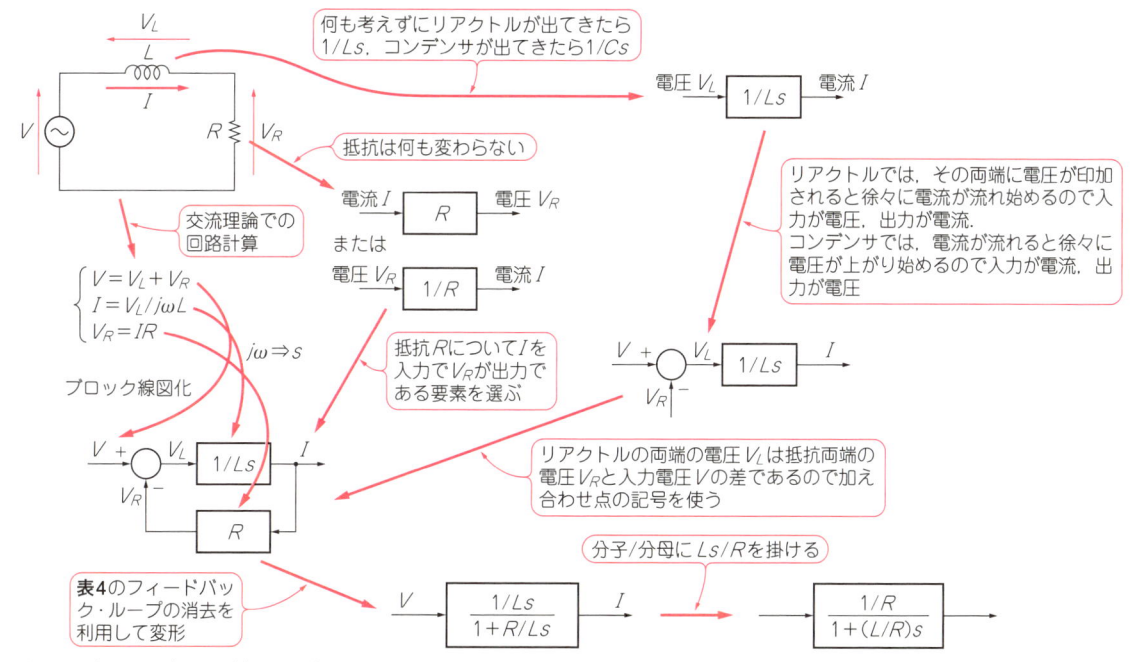

図9 回路図からブロック線図を作成

系を一つのブロック線図に表します．ブロック線図を描くときのポイントは次のとおりです．

(1) 下記のものの数だけ，「sまたは$1/s$の要素」があります．必ず$\int$またはd/dtの計算が出てくるためです．基本的には$1/s$となるように積分形を基本として書きましょう．

電気系：リアクトル，コンデンサ
機械系：慣性，バネ
数学系：積分要素，微分要素

(2) どの変数が入力で，どの変数が出力なのか，1対1の関係を考えます．

(3) 最初は，低い次数のブロック線図から描き，物理的な意味が理解しやすいように整頓します．変形しても，数式とブロック線図は同じになるためです．

図9に，図7の回路をブロック線図にする過程を示します．回路図から直接ブロック線図を求めることもできますし，回路方程式をまず立てて，それに基づいてブロック図を求めることもできます．さらに，変形

表5 伝達要素とそのボード線図

要素	伝達関数	ゲイン曲線	位相曲線
比例	K_p		
積分	$\dfrac{K_i}{s}$	−20dB/dec	−90°
微分	$K_d s$		90°
一次遅れ	$\dfrac{1}{1+Ts}$	−20dB/dec	−90°
二次遅れ	$\dfrac{\omega_n^2}{s^2 + 2\zeta\omega_n s + \omega_n^2}$	−40dB/dec	−180°
位相すすみ	$\dfrac{1+T_1 s}{1+T_2 s}(T_1 > T_2)$		
位相遅れ	$\dfrac{1+T_1 s}{1+T_2 s}(T_1 < T_2)$		
無駄時間	e^{-sL}	$G=1$	$\phi = \omega L$
PD	$K_p(1+T_d s)$		90°
PI	$K_p\left(1+\dfrac{1}{T_i s}\right)$		−90°
PID	$K_p\left(1+\dfrac{1}{T_i s}+T_d s\right)$		90°／−90°

していくと最後は当然，p.102の式(12-2)で示す伝達関数になります．

表5に，代表的な伝達関数と折れ線近似したボード線図を示します．ボード線図が便利な点として，下記の2点があげられます．
(1) 掛け算の関係にある伝達関数，ブロック線図だと直列関係はグラフを足し合わせると全体のボード線図になるというところです．位相進み補償などを検討するときに便利です．
(2) 定常時の特性は時間領域では無限大の時間が経過しないとわからないですが，周波数領域では$\omega=0$とすれば，定常時の特性を知ることができます．

このなかで，2次遅れ要素のボード線図を**図10**に示します．次章以降で説明する補償器の設計に使用します．1次遅れ要素の分母はsの1次関数でしたが，2次遅れ要素の伝達関数の分母は2次関数になっています．分母のsの次数がn次である場合，その伝達関数をn次遅れ要素，またはn次系のシステムと呼びます．2次系の場合，固有角周波数ω_nのほかにζが係数としてあります．このζは減衰定数（ダンピング・ファクタ）と呼ばれ，制御系の出力波形が振動する程度を表します．ζが小さいほど振動しやすくなり，0以下の場合は不安定となります．

2次遅れ要素の特性のポイントは下記のとおりです．
- ω_nに共振点がある
- 傾きは40 dB/decとなる（周波数が10倍になるとゲインは1/100になる）
- 位相は必ず180°遅れる
- 固有角周波数と減衰係数で全ての応答が語れる

これは制御系を設計するときに二次系に変形することで，固有角周波数と制動係数が望む値になるようにゲインを設計できます．

ここまで来て言うのも野暮ですが，現在はパソコンが発達しており，数値計算でたちまちボード線図は描けますし，ブロック図を入力するとボード線図が描けるツールがあります．しかしながら，その結果が妥当かどうかを見極める必要があります．したがって，ここで述べていることくらいは頭に入っていたほうがよいでしょう．例えば，伝達関数が1次系なのに位相が180°も遅れていたらあきらかに間違いです．

10-5 系統連系インバータのブロック線図

上記の原理原則を踏まえて系統連系インバータのブロック線図を描くと**図11**のようになります．まず，インバータとPWM発生部分は，インバータの直流電

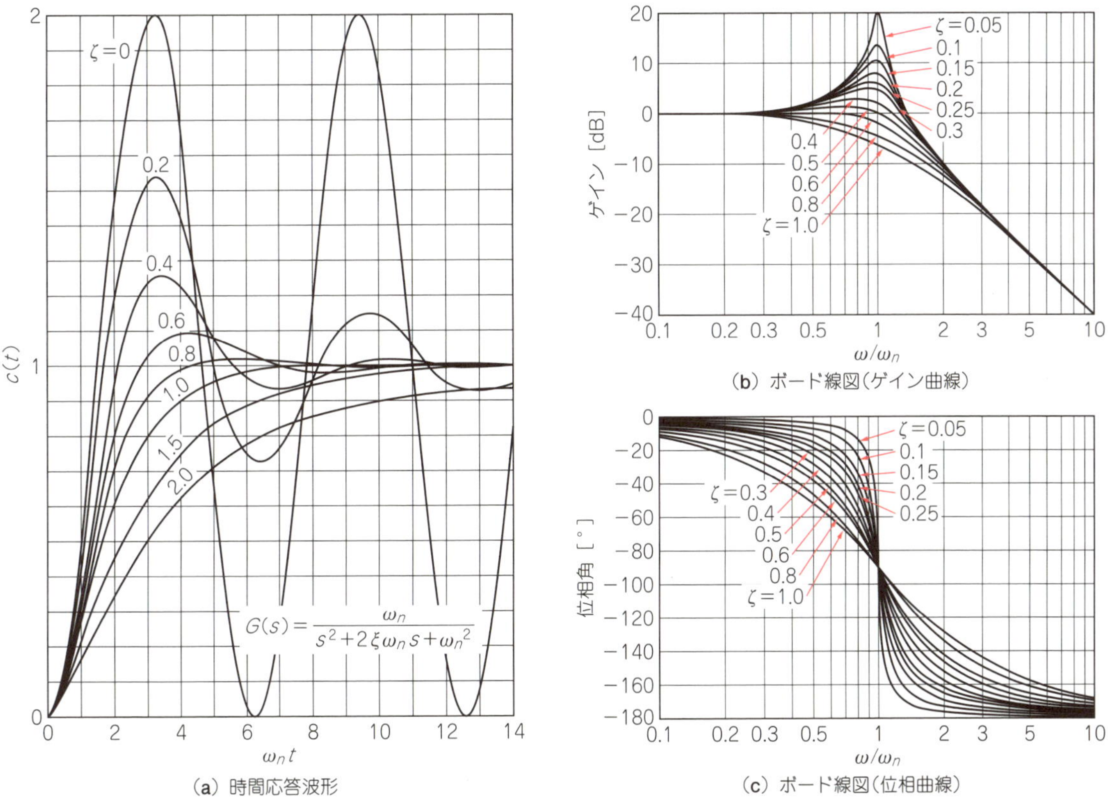

$$G(s) = \frac{\omega_n}{s^2+2\xi\omega_n s+\omega_n^2}$$

(a) 時間応答波形

(b) ボード線図（ゲイン曲線）

(c) ボード線図（位相曲線）

図10 2次遅れ要素の特性

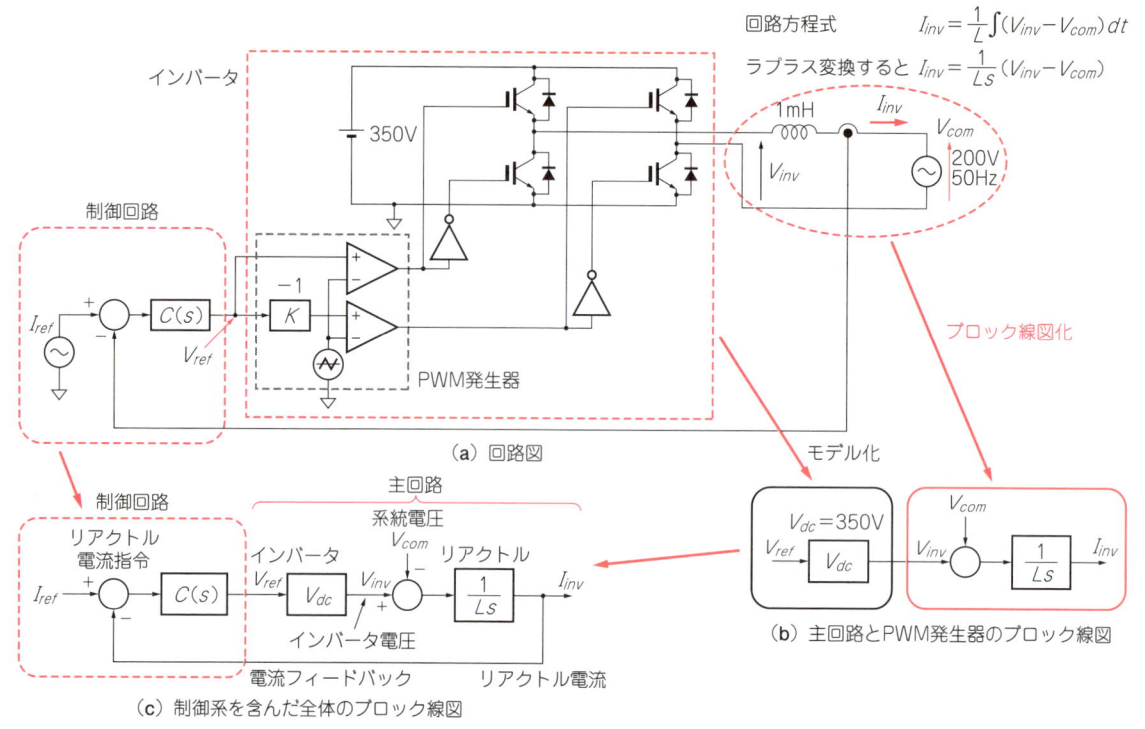

図11 系統連系インバータのブロック線図

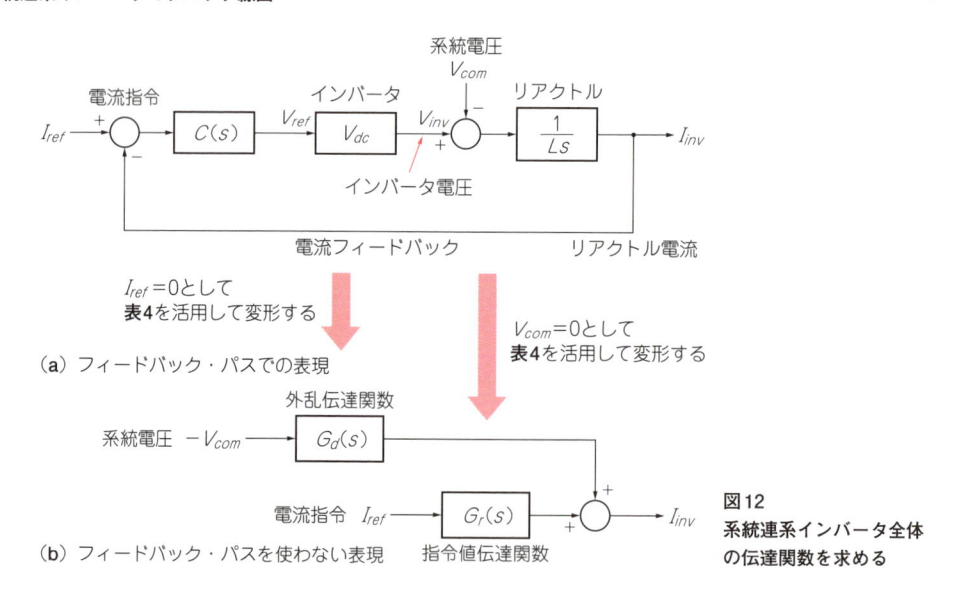

(a) 回路図

回路方程式 $I_{inv} = \frac{1}{L}\int(V_{inv}-V_{com})dt$

ラプラス変換すると $I_{inv} = \frac{1}{Ls}(V_{inv}-V_{com})$

(b) 主回路とPWM発生器のブロック線図

(c) 制御系を含んだ全体のブロック線図

図12 系統連系インバータ全体の伝達関数を求める

(a) フィードバック・パスでの表現 — $I_{ref}=0$として表4を活用して変形する

(b) フィードバック・パスを使わない表現 — $V_{com}=0$として表4を活用して変形する

外乱伝達関数 $G_d(s)$

指令値伝達関数 $G_r(s)$

圧 V_{dc} のゲインをもつ伝達要素になります．リアクトルと交流電源は図9の作図を参考にすれば，$1/Ls$ と加え合わせ点で表すことができます．このように，初めに書いたとおり，図1から図5にたどり着くことができました．

図11(c)を変形すると，図12のようになります．ここで，$G_r(s)$ は指令値伝達関数，$G_d(s)$ は外乱伝達関数と呼ばれます．$G_r(s)$ は指令値入力に対して，出力がどのような特性で追従するかを表しています．理想は，指令値に対して遅れや過渡現象なく追従することなので，$G_r(s)=1$ です．$G_d(s)$ は外乱入力に対して，出力がどのような特性で影響されるかを表しており，理想は，外乱が入ってもまったく出力に影響しないことなので，$G_d(s)=0$ です．

この章の総仕上げとして，図1におけるチョッパ部分のブロック線図を考えてみましょう．図1だけを見るとわかりにくいかもしれませんが，図12のように書き方を変えると，インバータとの違いは交流系統電

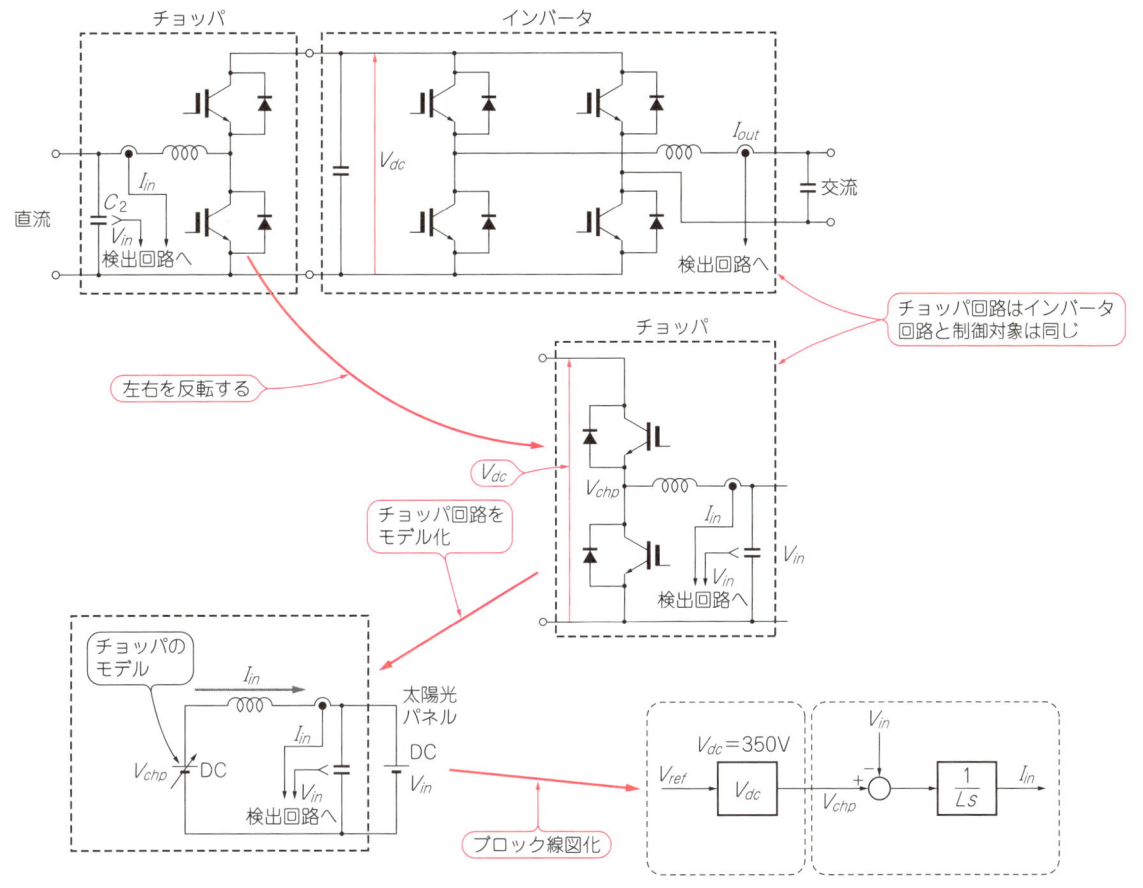

図13 チョッパのブロック線図化

圧に接続されるか，PVの直流電圧に接続されるかです．従って，制御理論上はチョッパの制御ブロック線図は**図11(c)** と同じになります．ただし，チョッパが操作する電圧範囲が異なります[前章の図4(c)と式(3)を参照]．

*　　　　*

本章では，制御系を設計するために必要な，回路図からブロック線図，伝達関数を導出する方法を主に説明しました．基本をおさえれば，インバータもチョッパも同じ制御系で表されることがわかりました．交流や直流に惑わされてはいけません．次章では制御を実現するハードウェア(コントローラ)について解説します．

◆参考文献◆
(1) 明石 一，今井 弘之；詳解 制御工学演習，1981年10月，共立出版社．
(2) 岡部 昭三；過渡現象，1979年4月，学献社．
(3) Donald G. Schultz, James L. Melsa, 久村 富持；状態関数と線形制御系，1976年，学献社．
(4) 美多 勉，原 辰次，近藤 良，；大学講義シリーズ 基礎ディジタル制御，1987年12月，コロナ社．
(5) 中野 義映，越前 卯一；電気回路，1977年，コロナ社．

(初出：「トランジスタ技術」 2013年2月号)

第11章 ハードウェアとソフトウェアの構成のコツ

制御装置の構成

パワエレは強電が中心の世界と思われがちですが，主回路を制御しているのは，マイコンやDSP，アナログ演算回路であり，弱電（電子回路）とソフトウェアです．しかし，パワエレで使う弱電には独自のノウハウがありますので，本章ではそこを解説していきます．

11-1 太陽光発電用パワーコンディショナに見るパワエレ制御のためのハードウェア

図1に，太陽光発電用パワーコンディショナ構成を示します．インバータやチョッパをオンオフさせるタイミングを決めるのがマイコン部であり，制御装置の頭脳部です．しかし，頭脳だけあっても何もできません．適切な手足や目口鼻耳（インタフェース）がないと，電流や電圧を制御できません．検出基板で検出した電圧や電流をマイコンに取り込んだり，スイッチの信号を取り入れたり，ランプを光らせたりします．

図2に示すように，実際は制御の部分はマイコンの中で「電圧指令演算」として計算されます．チョッパやインバータにどのような電圧指令を与えれば，思いどおりに動くかを検討するのが制御理論であり，その制御を実装する箱の部分が制御装置です．

実際には，制御理論（制御ブロック図）で表現されるところ以外にも，パワエレの制御装置は通信やPWM発生，保護，起動シーケンス，人間や他の装置とのインターフェースなど，さまざまな周辺機器（ペリフェラル）が必要です．

制御装置製品は製品コストにも直結するので用途に応じて簡素化したり，システムが大規模になれば複雑化したりしますので，用途に応じて必要なペリフェラルを選定することが重要です．ここでは，オーソドックスなパワエレの制御装置から解説していきましょう．

11-2 パワエレ制御装置を構成する七つの回路

● 七つの回路ブロック

パワエレの制御装置は，アナログ回路とディジタル回路に分けられます．DC-DCコンバータやスイッチング電源などの小規模なシステムは，主にOPアンプなどを使用したアナログ回路による制御が使われます．

数百W以上のシステムでは保護，シーケンス，連系，調整などのしやすさからマイコン，DSPなどのCPUによるディジタル制御が使用されます．特に最近はCPUの高性能化と低価格化が進み，スイッチング電源などの小規模なシステムにまで使用されるようになって，直接ディジタルで制御されることが多くなってきました．なお，これをかっこよくDDC（Direct Digital Control）と呼んだりします．ここでは，CPUを用いたディジタル制御装置について解説します．

図3にパワエレの制御装置の構成を示します．図1

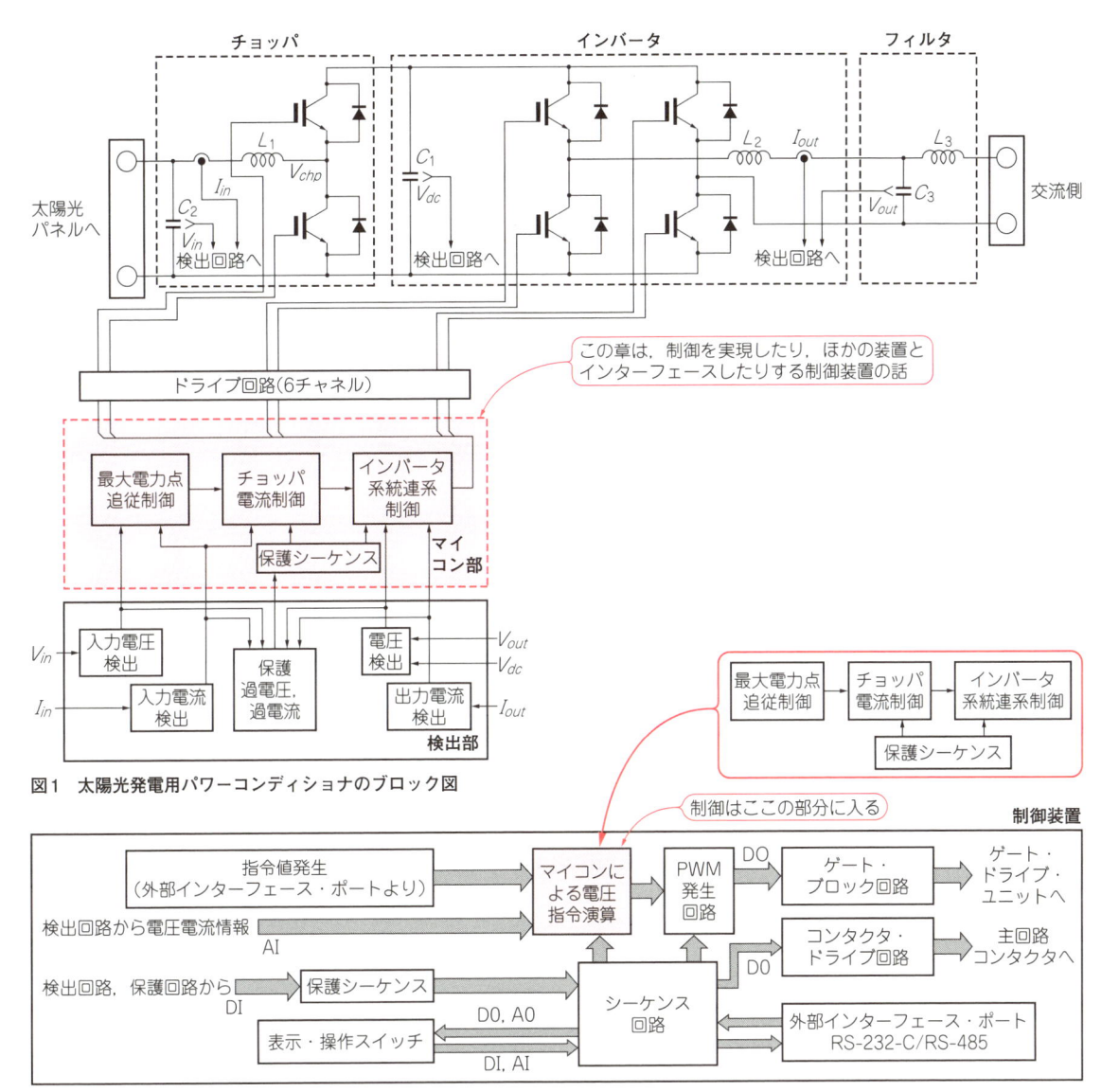

図1 太陽光発電用パワーコンディショナのブロック図

図2 マイコンとその周辺装置
太陽光発電インバータをコントロールするのはマイコンだが、マイコンだけでは何もできない．

パワエレを自慢したくなるとき：「実はこれパワエレで動いてて…」ってうんちくを語っているとき．造り手の心意気と技を延々と熱く語れちゃう．えっ？酒も熱く語れますよ．「淡麗辛口を生む並行複発酵技術．単発酵のワインとは違う」とかね．

11-2 パワエレ制御装置を構成する七つの回路

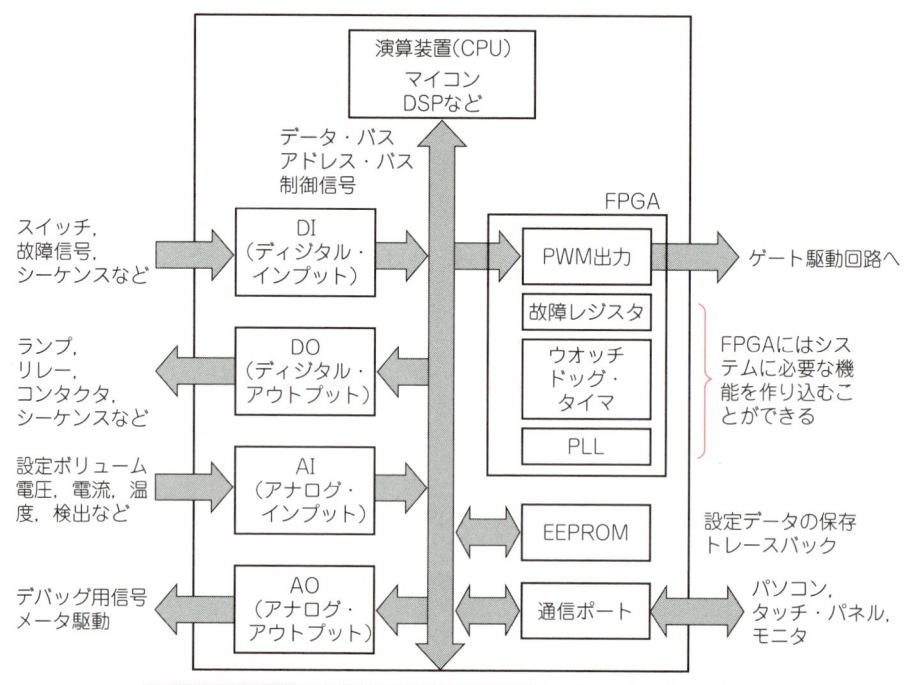

図3
制御装置の中身（機能ブロック図で表現）

パワエレの制御装置は演算装置のほか，さまざまなペリフェラルがある．マイコンやDSPによってはこれらの機能が内蔵されており，それが使えるなら外部には接続しなくてよい．

パワエレ制御装置のプリント板実装　　　Column

　パワエレの制御装置は3.3Vや5Vのディジタル系に加え，電流や電圧を検出したアナログ系が混在し，いわゆる「ディジアナ混在基板」となります．これに加え，検出回路も同じ基板で実現しようとすれば，主回路の300Vとか700Vの電圧が一つの基板に乗っています．しかも，数kV/μsの電位変化に伴う電界や数千A/μsの電流変化による磁界が発生し，スイッチング時にはやっかいなことにサージ電圧により100MHzぐらいの振動が出ることがあります．おそらく，数ある電子機器の中でも最も，パワエレの制御基板，検出基板は実装設計が難しい基板になるのではないでしょうか．

　このような基板を設計するには，パソコンをICに入れたり，グラウンド・インピーダンスを下げたり，一点アースなど忠実にディジタル回路，アナログ回路の実装の基本を守らないといけません．基本的なことを下記に挙げておきます．

1) 強電部と弱電部を分け，電気的および磁気的結合が最小になるように配置します．部品間の三次元的な磁気結合にも気をつけます．（空芯リアクトルはノイズを出しますので，距離を取ることが重要です）．また

2) ケーブルはアンテナになりやすいので，検出線にはシールド線を使いましょう．また，弱電部にガードリングを入れると信号線へのノイズ混入を抑えることができます．（図A参照）

3) 基板間のインターフェースはオープン・コレクタにし，プルアップ抵抗は許される限り小さくする．制御回路の消費電力とトレードオフですが，信号線にキチンと電流を流せば，それだけノイズに強くなります．例えば，1mA流すより

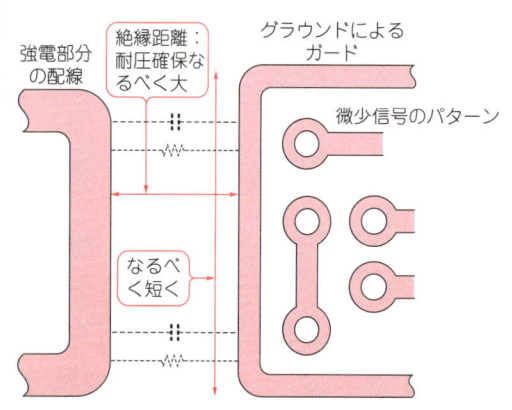

図A 強電部と弱電部のガード・パターンによる分離

パワエレを自慢したくなるとき：電力不足とか省エネとか電気料金値上げで逼迫とか聞いたとき．「パワエレっていいもんがあるじゃよ．ふふふ」と自慢したくなる！ まだよくわからないのでそれ以上は語れないのが残念(-ω-;)

110　第11章　制御装置の構成

の枠で囲った部分を，制御装置で制御を実現する．

　(1) 演算装置(CPU, FPGA)

に，いろいろな手足(入出力デバイス)を接続します．パワエレ制御装置は演算装置に加え，

　(2) ディジタル・インプット(DI)
　(3) ディジタル・アウトプット(DO)
　(4) アナログ・インプット(AI)
　(5) アナログ・アウトプット(AO)
　(6) PWM出力
　(7) 通信ポート

からなります．これらがマイコンやDSPにより，内蔵されているものを使ったり，外部に接続したりして，目的を実現します．それでは，それぞれの働きについて解説します．

① 演算装置

　パワエレで使用するCPUは，マイコンやDSPが一般的です．一部の簡単なシステムではPICマイコンでも制御可能です．用途にもよりますが，マイコンやDSPに要求される性能としては，40 MIPS以上，16ビット演算，割り込み制御が可能であることですが，最近のCPUは高性能化しているので，ほとんどこの仕様以上です．ただ，「インバータ用」や「電源用」とされているものを選ぶほうが，PWM用のポートやA-D変換が付いていたりして，ペリフェラルがパワエレ用に気が利いています．

　これらには，RXシリーズ，SH2シリーズ，V850シリーズ(ルネサス エレクトロニクス)やF28シリーズ(テキサス・インスツルメンツ)などがあります．A-D/D-Aコンバータが内蔵されていない場合や内蔵品では不足する場合には，EEPROMアクセス用の外部バスがあれば，接続することができます．

　また，インバータのようなスタンダード回路以外のマルチレベル・インバータや，マトリックス・コンバータなどのように，ゲート数が多くPWMポートが足りない場合は，外部バスにFPGA(Field Programmable Gate Array)を接続します．

　用途に応じてモータ駆動用や無停電電源用のCPUを選べば，速度や位置を検出するエンコーダのインターフェースや電源位相検出のPLL(Phase Locked Loop)に使えるカウンタが内蔵されています．

　　は10 mA流したほうが，10倍ノイズに強いです．
4) ディジタル部分とアナログ部分を分けて配置します．ディジタル・グラウンドとアナログ・グラウンドも分離して，両者はA-Dコンバータのアナログ電源グラウンド付近で，一点アースで接続します．
5) 電位の異なるパターンや電位変動が大きいパターンは裏表で併走しないようにして，浮遊容量ができないようにします．
6) 第3章で説明したように駆動回路の電源とフォトカプラ(または磁気カプラ)は結合容量が少ないものを選定しなくてはいけません．スイッチング素子の駆動回路(ドライブ回路)は最も激しい電位変動にさらされます．特にMOSFETなど高速デバイスでは，dv/dtが高いため，より小さい静電容量のICや電源を使わないといけません．ノイズ対策とて，ゲート線にフェライトの貫通コアをいれると非常に良く利きます．著者の経験の中で，一度これにピンチを救われました．
7) シグナル・グラウンド(SG)と(FG)は通常分けておく機器が多いのですが，パワエレ装置では，フレーム・グラウンドの高周波における対地インピーダンスが高いので，プリント板との間の浮遊容量がノイズ経路になることがあります．

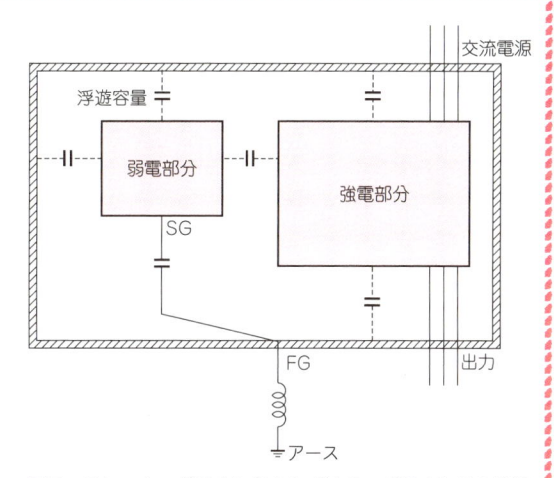

図B　フレーム・グラウンドとシグナル・グラウンドの接続の例

シグナル・グラウンドは高耐圧のセラコンで接続する．インバータ部の放熱フィンもフレームグラントに接地する．また，強電部も電気的にYコンで接地するとノイズを減らせる．

　これを防ぐため，高耐圧のコンデンサでフレーム・グラウンドに一点アースすると，ノイズが減ることがあります(**図B**参照)．制御回路のフレーム・グラウンドに対する電位を測定して，高周波の電位変動が激しいときには，試してみる価値はあるでしょう．

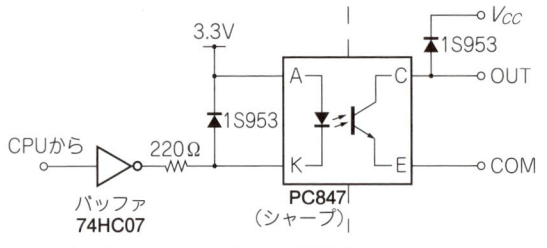

図5 ディジタル・アウトプットの回路例

② ディジタル・インプット（DI）

スイッチ・ボックスや接点からの入力のインターフェースです．CPUのディジタル・インプット・ポートに接続されます．ディジタル・インプットは用途に応じて，24 V系や15 V系から，CPUのI/O電圧（3.3 V）に変換します．また，人が触るような場合（操作スイッチなど）は，フォトカプラにより絶縁します．

図4にDIの回路例を示します．この回路ではスイッチをフォトカプラで絶縁し，CPUに接続します．チャネル数は用途に応じてとなりますが，デバッグの利便性も考えて3～4個あったほうがいいでしょう．

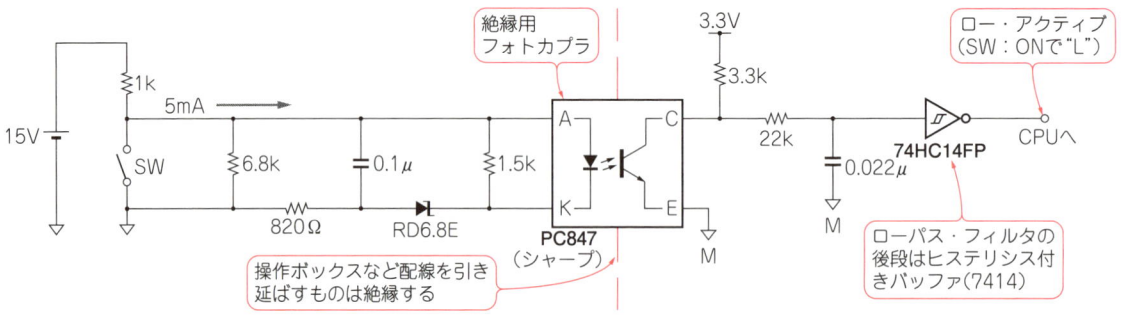

図4 ディジタル・インプットの回路例

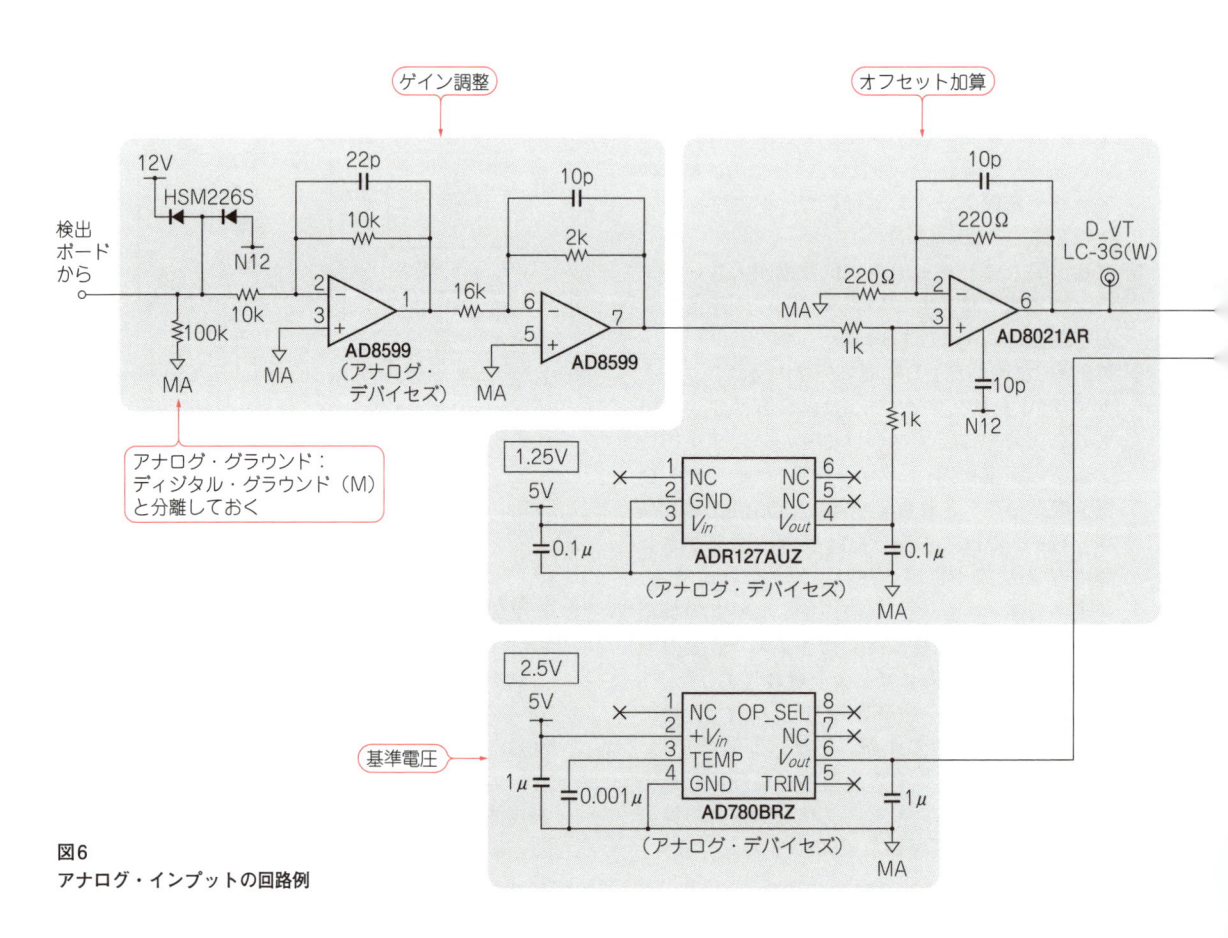

図6 アナログ・インプットの回路例

DIは，運転停止のスイッチを接続したり，電流/電圧検出から過電流や過電圧の検出信号を接続したりします．このとき，電流/電圧検出で絶縁してあれば，DIで絶縁は必要なく，CPUのポートに直接接続できます．

③ ディジタル・アウトプット（DO）

CPUから出力されるディジタル信号により，LEDを光らせたり，リレーを駆動したりします．DIと同じく，用途に応じて，24 V出力にしたり，15 V出力にしたりします．

図5にDOの回路例を示します．ここでも，出力をフォトカプラで絶縁しておきます．CPUの信号はフォトカプラをドライブするため，74HC07などのバッファを入れておきます．もちろん，CPUで直接駆動して問題なければ，バッファは要りません．

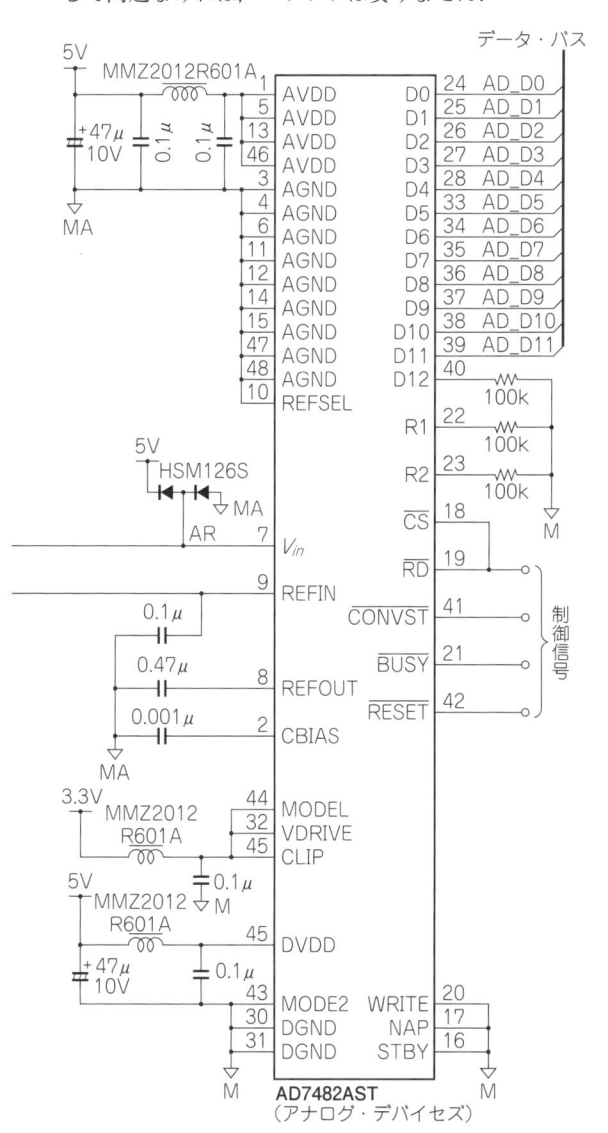

DOを使って，故障や運転などのランプ（LED）を点けたり，7セグメントLEDを使って文字を表示させたりするとカッコイイです．また，故障時に入出力部のコンタクタを開放するなど，DOは大活躍します．

④ アナログ・インプット（AI）

外部から入ってくるアナログ信号をA-Dコンバータによって，ディジタル信号に変換してCPUに伝えます．検出した電流や電圧，温度値や外部の設定ボリュームの値をディジタル量に変換します．

A-Dコンバータの分解能は，パワエレでは10～12ビットくらいのものがよく使われます．8ビットのA-Dコンバータでは，例えばインバータの電流を検出して，それを正弦波状に制御する場合，量子化誤差の影響で電流波形がひずみます．高精度な制御を実現する場合は16ビットを使用します．ただし，パワエレでは変換時間が重要です．変換時間がかかると制御に遅れが発生するので，キャリア周波数が10 kHzくらいでは変換時間が1チャネルあたり2 μs以下のものを選びます．キャリア周波数が高くなるにつれて，遅れ時間が少ないものを選ばないといけません．

図6に電流検出に使うA-Dコンバータの回路例を示します．ここでは，12ビットで3 MHzまでサンプルが可能（変換時間300 ns）なAD7482AST（アナログ・デバイセズ）を使っています．A-Dコンバータは基準電圧の精度によって変換後の精度が決まるので，基準電圧には推奨IC AD780を使っています．また，入力電圧は0～2.7 Vなので，検出した値をゲイン調整して1.25 Vのオフセットを乗せています．A-D変換は＊CONVSTの信号（＊はロー・アクティブを表す）をアクティブにして開始し，＊BUSYがノンアクティブになったらCPUにリードします．なお，システムが要求する精度や変換時間を満足していれば，マイコン内部のA-DコンバータやA-Dコンバータ内の基準電源を使用してもかまいません．

パワエレでは複数のアナログ信号を検出する必要があります．例えば，図1の太陽光発電パネル用インバータの例では，太陽光パネルの電流（チョッパ電流），系統連系電流，直流電圧になります．従って，A-Dコンバータが複数必要になりますが，たくさんA-Dコンバータを使うとコストが高くなって問題になる場合は，サンプル&ホールド回路を使って検出信号をホールドしておき順次読み出します．

図7のように，A-D変換やサンプル&ホールドのタイミングはキャリアの山または谷に同期させる必要があります．これは電流の平均値を検出するためです．電流波形はスイッチングによるリプルを含んでいますが，これを制御装置にロー・パス・フィルタを付けて除去するときは，時定数がキャリア周期に対して大き

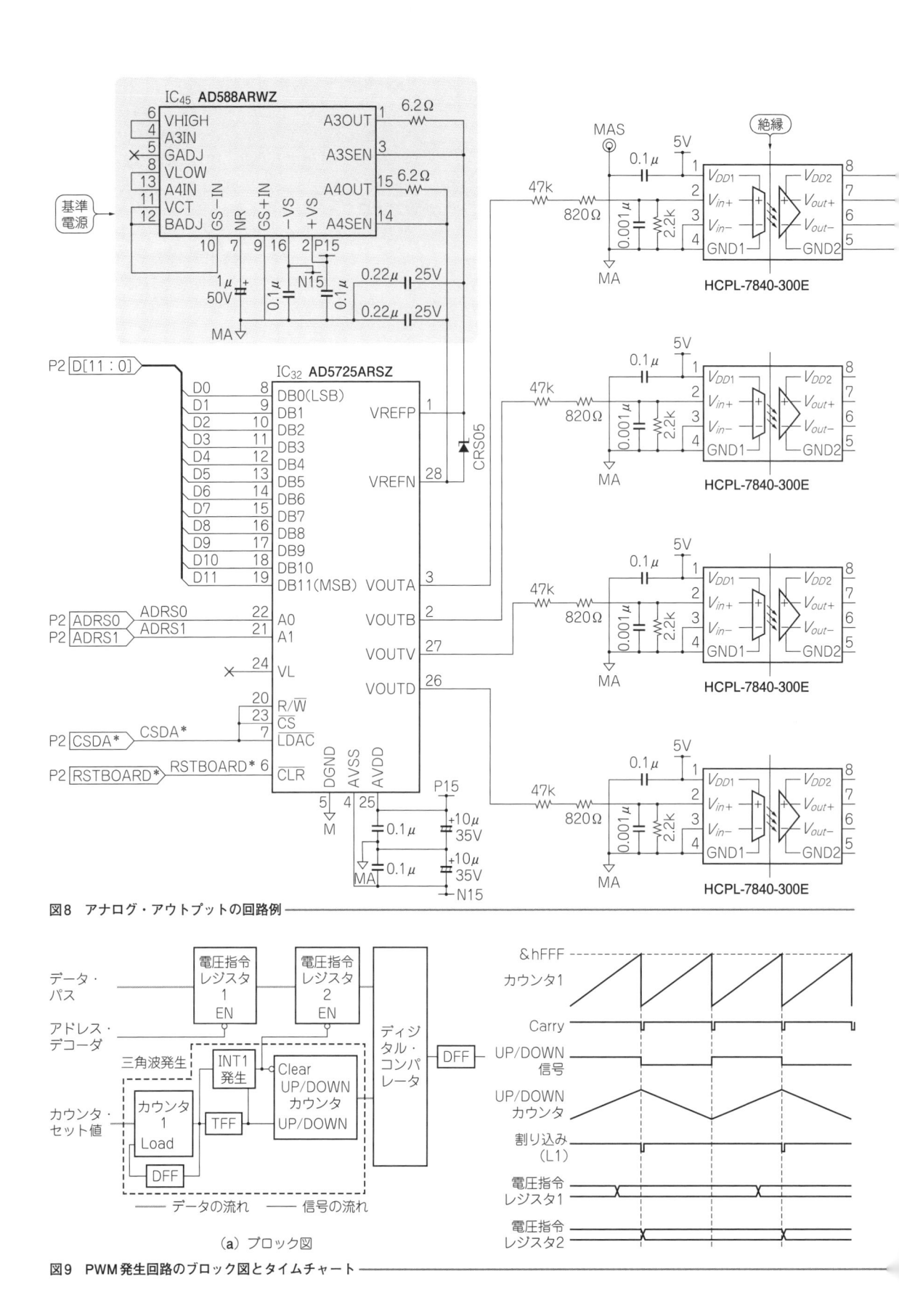

図8 アナログ・アウトプットの回路例

（a）ブロック図

図9 PWM発生回路のブロック図とタイムチャート

114　第11章　制御装置の構成

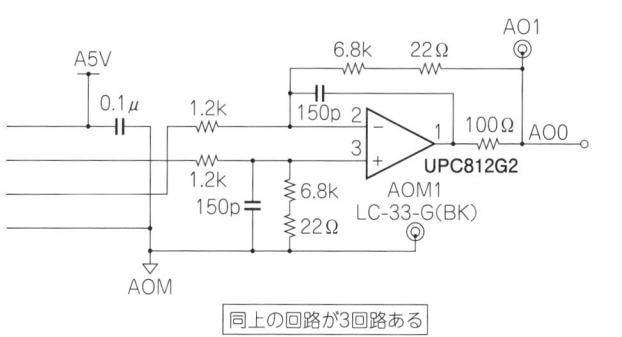

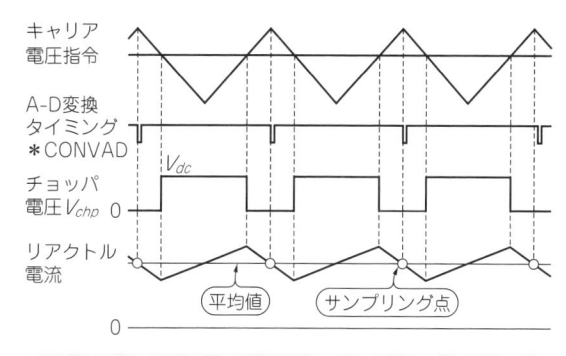

図1のチョッパの部分の動作波形例.
電流はリアクトルL_1の電流. チョッパ電圧V_{chp}はスイッチの中心電圧.
三角波キャリアの山または谷でサンプリングすると，ちょうど電流の平均値が検出できる．
結果として大きな時定数のローパス・フィルタを使わなくてもスイッチング・リプルの影響を除去できるので，高性能な制御が実現できる

図7　キャリア周期とサンプリング・タイミング

くなりすぎないようにしないといけません．特にフィードバック・ループに大きな時定数をもつロー・パス・フィルタがあると，制御ゲインを高く設定できなくなり，性能が悪くなります．また，キャリア周波数に近いカットオフ周波数のロー・パス・フィルタがあると，キャリア・リプルの位相が変わってしまい，平均値が検出できません．

⑤ アナログ・アウトプット(AO)

アナログ・アウトプットは，マイコンのディジタル値をアナログ値に変換して出力するので，D-Aコンバータを使います．

AOによりDC-DCコンバータの電圧指令値としたり，他の外部機器に計測値として4〜20 mAに変換して送ったりします．トルクや速度，電力などの表示用として，メータを振らせるとカッコイイです．また，ソフトウェアのデバッグのときにも，変数の時間変化をオシロスコープで見られるので大変重宝します．

図8にアナログ・アウトプットの回路例を示します．D-AコンバータにAD5725ARSZ(アナログ・デバイセズ)を使用しています．これは，12ビット，4チャネルのD-Aコンバータで，正負の基準電源を必要としますので，AD588(アナログ・デバイセズ)によっ

て作成しています．AOの出力は，アイソレーション・アンプHCPL7840(アバゴ・テクノロジー)を使って絶縁しています．出力部分の回路はアイソレーション・アンプのデータシートにある推奨回路です．使用するD-Aコンバータのチャネルは，アドレス端子A0, A1をアドレス・バスに接続して，使い分けます．

パワエレでは各部の変数や電圧指令，検出値などがリアルタイムで確認できるとソフトウェアのデバッグが簡単になります．また，デバッグを考えると最低2チャネルは欲しいところです．

⑥ PWM出力

PWM出力はDOの一種で，6チャネルや12チャネルであれば，パワエレ用のマイコンやDSPなら標準装備されています．また，デッド・タイムの作成回路もマイコンやDSPに内蔵されており，それを使用すると便利です．しかし，6個のスイッチング素子を使ったインバータやPWM整流器のように，標準的な回路以外を使用する場合にはFPGAを使います．

FPGAは最近，とくに低価格化と高性能化が進み，パワエレにとって重要なデバイスになってきています．ゲート規模が大きくても非常に安価になってきているので今後の発展が期待できます．

図9と図10に，PWM発生回路とデッド・タイム生成回路のブロック図の例を示します．アップダウン・カウンタを使って三角波キャリアを作り，ディジタル・コンパレータにて比較することでPWMを発生できます．ただし，電圧指令の更新は2度切りによるショート・パルスを防止するため，基本的にキャリアのピークで電圧指令演算を開始し，電圧指令を更新するのは次回のキャリアの山または谷とします．

- カウンタ1にキャリアの半周期でカウント・アップ(キャリー信号)が出るように設定
- キャリー信号でUP/DOWNカウンタのカウント方向を切り替える
- 割り込みはキャリ信号とUP/DOWN信号から作成．例えばダウン・エッジをとれば，キャリアの山に同期した割り込みを作れる
- 電圧指定レジスタ1にはソフトウェア演算が終了した時点で書き込み
- 割り込みタイミング(INTL1)にて，電圧指令をレジスタ2にロードする
- UP/DOWNカウンタの出力(三角波)と電圧指令レジスタ2を比較して，PWMパルスを得る

(b) タイムチャート

11-2　パワエレ制御装置を構成する七つの回路

(a) 回路

(b) タイムチャート

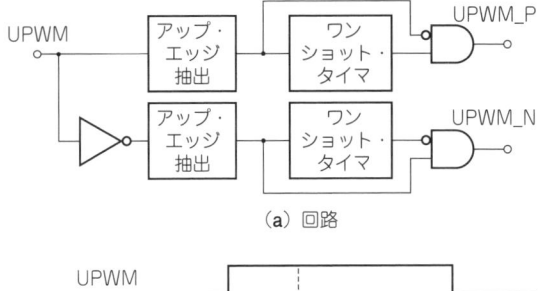

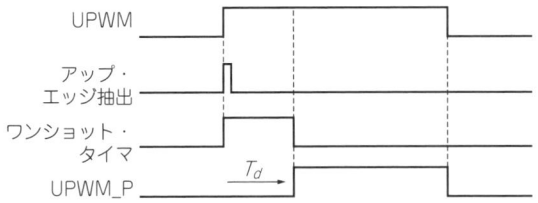

・アップ・エッジを抽出して，ワンショット・タイマを起動
・ワンショット・タイマは74HC123と同じ動作
・デッド・タイムはパルスの立ち上がりを所定の時間T_d遅らせればよい
・ワンショット・タイマは1個でもできるが，パルスが細くなったときのことを考えると2個あったほうがよい

図10 デッド・タイム生成回路とタイムチャート

また，デッド・タイムを作る回路は，パルスのエッジでワンショット・タイマをセットし，立ち上がり時間を遅らせることで，両方のスイッチがOFFの時間を作ることができます．

FPGAに，過電流や過電圧を管理する故障レジスタやA-D/D-A変換の呼び出し，CPUへの割り込みの管理，CPUの暴走を監視するウオッチドッグ・タイマなど，さまざまな機能を入れることができます．

⑦ 通信ポート

代表的なものとしては，RS-232C，RS-485などの通信が手軽なのでよく使われますが，用途に応じて，DeviceNet，CC-Link，Tリンク，PROFIBUS，CAN，SXバスなど，さまざまな通信方式があります．RS-232やRS-485などはマイコンに内蔵されているドライバを使用したり，ドライバ用ICによりインターフェースします．

11-3 ソフトウェアの構成

図11にソフトウェアの構成を示します．ソフトウェアは，イニシャル・ルーチン，レベル・ゼロ(L0)，レベル1(L1)，レベル2(L2)の三つからなります．

パワエレのソフトウェアは基本的に，無限ループでL0が走っています．それに対して，割り込みによってL1とL2が起動します．L1はキャリアに同期した最も短い周期の割り込みで起動しており，L2はL1の整数倍の周期の割り込みで起動しています．L1とL2は同期させ，整数倍の関係にしたほうが，L1，L2間の変数の引き渡しが簡単です．非同期だと場合によっては，低周波のビートが発生することがあります．

(1) イニシャル

ソフトウェア・リセット時に起動し，各制御パラメータの初期値の設定や変数の初期化を行います．

(2) レベル1(L1)

高速のサンプリングが必要な電圧指令演算や電流制御を実装します．

(3) レベル2(L2)

L2には，比較的遅い制御(直流電圧制御や速度制御)や，操作ボックスとのシーケンスなど，ゆっくりとした演算でかまわない処理を入れます．

(4) レベル・ゼロ(L0)

L0はL1とL2の空いた時間で実行されるので，いつ更新されてもかまわないようなもの，例えばデバッグ用のフラグ処理とか，設定ゲインの割り算処理などを入れます．

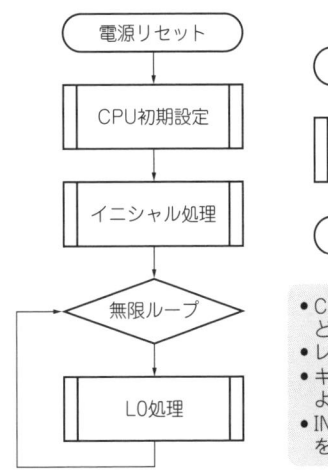

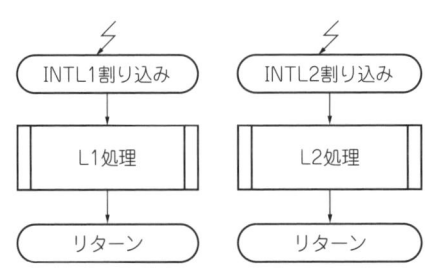

・CPU初期設定ではポートの設定，割り込みの設定などを行う
・レベル0のみ処理して，後は無限ループ待ち
・キャリアの山または谷に同期した割り込みINTL1によりレベル1を起動
・INTL1の整数倍の周期でINTL2を発生させ，レベル2を起動

図11 メイン・ルーチンのフローチャート

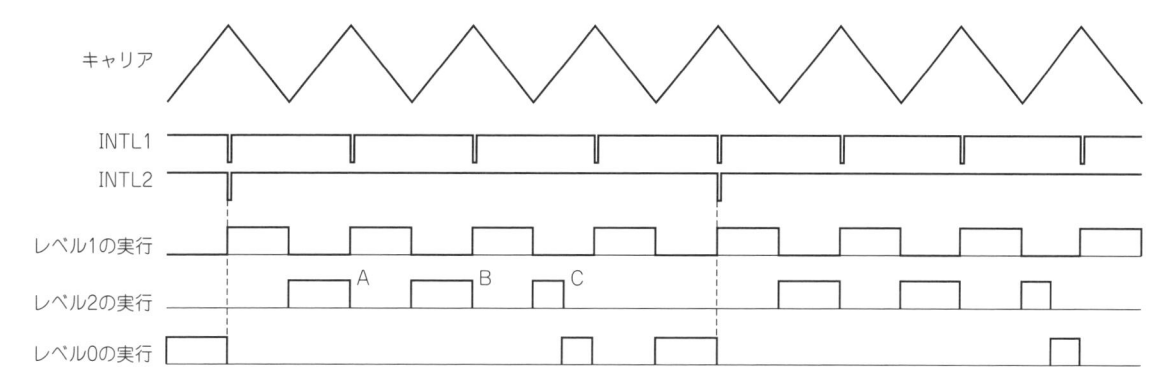

図12
各レベルの実行タイムチャート

- レベル2のソフトは途中でもレベル1が割り込んでくる
- そのため,レベル2でレベル1の変数を使うと変数の内容がA, B, Cで変わっていることがある. 変数の引き渡しには注意が必要
- レベル0はレベル1,レベル2のソフトウェアの実行がすべて終わった時間で実施される
- レベル1の演算は割り込み周期の60%以下に抑えないと,レベル2の演算が終わらないことがある

図12に各レベルのルーチンのタイムチャートを示します.L1とL2はキャリアに同期した割り込みにより起動します.AIのところで説明したように,電流検出を平均値で行うために,L1はキャリアの山または谷に同期させます.この例ではキャリアの山でL1を更新し,L2が4回に1回走るようになっています.キャリア周波数が10 kHzの場合,L1は100 μsごとに起動し,L2は400 μsに1回起動します.

L1の間を縫ってL2が実行されるので,L1の演算時間はL1の割り込み周期の60%くらいで収めるようにしましょう.L2も割り込み回数と制御周期を加味して制御周期内に終わることを確認しましょう.L1やL2の終わりにフラグをDOに出力すれば,どのくらいの演算時間がかかっているかわかります.演算時間が制御周期を越えると演算が周期的に行われないので,所望の制御動作をしません.

● L1のフロー

図13にL1の標準的なフローチャートを示します.パワエレではキャリアに同期してA-D変換を行いますが,例えばA-D変換の時間が1回2 μsとすると,U,V, W相の電流を検出すると6 μsかかります.そのまま待っていると演算時間の無駄なので,最初のほうに電源位相角の計算など,電流情報を使わない部分の演算を行います.その後,電流フィードバックの計算や電圧指令の計算を行います.最後に出力電圧をPWM発生部のカウンタ構成にあわせてフォーマット変換を行い,出力電圧指令のレジスタにセットします.

例えば,キャリアが0～1000までをカウントするアップダウン・カウンタによって構成されているとすれば,-1.0～1.0の電圧指令VUREFを実際に出力電圧指令レジスタVUREGにセットするときは,次のように変換します.

VUREG=(int)(VUREF*500)+500

電圧指令の書き込みは必ず,L1の最後に行います.L1の最初で行うと,サンプルしてから電圧指令が実際に更新されるまでの遅れ時間が増えるので気を付けましょう.ソフトウェアの途中で書き込むことも可能ですが,バグを生む原因になるので,おすすめしません.

AOによりモニタを行う場合は,出力処理が終わった後にAOに出力し,変数の変化をオシロスコープで確認できます.メモリに余裕があれば,制御の中心部ではグローバル変数を使ったほうが,ローダで見たり,

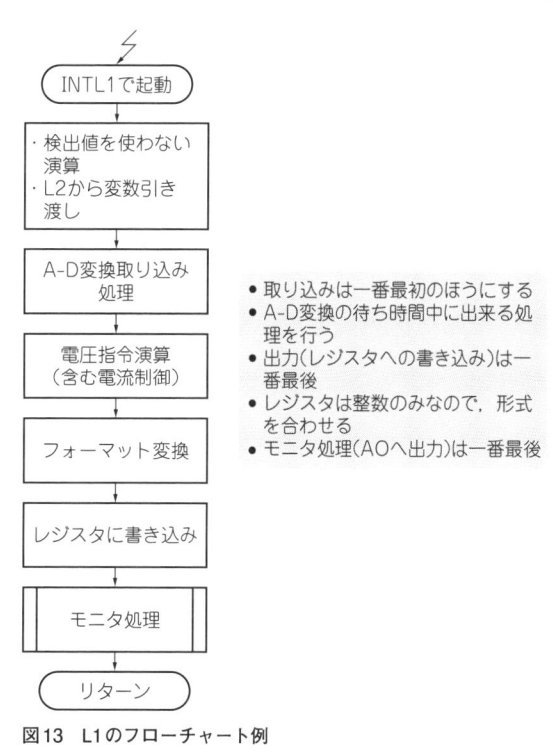

- 取り込みは一番最初のほうにする
- A-D変換の待ち時間中に出来る処理を行う
- 出力(レジスタへの書き込み)は一番最後
- レジスタは整数のみなので,形式を合わせる
- モニタ処理(AOへ出力)は一番最後

図13 L1のフローチャート例

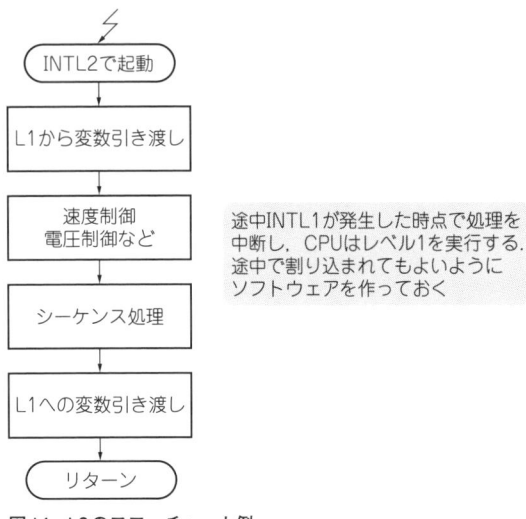

図14　L2のフローチャート例

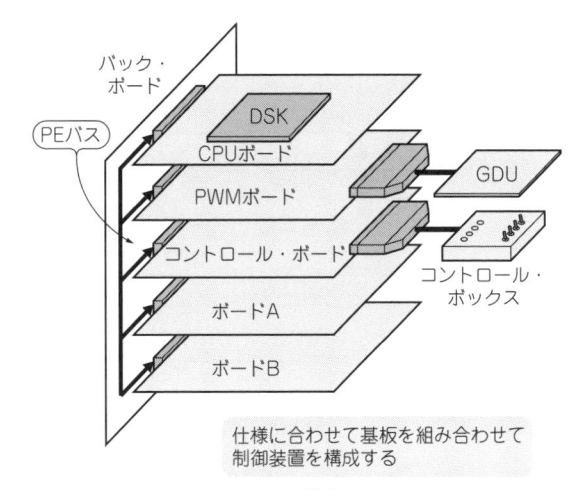

図15　FPEG-Cの制御ボードの構成

変数を書き換えたりできるので，デバッグが簡単です．特に最近のCPUはパワフルなので，全部グローバル変数でもかまいません．

● L2のフロー

図14にL2の標準的なフローチャートを示します．L1とL2での技術的な問題は変数のやりとりです．具体的には，L2の中でL1の変数を使う場合，ソフトウェアの前半と後半で使っている変数の中身（数字）が異なる場合があります．これは，L2の計算途中でL1が走るので，L1の変数が更新されるために起こります．

これを防止するため，L2の最初にL2で使うL1の全変数を引き渡しておきます．また，L2の計算途中の値をL1に反映しないため，L2からL1へ伝える変数を分けておきます．例えば，L1から変数WAKATAKEをL2に引き渡したいとすると，L2の最初で，

```
WAKATAKE2=WAKATAKE
```

とし，L2の中ではWAKATAKE2を使って計算します．また，L2から変数KAGETORAをL1に引き渡す場合は，L2の最後に，

```
KAGETORA1 = KAGETORA
```

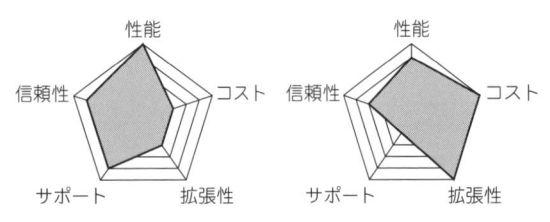

とし，L1の中ではKAGETORA1を使って計算します．これによって，予想しない変数の更新を防ぐことができます．ちょっとしたテクニックです．

11-4　学習向けのパワエレ制御ボードFPEG-C

パワエレの制御装置は，マイコンの評価ボードなどを使って自分で構築することもできますが，非常にたいへんです．そこで，公開されているパワエレ汎用コントローラFPEG-Cを紹介します．

これは，決められたパワーエレクトロニクス用コントローラ・バス規格（PEバス）に従って設計されたコントローラで，商業目的でなければ回路図や基板を自由に使用できます．

図15と写真1に，コントローラの構成例と外観を示します．コントローラは，演算用CPUボード，PWM信号生成用ボードといったように，コントローラの機能ごとに数枚のボードに分かれています．各ボードはPEバス規格に則っています．

以上の理念を元に，PEバス規格に沿って構成されるこのコントローラを，FPEG-C（Free Power Electronics General Controller）と名付けています．この構成例で，製作台数にもよりますが，部品代，実装代含めて一組20〜30万円であり，一般の汎用コントローラに比べて格安で製作できます．また，予算と必要性能に応じてすべての部品を実装する必要はないので，回路図を検討して不要と思われる部品については実装しなければ，部品代を安くできます．

図16に，FPEG-Cの目指すコンセプトを，市販コントローラとの比較によって示します．製品である市販コントローラと比較し，FPEG-CはCPUの性能を限界まで引き出しているわけでなく，性能，信頼性，

図16　FPEG-Cと市販コントローラとの特徴比較
（a）一般のコントローラ　　（b）FPEG-C

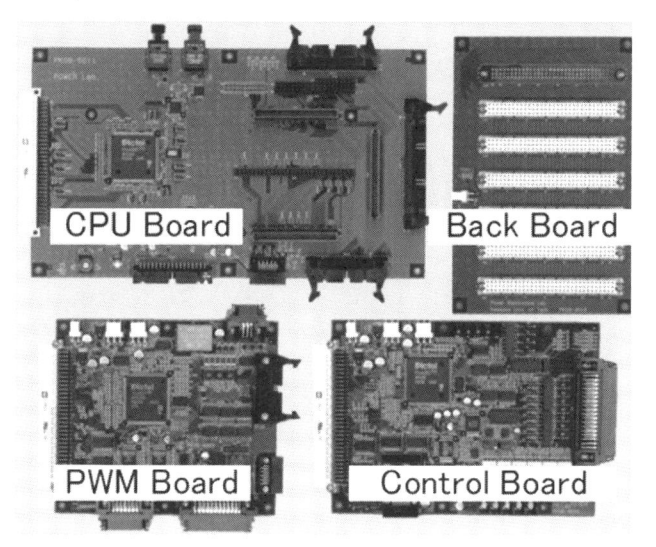

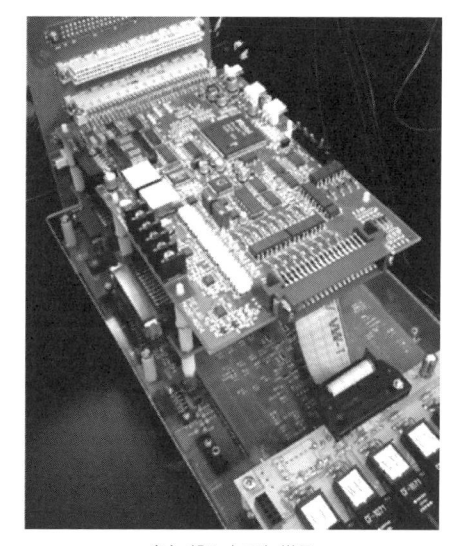

(a) ボードの構成例 (b) 組み立てた様子

写真1 FPEG-Cの制御ボードの外観

サポートの面では見劣ります．特にサポートについては基本的にパソコンのフリーソフトと同じく，「善意」に基づくサポートであり，基板開発者は「義務」や「責任」を一切負いません．しかし，FPEG-Cの目指す特徴はその他の拡張性能とコストパフォーマンスにあります．特にオープン・ソースであることから，将来的にPEバス規格に則って製作され公開される基板が増えることを期待しています．また，基本的にコントローラの価格は基板の製作費のみ（実費）ですので，市販品に比べ非常に安価にできます．もちろん，回路図を見て自分で作ってもかまいません．さらに，回路は原則公開することで，不具合が生じたときに自分で回路動作を検証でき，開発者(学生)がハードウェア知識を習得できます．これらの特徴を踏まえて，FPEG-Cが使用される場面としては，大学の研究室などを想定しています．逆に，企業が製品に組み込むといった使用には信頼性の面で向いていないし，組み込むべきではないでしょう．

これら基板の仕様，回路図はインターネット上で公開されています．興味をもたれたら，基板の入手法などはFPEG-Cのホーム・ページを参照してください．
http://itohserver01.nagaokaut.ac.jp/itohlab/fpeg/index.html

　　　　　　　＊　　　　　　　＊

この章では，パワエレの制御装置について説明してきました．ここでは，ハードウェア/ソフトウェア両面の知識が必要であり，パワエレの真骨頂かもしれません．

次章で解説を行う制御ソフトウェアは，L1やL2の電圧指令演算に入ります．制御理論を駆使したすごい制御方法でも，それにあった制御装置がないと実現できませんし，制御装置に合わせたアレンジが必要になったりします．このイメージをもつとパワエレ装置全体がわかってきますので，難しいと敬遠せず，ぜひじっくり取り組んでください．

◆参考文献◆
(1) 海田英俊,「強電と弱電が混在するプリント基板のEMC対策設計」電磁環境工学情報EMC 11巻22号, pp.87-95, 1998.06.

(初出:「トランジスタ技術」 2013年3月号)

第12章 帯域や安定性をねらい通りに設計する
制御系の構成方法

この章では，これまでの勉強内容を総動員して，制御系の具体的な設計に入ります．すこし難しく感じるかもしれませんが，結果だけでなく，設計過程をふくめて理解すると，どんなパワエレ装置にも応用することができます．

12-1 パワエレの電流・電圧制御系

● 制御系の全体構成と動作

図1に太陽光発電用パワーコンディショナの構成を示します．太陽光発電用パワーコンディショナはこれまでに説明してきたように，チョッパとインバータからなり，太陽電池から出力される電力を制御したり，交流系統に連系する制御をするため，図1に示すようにチョッパ電流制御とインバータ系統連系制御のブロックがあります．これらの制御ブロックに対する制御量（入力）と操作量（出力）を分解して書くと図2(a)のようになります．主回路において制御すべき状態量（制御量）はチョッパの入力電流I_{in}と直流リンク電圧V_{dc}そして出力電流I_{out}です．太陽光パネル電圧V_{in}と特に交流電圧V_{out}は制御しない（できない）量です．チョッパ電流制御ではI_{in}をフィードバック（入力）しチョッパへのゲート駆動信号（操作量）を出力することで，I_{in}を制御します．インバータ系統連系制御では，V_{dc}とI_{out}を入力し，インバータへのゲート信号を出力してV_{dc}とI_{out}を制御します．

このような制御動作により，太陽光パネルの電力が系統に送られる動作は次のようになります．

① 最大電力点追従制御（第14章で原理を説明します）は，最大電力となるようなチョッパ電流指令値$I_{in}{}^*$を発生させます．

② チョッパ制御は$I_{in}{}^*$にI_{in}が追従するように制御します．両者の誤差がなくなるように操作量を調整しチョッパのON/OFF比（デューティ比）を操作します．I_{in}はチョッパ回路を通して左から右に流れ，C_1に流入します．直流電圧V_{dc}が上昇します．

③ 直流電圧制御系はV_{dc}が直流電圧指令値$V_{dc}{}^*$となるように交流側の電流指令$I_{out}{}^*$を調整します．たとえば，V_{dc}が上昇する場合は電力をより多く交流側に送る必要がありますので，$I_{out}{}^*$を大きくします．V_{dc}が下降する場合は$I_{out}{}^*$を小さくします．

④ そして，最後にI_{out}が$I_{out}{}^*$に追従するように電流制御を行います．具体的には両者の誤差がなくなるように操作量を調整しインバータのON/OFF比（デューティ比）を操作します．

● 制御系のブロック線図表記

第10章で説明した主回路モデルと制御ブロック線図を使うと図2(a)は図2(b)のようになります．これだけを見ると，どこから設計してよいのかわかりにくいのですが，チョッパ電流制御系は，そのフィードバ

パワエレで失敗したこと．
この道25年．…思い上がっていると，大失敗．パワエレのパの字も知らないともう反省だ

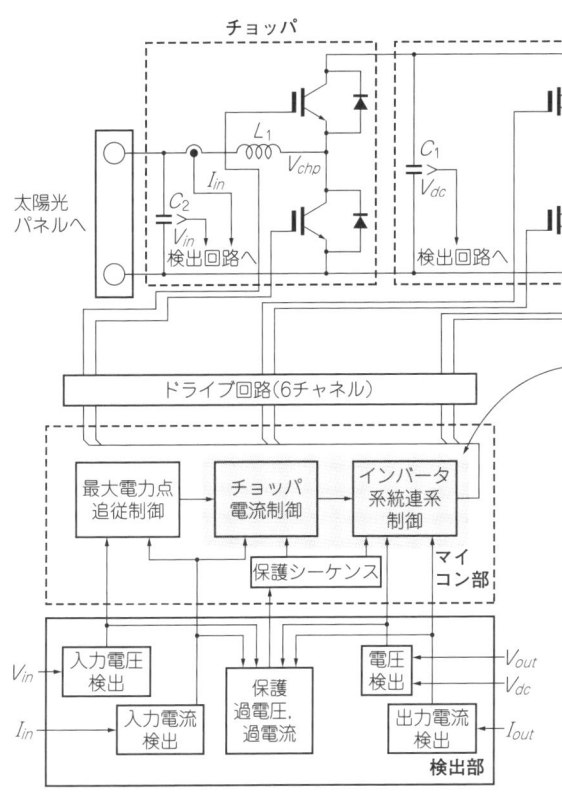

図1 太陽光発電用パワーコンディショナのブロック図

ックループ内に他の制御系との信号入出力関係がありませんので他の制御系は考えずに設計することができます．直流電圧制御系とインバータ電流制御系については，インバータ電流制御系は，直流電圧制御系のフィードバックループ内にあり，直流電圧制御系のマイナ・ループに見えます．それぞれの制御系の必要なカットオフ周波数に着目すると，電流制御系と電圧制御系で10倍以上離れています．例えば，直流電圧制御系のカットオフ周波数は2 Hzから0.2Hz程度です．交流電流制御系の必要なカットオフ周波数は800 Hzから2 kHz程度です．従って，直流電流制御系から見ると電流指令I_{out}^*にI_{out}が完全に追従しているように見え，直流電圧制御系を設計するときは電流制御系は一つのゲインで近似すなわち"1"と近似できます．従って，図2(b)は図2(c)のように記述できます．

● **制御系の近似による簡単化**

図2(b)のブロック線図はすべて第10章で説明した古典制御理論の記号で書かれているわけではありません．古典制御理論から外れる部分は三つあります．一つ目は，チョッパとインバータの電流制御系における直流電圧V_{dc}の要素です．定数として記述していますが，実際はV_{dc}は制御量であり変数です．二つ目は$\sin\omega t$を乗算する要素です．直流電圧制御器は平均電力を制御するので，制御器の出力は等価的に電流指令の最大値I_{outmax}^*になります．そこで，交流電流指令i_{out}^*にするために，電源と同期した$\sin\omega t$を乗算して交流の指令値を生成しています．三つ目は，チョッパとインバータの入出力側の関係を表している変換器ゲイン要素です．両変換器ともスイッチング素子部分には電力を蓄えないので，スイッチング素子の損失を無視すれば変換器の入出力の電力は同じになることは明白です．従って，チョッパの出力電流は，

パワエレで失敗したこと．
調子に乗りすぎて，痛い目に遭ったのは兄と同じ．
知らない間に傷が増えたり，人間関係に溝ができたり，
まさに，「パワエレは男を鍛える道場である」

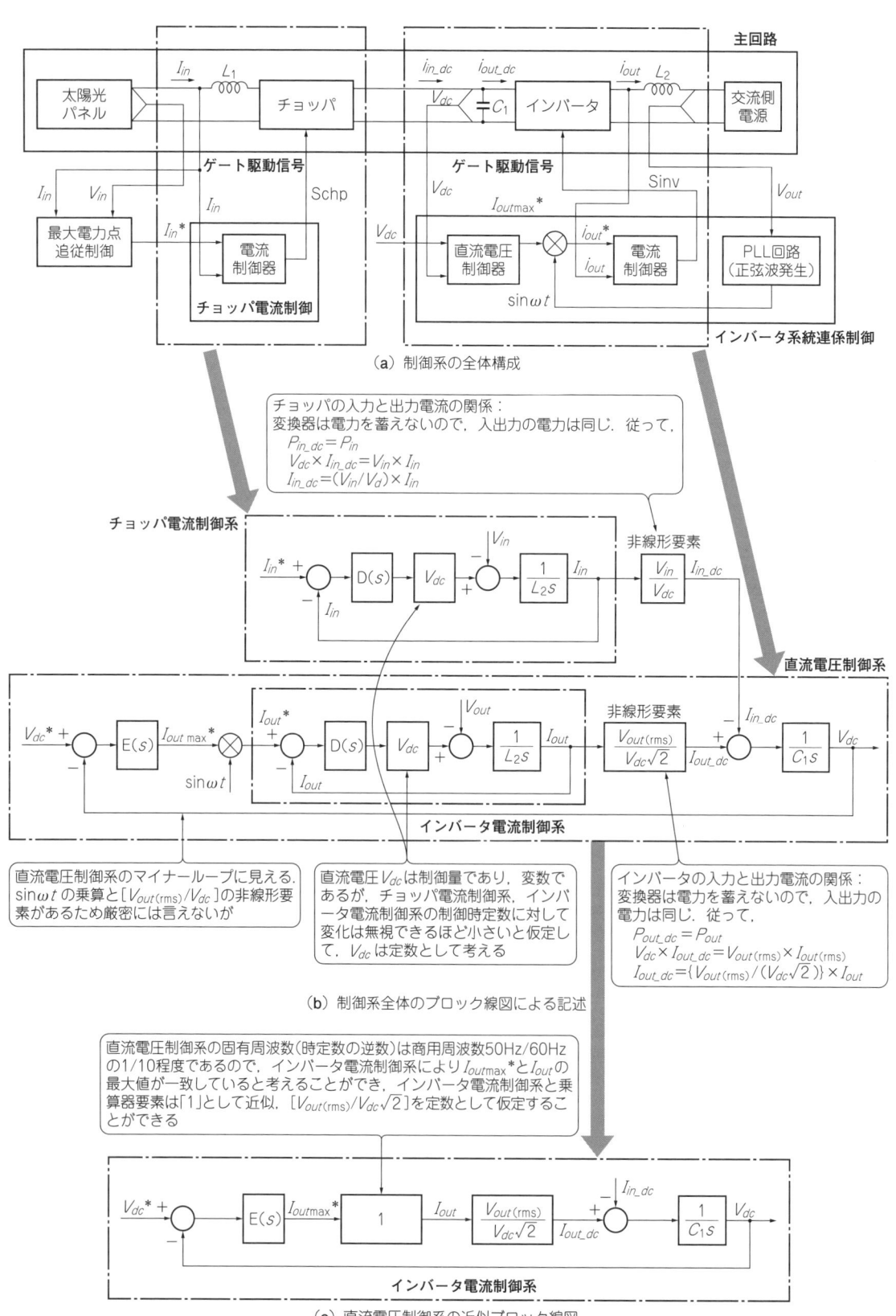

図2 主回路からブロック線図への変換

(a) 制御系の全体構成

(b) 制御系全体のブロック線図による記述

(c) 直流電圧制御系の近似ブロック線図

チョッパの入力と出力電流の関係：
変換器は電力を蓄えないので，入出力の電力は同じ．従って，
$P_{in\_dc} = P_{in}$
$V_{dc} \times I_{in\_dc} = V_{in} \times I_{in}$
$I_{in\_dc} = (V_{in}/V_d) \times I_{in}$

直流電圧制御系のマイナーループに見える．$\sin\omega t$ の乗算と $[V_{out(rms)}/V_{dc}]$ の非線形要素があるため厳密には言えないが

直流電圧 V_{dc} は制御量であり，変数であるが，チョッパ電流制御系，インバータ電流制御系の制御時定数に対して変化は無視できるほど小さいと仮定して，V_{dc} は定数として考える

インバータの入力と出力電流の関係：
変換器は電力を蓄えないので，入出力の電力は同じ．従って，
$P_{out\_dc} = P_{out}$
$V_{dc} \times I_{out\_dc} = V_{out(rms)} \times I_{out(rms)}$
$I_{out\_dc} = \{V_{out(rms)}/(V_{dc}\sqrt{2})\} \times I_{out}$

直流電圧制御系の固有周波数(時定数の逆数)は商用周波数50Hz/60Hzの1/10程度であるので，インバータ電流制御系により $I_{outmax}{}^*$ と I_{out} の最大値が一致していると考えることができ，インバータ電流制御系と乗算要素は「1」として近似，$[V_{out(rms)}/V_{dc}\sqrt{2}]$ を定数として仮定することができる

122　第**12**章　制御系の構成方法

パワエレで失敗したこと．
いまさらですが「Σ」や「ω」って顔文字以外にも使うんですね．あ！本文読んでないのバレバレ！Σ(°ω°;)

$P_{in\_dc} = P_{in}$ より

ただし，P_{in} チョッパ入力側（太陽光パネル側）の電力，
P_{in_dc}：出力側（インバータの直流側）の電力

$$V_{dc} \times I_{in\_dc} = V_{in} \times I_{in}$$
$$I_{in\_dc} = (V_{in}/V_{dc}) \times I_{in}$$

となります．一方，インバータは厳密には直流側の電流は電源周波数の2倍で脈動する電流となりますが，電圧制御では平均電力（有効電力）を制御するとすれば，インバータの直流電流は

$P_{out\_dc} = P_{out}$ より

ただし，P_{out} インバータ交流側の電力，
P_{out_dc}：インバータ直流側の電力

$$V_{dc} \times I_{out\_dc} = V_{out(rms)} \times I_{out(rms)}$$
$$I_{out\_dc} = \{V_{out(rms)}/(V_{dc}\sqrt{2})\} \times I_{outmax}$$

の関係を得ます．$V_{dc}, V_{in}, V_{out(rm)}$ は時間とともに変化するため非線形制御の世界となってしまいます．制御系を設計する上で簡単化するため以下のように考えます．

電流制御系における V_{dc} の変化ですが，上述したように電流制御系のカットオフ周波数に対して V_{dc} を制御する周波数は1/10以下であり，電流制御系を設計する上では V_{dc} は定数として扱っても問題ありません．交流電流指令を生成するための乗算器と，直流-交流のための変換器ゲイン要素については，直流電圧制御系を設計する場合問題になります．直流電圧制御系は，繰り返しになりますが平均電力を制御しているので，数Hzの応答周波数となり，電力変動要素は50 Hz/60 Hzの2倍の周波数であるため，乗算要素を無視して考えることができます．つまり，直流電圧 V_{dc} と電源電圧 V_{out} の変動が小さいとして，変換器ゲインは一定として，考えます．以上のような仮定を置いて設計しても実用上は問題ありません．

以下，交流電流制御系の設計について詳しく説明していきます．ブロック図は同じなので直流電圧制御系やチョッパの電流制御系は同じような手順で設計することができます．

● 使う補償器は3種類

第10章で詳しく説明したように，連系インバータのブロック線図を描くと**図3**のようになります．主回路の単相インバータとPWM発生部分は，変調率が1のとき，出力電圧の大きさは直流電圧 V_{dc} と同じになるので，インバータは直流電圧 V_{dc} のゲインをもつ伝達要素で表せます．リアクトルと交流電源は，$1/Ls$ と加え合わせ点で表すことができます．

制御回路においては，リアクトルの電流 I_{inv} を制御量としてフィードバックして指令値 I_{ref} との誤差を計算しています．そして誤差を補償器 $C(s)$ を乗じて操作信号 V_{ref} を生成しています．ここまでは古典制御理論での定形です．$C(s)$ をどのように構成するのかが

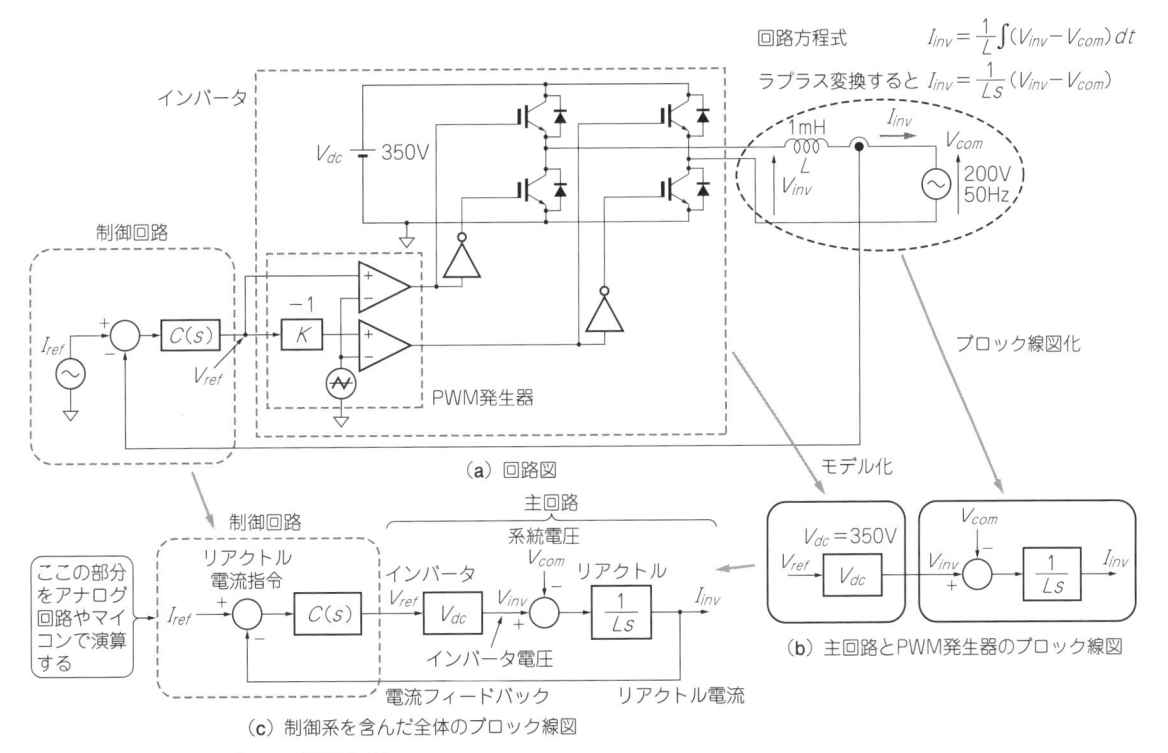

図3 連系インバータのブロック線図（復習）
(a) 回路図
(b) 主回路とPWM発生器のブロック線図
(c) 制御系を含んだ全体のブロック線図

回路方程式　$I_{inv} = \frac{1}{L}\int(V_{inv}-V_{com})dt$
ラプラス変換すると　$I_{inv} = \frac{1}{Ls}(V_{inv}-V_{com})$

ポイントです．$C(s)$には，比例補償器（P），比例積分補償器（PI），比例積分微分補償器（PID）がよく使われます．それぞれの伝達関数と特徴を**表1**に示します．

このほかにいろいろなものがありますが，まずこれらを極めてからほかのものを検討したほうがよいと思います．実際にこれらを使って，そこそこ動かないのは，フィードバック系の遅れが大きいとか，リミッタがあるとか，そもそもモデルが間違っているとかなど，ほかに原因がある場合が多いです．

● 伝達関数…周波数領域へ

図4に，比例補償器と比例積分補償器を使用した場合，フィードバック・パスを外して一つの伝達関数（閉ループ伝達関数と呼ぶ）で表したブロックを示します．

伝達関数から，次のような制御特性が見えてきます．

比例補償器を用いた場合の制御系（以下，比例制御，P制御系），指令値伝達関数と外乱伝達関数は1次遅れ要素（1次ロー・パス・フィルタ）の伝達関数と同じになります．例えば，カットオフ角周波数$\omega_n = 2\pi \times 500$ Hzとなるように電流制御系の比例ゲインK_pを決めると，振幅1，周波数50 Hzの指令値に対しては，振幅1で電流は追従できます．外乱としての系統電圧は$1/(K_p V_{dc})$倍されて電流に影響します．ゲインK_pが高いほど，影響が少なくなることがわかります．

比例積分補償器を用いた制御系（以下比例積分制御系，PI制御系）の場合，2次遅れ要素（2次ロー・パス・フィルタ）が主体の伝達関数と同じになります．指令値伝達関数は2次遅れ要素に$(1 + sT_i)$の要素が付加されたものです．目標値応答は$(1 + sT_i)$要素の影響で2次遅れ要素の応答速度よりも速くなります．

また，この影響でオーバーシュート（行き過ぎ量）が発生するため，$1/(1 + sT_i)$のロー・パス・フィルタを目標値フィルタとして入れることがあります．外乱伝達関数は，2次遅れ要素に$(T_i/K_p V_{dc})s$の要素が付加されたものです．外乱は電流に微分で影響しますので，ステップ的な外乱は減衰して最終的にはゼロになります．2次遅れ系の特性となりますので，減衰定数を適切に設定しないと振動的になります．

12-2 制御系の性能を表す三つの特性

制御系の性能を表す指標として，主に安定性，指令値追従特性（制御帯域），外乱抑圧特性があります．

表1 基本的な補償器

名称	伝達関数表記	特徴
比例補償器（P制御）	K_p（ゲイン）	・指令値と制御量で偏差が出やすい ・一番素直で，これで目標を達成できるのであれば，それに越したことはない
比例積分補償器（PI制御）	$K_p\left(1 + \dfrac{1}{sT_i}\right)$ または，$K_p + \dfrac{K_i}{s}$	・偏差を積分器により積分するので追従性は良くなる ・K_pとK_iの比により減衰特性が決まる ・K_iを高くすると追従性は良くなるが，振動的になる
比例積分微分補償器（PID制御）	$K_p\left(1 + \dfrac{1}{sT_i} + sT_d\right)$ または，$K_p + \dfrac{K_i}{s} + K_d s$	・純粋に微分要素はノイズを注入することになるので，あまり入れたくはないもの ・通常，微分要素は単独で使われず，ロー・パス・フィルタとセットで使われる ・安定性や即応性改善には効果抜群

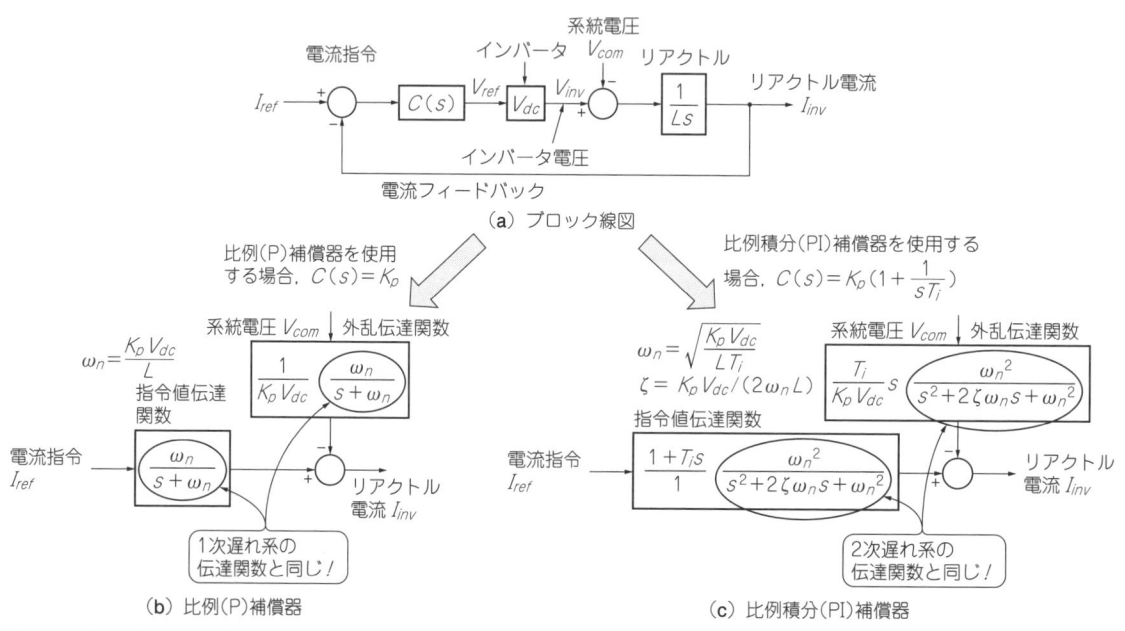

図4 P制御の場合とPI制御の場合の伝達関数（連続時間領域）

(a) ブロック線図

(b) 比例（P）補償器

比例（P）補償器を使用する場合，$C(s) = K_p$

$\omega_n = \dfrac{K_p V_{dc}}{L}$

(c) 比例積分（PI）補償器

比例積分（PI）補償器を使用する場合，$C(s) = K_p\left(1 + \dfrac{1}{sT_i}\right)$

$\omega_n = \sqrt{\dfrac{K_p V_{dc}}{L T_i}}$

$\zeta = K_p V_{dc}/(2\omega_n L)$

図5
制御帯域と追従特性

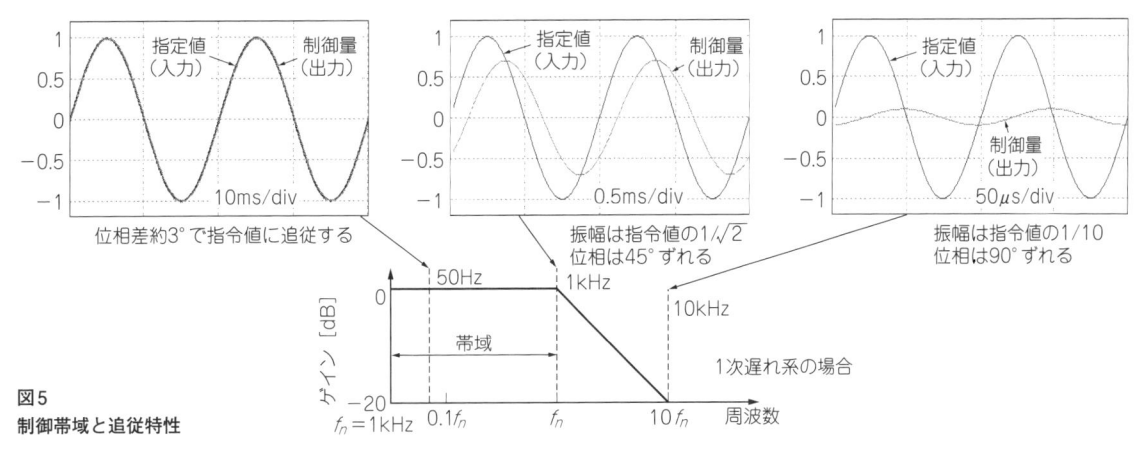

位相差約3°で指令値に追従する
振幅は指令値の$1/\sqrt{2}$
位相は45°ずれる
振幅は指令値の1/10
位相は90°ずれる

① **安定性**

安定判別法として，制御系全体の伝達関数（閉ループ伝達関数）を求めたとき，分母に着目します．指令値，外乱伝達関数，必ずどちらの分母も同じになります．安定条件は下記の二つです．

(1) s の各次数の係数が0ではないこと
(2) 分母 = 0（特性方程式と呼ばれる）として，s について解いたときにすべての解（根ともいう）が0未満であること

▶比例制御系の場合

(1) sの項：1, s^0の項：ω_n ⇒ 条件を満足している
(2) 特性方程式

$$s + \omega_n = 0 \cdots\cdots\cdots\cdots\cdots\cdots (1)$$

ただし，$\omega_n = \dfrac{K_p V_{dc}}{L}$

sについて解くと，

$$s = -\omega_n \cdots\cdots\cdots\cdots\cdots\cdots\cdots (2)$$

比例ゲイン K_p を負にしなければ，条件を満足している．

となり，理論的には安定となります．実際には，検出系のノイズ・フィルタの遅れや，マイコンでの制御では演算時間の遅れにより，高次の制御系になるので，ゲインを上げ過ぎると不安定になります．

▶比例積分制御系の場合

(1) s^2の項：1, s^1の項：$2\zeta\omega_n$, s^0の項：ω_n^2
  ⇒ ζ が0でなければ，条件を満足
(2) 特性方程式

$$s^2 + 2\zeta\omega_n s + \omega_n^2 = 0 \cdots\cdots\cdots\cdots (3)$$

ただし，$\omega_n = \sqrt{\dfrac{K_p V_{dc}}{L T_i}}$, $\zeta = \dfrac{K_p V_{dc}}{2\omega_n L}$

sについて解くと，

$$s_1 s_2 = -\zeta\omega_n \pm \omega_n\sqrt{\zeta^2 - 1} \cdots\cdots\cdots (4)$$

ζ が0でなければ，条件を満足

少なくとも，(1)の条件は，すぐに見てわかりますので，実験をするまえに確認しておくとよいでしょう．理論的に不安定なものを実験でがんばってゲイン調整しても，ある条件では動くかもしれませんが，製品としては怖くて使いものになりません．

② **指令値追従特性**

追従特性としては，制御帯域と定常偏差があります．制御帯域は，どこまでの周波数の指令値に追従できるかを示しており，閉ループ伝達関数のボード線図を書いて，定常値から-3dB低下したときの角周波数ω_n [rad/sec]または周波数f_n [Hz]で表します．1次遅れ系では，時定数T_nの逆数$1/T_n$が制御帯域（遮断角周波数）となり，2次遅れ系の場合は，減衰定数（または制動係数）が0.7のときは，固有角周波数ω_nが制御帯域となります．

例えば，**図5**に示すように$f_n = 1$ kHzの1次遅れ系の電流制御系において，振幅1, 周波数50 Hzの電流指令値のとき，制御量である電流は指令値に追従します．指令値を1 kHzとした場合は，位相差45°, 振幅$1/\sqrt{2}$の電流となり，指令値には追従できません．指令値10 kHzに対しては，1/10の電流となります．

応答波形は，時間領域へ戻すことで求めることができます．閉ループ伝達関数に入力信号の伝達関数を乗じ，逆ラプラス変換を用います．1次遅れ系の場合，時定数がわかれば応答波形は一つのパターンしかないのでイメージが容易です．一方，2次遅れ系や分子にsの項がある場合（sが分子分母に複数ある場合）の正確な応答波形を求めるには，逆ラプラス変換を用いる必要があります．しかし，最近はシミュレーションで波形を確認したほうが早いです．

定常偏差は，**図6**に示す三つの指令値$R(s)$に対してどのくらい発生するかを指標としています．これらは定常位置偏差，定常速度偏差，定常加速度偏差と呼ばれます．定常偏差の計算は次のとおりです．外乱入力を0としたときの指令値を入力として，指令値とフィードバック値の誤差を出力とした誤差伝達関数$E(s)$を求めます．そして，次式で計算します．

$$E_{rr} = \lim_{t \to \infty} e(t) = \lim_{s \to 0} sE(s)R(s) \cdots\cdots\cdots (5)$$

12-2 制御系の性能を表す三つの特性

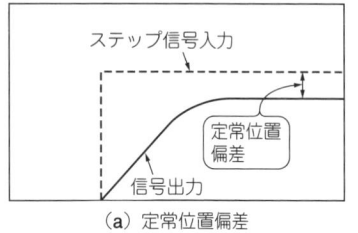

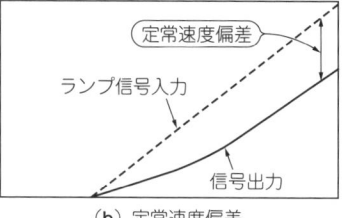

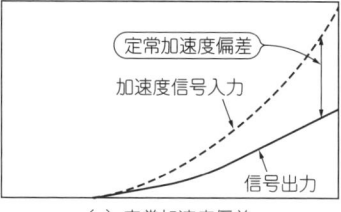

図6 定常偏差の指標となる指令値

表2 指令信号に対する定常偏差の値

項 目		比例補償器	比例積分補償器
誤差伝達関数 $E(s)$		$\dfrac{s}{s+\omega_n},\ \omega_n=\dfrac{K_p V_{dc}}{L}$	$\dfrac{s^2}{s^2+2\zeta\omega_n s+\omega_n^2},\ \omega_n=\sqrt{\dfrac{K_p V_{dc}}{LT_i}}$
ステップ信号	$R(s)=\dfrac{A}{s}$	0	0
ランプ信号	$R(s)=\dfrac{A}{s^2}$	$\dfrac{1}{\omega_n}A$	0
加速度信号	$R(s)=\dfrac{A}{s^3}$	∞	$\dfrac{1}{\omega_n^2}A$

各信号入力について,定常状態の値を求めたものが偏差になります.表2に結果のみを示します.

③外乱抑圧特性

制御理論の教科書では,ほとんど外乱抑圧特性についての記述はありませんが,実際のパワエレ機器では指令値と同じくらい外乱についての特性が重要になってきます.外乱伝達関数について,抑圧している周波数,抑圧量,定常偏差で考えればよいです.第10章で説明したように制御量は,必ず指令値伝達関数の出力と外乱伝達関数の出力の足し算になることを覚えておく必要があります.外乱の影響については,次のゲイン設計時に説明します.

12-3 電流制御系のゲイン設計例:PI制御

● 設計条件を決める

連系インバータの場合,50 Hzまたは60 Hzの正弦波の指令値にリアクトル電流を追従させます(以下50 Hzで議論).結論から言うと,制御帯域は1 kHzから2 kHz程度必要です.2次系の場合,減衰定数ζは,正弦波電流への追従制御の場合は0.7〜0.4程度が良いと思います.0.2, 0.3になると過渡応答時に電流が振動するため,過電流の発生など,他のところに影響します.

図7にP制御系(1次遅れ)とPI制御系(2次遅れ)のボード線図を示します.帯域は2 kHzとなるように定数を選んでいます.指令値伝達関数の特性を示す図7(a)において,50 Hzのポイントを見ると,ゲインは両者ともに0 dB,位相P制御系では0°,PI制御系では2.9°となり,入力に出力は追従していると言えます.P制御系のほうが位相差に関しては良くなります.

一方,外乱伝達関数の特性を示す図7(b)において,50 Hzのポイントを見ると,PI制御系では系統電圧は-54 dB = 1/500倍で電流に影響しますが,P制御系では-24 dB = 約1/10倍です.すなわち,10 Aの指令値に追従させようとすると,PI制御系では282 V/500 = 約0.6 Aの外乱の影響です.10 A - 0.6 A = 9.4 Aの電流制御結果となります.P制御系では282 V/10 = 28.2 Aとなり,10 A - 28 A = -18 Aの制御結果となり,外乱のためまったく追従できないことがわかります.

比例制御系の場合,もっと帯域を上げればよいのですが,フィルタなどの遅れがあり思ったほど上げられないかもしれません.また,理論的にPWM変調をしていますので,サンプリング定理からキャリア周波数の1/2の周波数までしか復調できません.キャリア周波数が10 kHzであれば,理論的にカットオフ周波数は5 kHzまでです.ここまでくるとPWM変調の影響が出てきて,連続時間領域よりは離散時間領域で設計を行う必要があります.

● K_p, T_iとω_n, ζの関係とゲイン計算

図4(c)に示したとおり,K_p, T_iと$\omega_n \zeta$の関係は下記のとおりです.

$$\omega_n=\sqrt{\dfrac{K_p V_{dc}}{LT_i}},\quad \zeta=\dfrac{K_p V_{dc}}{2\omega_n L} \quad\cdots\cdots(6)$$

この導出は,図3(a)のブロック線図から図3(c)の変形を行い,導出された分母と2次遅れ系の分母において,各sの項の係数と比較により導かれます.上式をK_pとT_iについて解くと,次のようになります.

$$K_p=\dfrac{2\zeta\omega_n L}{V_{dc}},\quad T_i=\dfrac{K_p E_d}{\omega_n^2 L}=\dfrac{2\zeta}{\omega_n} \quad\cdots\cdots(7)$$

制御帯域2 kHzで,減衰定数ζ = 1.0で設計すると,

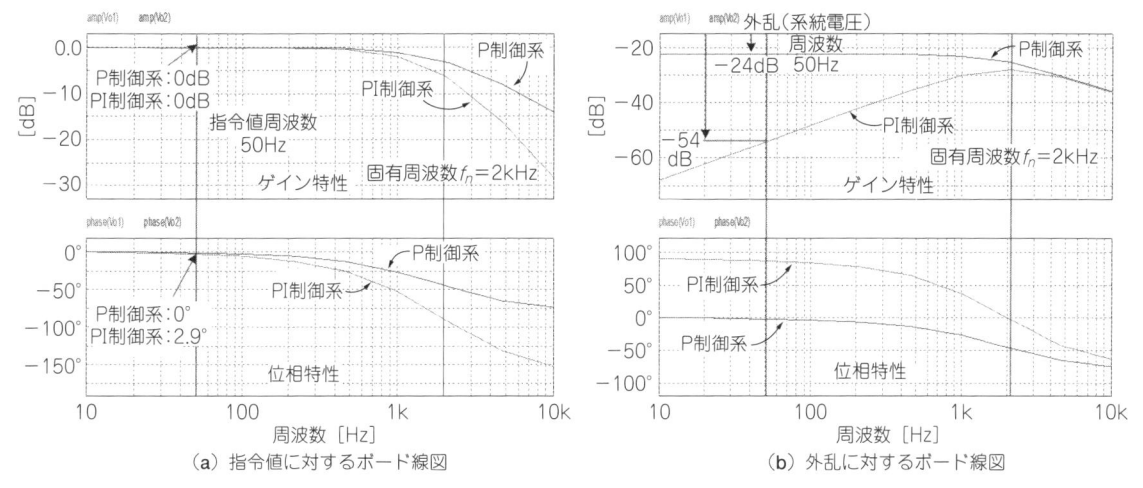

(a) 指令値に対するボード線図
(b) 外乱に対するボード線図

図7 制御系設計条件を決めるためのボード線図

補償器に設定するゲインは，次のとおりです．

$$K_p = 2 \times 1.0 \times 2\pi\, 2\,\text{kHz} \times 1\,\text{mH}/350\,\text{V}$$
$$= 0.0718 \cdots\cdots\cdots\cdots\cdots\cdots\cdots (8\text{-}1)$$
$$T_i = 2 \times 1.0 \div 2\pi\, 2\,\text{kHz}$$
$$= 0.000159 \cdots\cdots\cdots\cdots\cdots\cdots (8\text{-}2)$$

制御回路において，アナログ回路やマイコン内部で，電流や電圧を物理量として扱っていれば（例えば，10 A のときに 10 として扱う），このままのゲインでよいですが，10 A を 1.0 pu として規格化（または基準化）して扱っている場合や，そのほか独自のスケーリングを行っている場合には，その基準値やスケーリング値で除する必要があります（Column 参照）．だいたい，シミュレーションと実験で応答が大きく合わないときは，変換器ゲインや検出ゲインの換算を間違えている場合がほとんどです．

● シミュレーションでの確認

図8にシミュレーション結果を示します．スイッチング・リプルがありますが，正弦波の指令値に追従していることがわかります．外乱としての系統電圧の影響も見た目にはありません．

12-4 電流制御系のゲイン設計例：比例制御とフィードフォワード制御

さて，比例制御系では追従は厳しいと書きましたが，問題は外乱による電流成分です．

$\omega_n = 2\pi\, 2\,\text{kHz}$ としてゲイン計算をすると，

$$\omega_n = \frac{K_p V_{dc}}{L} \cdots\cdots\cdots\cdots\cdots\cdots\cdots\cdots (9\text{-}1)$$

$$K_p = \frac{\omega_n L}{V_{dc}} \cdots\cdots\cdots\cdots\cdots\cdots\cdots\cdots (9\text{-}2)$$

$K_p = 2\pi\, 2\,\text{kHz} \times 1\,\text{mH} \div 350\,\text{V} = 0.0359\cdots (9\text{-}3)$

です．図8(a)において，K_p を0.0359，積分補償器を削除して，シミュレーションを行った結果を図9に示します．計算どおり，外乱22 A により追従していないことがわかります．比例制御系で電流制御を行うためには，この系統電圧による外乱を補償する必要があ

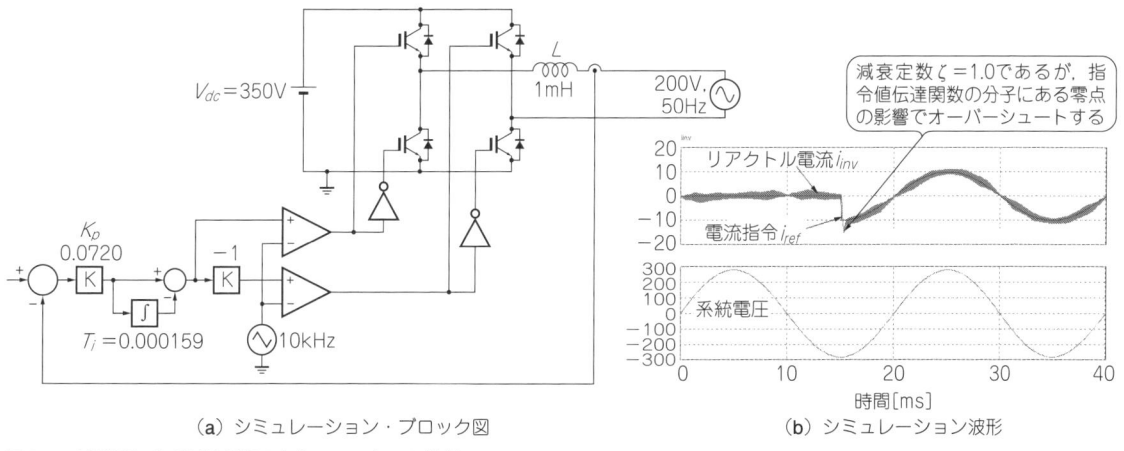

(a) シミュレーション・ブロック図
(b) シミュレーション波形

図8 PI補償器による電流制御のシミュレーション結果

12-4 電流制御系のゲイン設計例：比例制御とフィードフォワード制御

ります．

　図10(a)に外乱の補償方法を示します．外乱を検出して制御回路内で操作量に加算して打ち消しています．フィードフォワード補償と言います．図10(b)にシミュレーションのブロック図を示します．インバータで直流電圧V_{dc}倍されますので，系統電圧をV_{dc}で割り算して加算することを忘れないでください．外乱補償を加えた場合のシミュレーション結果を図10(c)に示

規格化による設計　　　　　　　　　　　　　　　　　　　　　Column

　パワエレ生活も長くなってくると，たまに，「PIの比例ゲインを0.1に設定したけど，小さすぎる？」とか聞かれます．でも，電流制御ゲインの1とは，1Aの偏差があったときに，1V電圧指令を操作するという意味ですから，10Vのうちの1Vと100Vのうちの1Vでは割合が違うので，ゲインだけでは妥当性はわかりません．そういうときには，定格値で「規格化」すると，ゲインの妥当性がわかり，定格が変わっても同じゲインが使えて便利です．以下に説明します．

　例えば，リアクトルの値は，扱う容量によって変わります．しかし，定格電圧で規格化すると，大体同じ％インピーダンスになります．例えば，連系リアクトルの値は，電源擾乱などを考えると，実用的には装置容量の5％～7％といわれます．従って，制御系も規格化して設計しておけば，定格電圧や定格電流が変わっても，同じゲインで動かすことができます．例えば，汎用インバータでは電源200Vと400V系列があり，容量帯は0.4kW～680kWまでありますが，基本的にはすべて同じ規格化ゲインで動かすこともできます．これはモータパラメータを％インピーダンスで表すと，容量に依らず，ほぼ同じ値となるためです．

　規格化の方法について説明します．基本的には，電力系統の規格化と同じで，定格電圧V_{base}，定格電力P_{base}（または定格電流I_{base}），電源角周波数ω_{base}で規格化します．このとき，定格インピーダンスは$Z_{base}=V_{base}/I_{base}$にて求められます．表Aに規格化の式をまとめます．％Lの単位は秒になり，LにV_{base}が印加されたとき，I_{base}に達するまでの時間を表しています．％Lにω_{base}をかければ，％リアクタンスになります．言い換えれば，％リアクタンスをω_{base}で割れば求められます．Cも同様にI_{base}が流入したときV_{base}まで達する時間が％Cです．規格化すると便利なのでは，ややこしい変換器ゲインも調節器の設計と切り離して考えることができます．要するに，調節器が1puを出力したときにインバータがV_{base}を出力するように係数を決めれば，いいのです．検出ゲインも同様に設計時に考える必要はありません．また，定格電圧や容量が変わっても，V_{base}，I_{base}をそれにあわせて変更するだけですので，制御系の設計（ゲイン）を変更する必要はありません．その点が規格化のいいところです．

　規格化してPI調節器（$=K_{p\_pu}((1+sT_i)/(sT_i))$）を採用したとき，二次系の固有周波数を$\omega_n$，制動係数を$\omega$とすれば，制御系のゲインは次の式で求められます．

　　$K_{p\_pu}=2\omega_n\zeta\%L$
　　$T_i=2\zeta/\omega_n$

となります．規格化しても積分時間は変わりません．

　規格化すると，ゲインを抽象的にみられるので，設計の妥当性がわかってきます．著者の経験からして，電流制御系の場合，インダクタンスが5～10％ぐらいで，500Hzぐらいのカットオフ周波数を狙うのであれば，比例ゲインは0.5～1pu，積分時間は数百μs～1ms程度の値になるはずです．そこから10倍以上大きく外れすぎた場合は，インダクタンス値を含め，再考した方が無難です．

表A　規格化（基準量　定格電圧V_{base}，定格電流I_{base}，定格角速度ω_{base}，定格トルクT_{base}）

物理量	調節器の設計時	単位	備考
L	LI_{base}/V_{base}	秒	
C	CV_{base}/I_{base}	秒	
インバータゲイン	1		(注)実装時V_n/V_{dc}を乗じる
検出ゲイン	1		実装時，$1/I_n$を乗じる
慣性モーメント	$J\omega_{base}/T_{base}$	秒	

(注)実装では，調節器の出力が1のときインバータの出力がV_{base}になるようにするため．ちなみに，単相インバータではV_n/V_{dc}であるが，三相インバータでは三角波正弦波比較変調では$2V_{base}/V_{dc}$，2相変調では$2V_{base}/V_{dc}\times1.15$になる．

します．PI制御系と同じように追従していることがわかります．比例補償器のゲインは図9も図10も同じです．

12-5 机上計算を現実のものにする

● 基本的な補償器の構成

表3に，各補償器をアナログ回路で構成した場合とソフトウェアで計算した場合を示します．アナログ回路もそれぞれ比例，積分，微分とOPアンプを別々に使って構成する場合もあるように，ソフトウェアでも一つの計算式で行う場合と別々に行う場合があります．前者のほうが演算量は減りますが，後者のほうがゲイン調整はしやすいし，デバッグもしやすいです．

マイコンを使えばアナログ回路で補償器を構成する必要がないとも限りません．なぜならばアナログ回路の方が比較にならないほど速く，性能が良いからです．ケースバイケースでアナログとソフトウェアでの演算を使い分けるとよいと思います．

● ソフトウェアでの記述

実際のソフトウェア例を図11に示します．L1処理で電流制御のプログラムを実行させます．連系インバータで系統に電流を送り出すだけであれば，たいしたプログラムの分量でないことはわかっていただけると思います．難しいのは，シーケンス制御，システム制

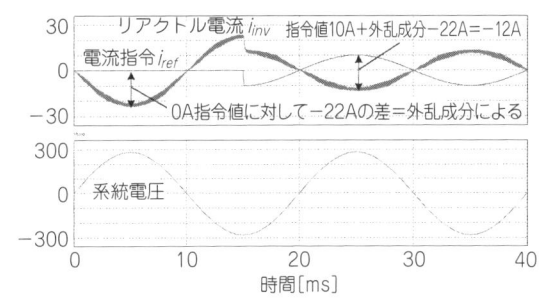

図9 P補償器による電流制御のシミュレーション結果

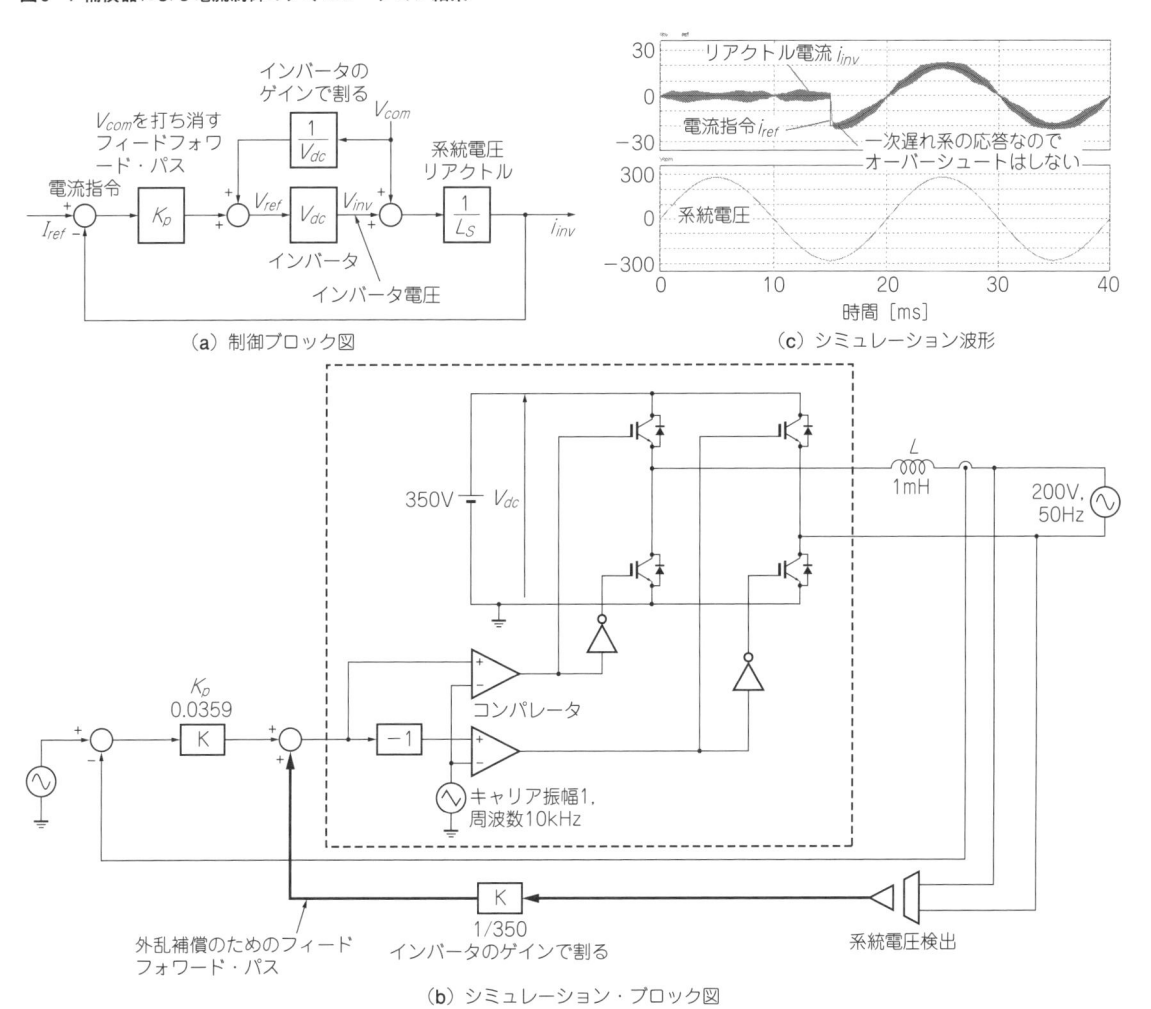

図10 P制御系における外乱フィードフォワード補償

(a) 制御ブロック図
(b) シミュレーション・ブロック図
(c) シミュレーション波形

表3 PやPI補償器の構成方法

伝達関数	アナログ回路	パルス伝達関数 / 計算アルゴリズム
比例: $G_p(s) = K_p$	$-R_2/R_1$, $R_1 = R_3$, $R_2 = R_4$	$G_p(z) = K_p$ $Y(n) = K_p X(n)$
比例積分: $G_{pi}(s) = K_p + \dfrac{K_i}{s}$	$(R_2/R_1) + \dfrac{1}{R_1 C_1}\dfrac{1}{s}$ ※放電抵抗R_dの影響は無視	$G_{pi}(z) = K_p + K_i T z/(z-1)$ $Y(n) = Y(n-1) + K_p\{X(n) - X(n-1)\} + K_i TX(n)$ または, $Y(n) = K_p X(n) + W(n)$ $W(n) = W(n-1) + K_i TX(n)$
比例積分微分: $G_{pid}(s) = \left(K_p + \dfrac{K_i}{s} + K_d s\right)$	$-\left[(R_2/R_1) + \dfrac{1}{R_1 C_1}\dfrac{1}{s} + R_2 C_2 s\right]$ ※充電抵抗R_c, 放電抵抗R_dの影響は無視 ※$C_2 R_1 \ll C_1 R_2$	$G_{pid}(z) = K_p + K_i T z/(z-1) + K_d(z-1)/(Tz)$ $Y(n) = Y(n-1) + K_p\{X(n) - X(n-1)\} + K_i TX(n)$ $\quad + (K_{id}/T)\{X(n) - 2X(n-1) + -2X(n-2)\}$ または, $Y(n) = K_p X(n) + W(n) + (K_{id}/T)\{X(n) - X(n-1)\}$ $W(n) = W(n-1) + K_i TX(n)$

御です.パワエレの技術ではなくなります.

図12に状態遷移を用いたシーケンス制御例を示します.「状態」と「イベント」と「アクション」をどう作るかの設計自由度があります.従来から使われているフローチャートよりも視覚的にわかりやすいと思います.仕様変更やその波及性も比較的容易にできます.また,これらのログを取っておけばデバッグや不具合検証が非常に楽になります.このへんは,ツールや文献も出ていますのでここでは詳細は省略します.

● 任意の伝達関数の計算アルゴリズムを求める

さて,任意の伝達関数から計算アルゴリズムを作る方法ですが,差分近似を行います.差分近似法にはいろいろな種類がありますが,代表的なものを下記に示します.後退差分近似が,安定性と演算量が少なくなるためよく使われます.

▶後退差分近似

$$s = \frac{1 - z^{-1}}{T_s} \quad \cdots\cdots (10\text{-}1)$$

▶前進差分近似

$$s = \frac{z - 1}{T_s} \quad \cdots\cdots (10\text{-}2)$$

▶双一次近似

$$s = \frac{1}{T_s}\frac{1 - z^{-1}}{1 + z^{-1}} \quad \cdots\cdots (10\text{-}3)$$

後退差分近似を用いて,積分要素$G_i(s)$のアルゴリズムを求めます.伝達関数において式(10.1)を代入します.

$$G_i(s) = \frac{1}{T_i s} \Rightarrow G_i(z) = \frac{T_s}{T_i(1 - z^{-1})} \quad \cdots\cdots (11)$$

$G_i(z)$はパルス伝達関数と呼ばれるものになります.パルス伝達関数が求まれば,これより差分式を導出できます.図11にサンプル値の順番と記号zの関係を示します.zは1サンプル進みを表すものです.例えば,

$zy(n) \to y(n+1)$
$z^{-1}y(n) \to y(n-1) \quad \cdots\cdots (12)$

です.

伝達関数$G_i(z)$の入力を$x(z)$,出力を$y(z)$として,式を展開します.

```
/*------------------------------------------*/
/*---- インバータ電流PI制御：PWM_IINV_PI --------*/
/*------------------------------------------*/
diac     = iref - iinv_ad;              /* INV電流制御偏差 */
vref_p   = KP_I * diac;                 /* INV電流PI制御比例項演算 */

if(k_inv_ON>ZERO)                       /* INV運転が開始されている */
{ vref_i=vref_i+KI_I* diac;             /* INV出力電流PI制御積分項演算*/
  vref_i=limit(vref_i,V_PI_lIMIT);      /* 積分項のリミッタ */
}
else                                    /* INV運転が停止されている */
{ vref_i = ZERO;                        /*停止中は積分項はクリア */
}
vref_pi = vref_p + vref_i;              /* INV出力電流PI制御値 */

vref_pi = limit(vref_pi,V_PI_lIMIT);    /* PI出力リミッタ */
                                        /* vref_piをPWMカウンタにセットする */
```

変数
- iref：正弦波電流指令値
- iinv：電流検出値
- vref_p：比例補償器出力
- vref_i：積分補償器出力
- vref_pi：比例積分補償器出力
- k_inv_ON：インバータ運転判定フラグ

定数
- KP_I：比例補償器ゲイン
- KI_I：積分比例補償器ゲイン（Ts/Ti）
- ZERO：0.0
- Vref_i=0：積分変数の初期化

関数
- limit(a,b)：aの値をbに制限する

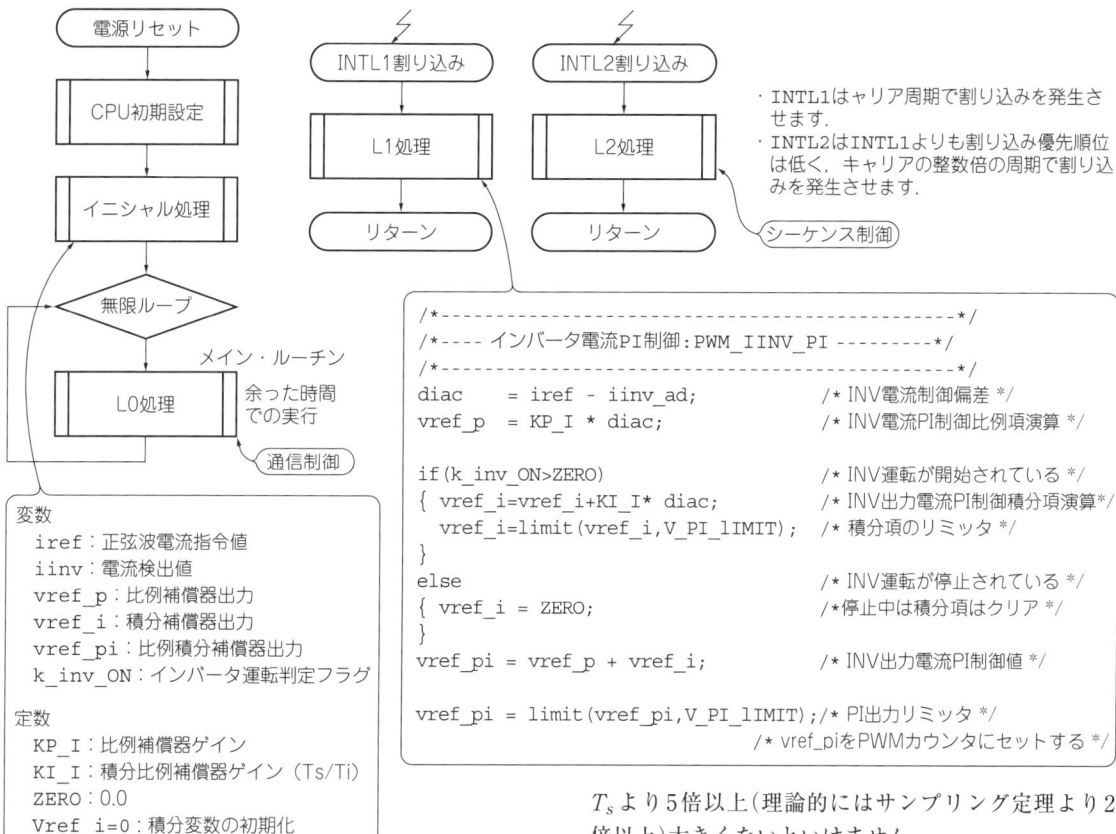

図11 実際のソフトウェア例

$$Y(z) = \frac{T_s}{T_i(1-z^{-1})}X(z)$$

$$(1-z^{-1})Y(z) = \frac{T_s}{T_i}X(z) \cdots\cdots (13)$$

$$Y(z) = z^{-1}Y(z) + \frac{T_s}{T_i}X(z)$$

$z^{-1}y(n) \rightarrow y(n-1)$，$x(z) \rightarrow x(n)$に置き換えれば，

$$Y(n) = Y(n-1) + \frac{T_s}{T_i}X(n) \cdots\cdots (14)$$

となります．ソフトウェア的に記述すると，次のとおりです．

```
Y=Y+K_I*X;/* K_Iは定数Ts/Ti*/ …(15)
```

前回の出力Yに，今回の入力XにK_LPF＝T_s/T_iを乗じたものを加算した結果が，今回の積分器出力となります．更新前のYの値を使えば1サンプル前のものです．ポイントは，連続時間領域で求めた積分時定数T_iをサンプリング周期T_sで割るということです．これをしないと積分ゲインが高くなり，所望の積分結果が得られません．また，正しく積分結果を得るためには，目安として積分時定数T_iはサンプリング周期T_sより5倍以上（理論的にはサンプリング定理より2倍以上）大きくないといけません．

もう一つの例として，よく使う1次遅れ（ロー・パス・フィルタ）の計算アルゴリズムを示します．パルス伝達関数は，

$$G_{lpf}(s) = \frac{\omega}{s+\omega} \Rightarrow$$

$$G_{lpf}(z) = \frac{\omega T_s}{(1+\omega T_s) - z^{-1}} \cdots\cdots (16)$$

差分式は，

$$Y(z) = \frac{\omega T_s}{1 - z^{-1} + \omega T_s}X(z)$$

$$(1+\omega T_s)Y(z) - z^{-1}Y(z) = \omega T_s X(z)$$

$$Y(z) = z^{-1}Y(z) + \omega T_s \{X(z) - Y(z)\}$$

$z^{-1}y(n) \rightarrow y(n-1)$，$x(z) \rightarrow x(n)$に置き換えれば，

$$Y(n) = Y(n-1) + \omega T_s \{X(n) - Y(n)\} \cdots (17)$$

となります．ソフトウェア的に記述すると，次のようになります．

```
Y=Y+K_LPF*(X-Y);/* K_LPFは定数Ts/Ti*/
                            ……………(18)
```

1次のロー・パス・フィルタは1行で計算できるわけです．

12-6 実際は離散時間系も混在する

以上，今まで制御系として述べてきたところは，図

STEP1 状態と遷移する方向を設計する。イベントとアクションの番号を振る

状態遷移図

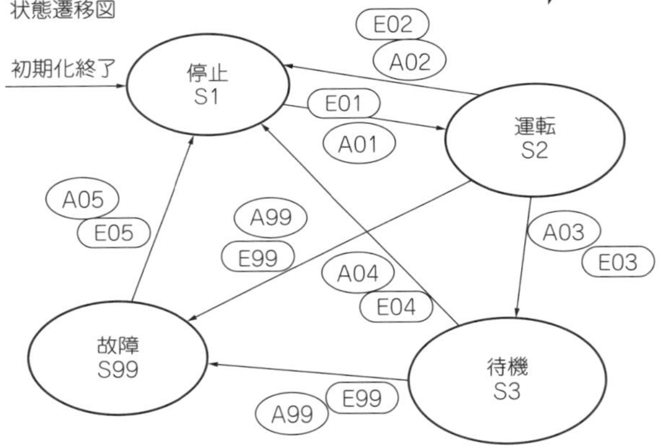

初期化終了 → 停止 S1

状態: 停止 S1、運転 S2、待機 S3、故障 S99

遷移:
- 停止 S1 → 運転 S2: E01/A01
- 運転 S2 → 停止 S1: E02/A02
- 運転 S2 → 待機 S3: E03/A03
- 待機 S3 → 停止 S1: E04/A04
- 停止 S1 → 故障 S99: E99/A99
- 運転 S2 → 故障 S99: E99/A99
- 待機 S3 → 故障 S99: E99/A99
- 故障 S99 → 停止 S1: E05/A05

Exx イベント：状態を遷移させるために決められた条件
Axx アクション：状態を遷移するときに動作させる処理

STEP2 各イベントとアクションの機能仕様を定義し、該当する機能を実現するように、条件と動作を設計していく

イベント・リスト

イベント		機能仕様（文章表現）	条件
運転指令	E01	電源が正常で、運転指令が入力された	$V_{in}\_OK=1$ and flag_run=1;
停止指令1	E02	電源が正常で、停止指令が入力された	$V_{in}\_OK=1$ and flag_stop=1;
停止指令1	E03	電源が正常以外	$V_{in}\_OK=0$;
故障解除	E04	電源が正常で、過電流の発生がない	$V_{in}\_OK=1$ and flag_0V=0 and flag_OC=0
故障発生	E05	過電圧、過電流または過電流が発生した	flag_0V=1 or flag_OC=1

状態遷移図は、フローチャートより視覚的に動作を把握しやすいため、シーケンスの抜けが防ぎやすい。例えば、この図では停止状態では故障に遷移しない。停止から待機には行かない、など一目瞭然。また、各イベント、アクション、状態をログとして残せばデバッグや不具合解析のスピードが上がる

STEP3 状態遷移図をアクションと状態遷移マトリクスに書き直す。プログラム上ではこのまま、配列で表現される

アクション・マトリクス

現状の状態＼イベント	運転指令 E01	停止指令1 E02	待機指令 E03	停止指令2 E04	故障解除 E05	故障発生 E99
停止 S1	A01					A99
運転 S2		A02	A03			A99
待機 S3				A04		A99
故障 S99					A05	

状態遷移マトリクス

現状の状態＼イベント	運転指令 E01	停止指令1 E02	待機指令 E03	停止指令2 E04	故障解除 E05	故障発生 E99
停止 S1	S2					S99
運転 S2		S1	S3			S99
待機 S3				S1		S99
故障 S99					S1	

アクション・リスト

アクション		機能仕様（文章表現）	動作
運転	A01	連系開閉器をONにしてインバータをONにする	INV_ON=1; MC_ON=1;
停止1	A02	連系開閉器をOFFにしてインバータをOFFにする	INV_ON=0; MC_ON=0;
待機	A03	電流指令を0にする	INV_I_ref_ON=0;
停止2	A04	連系開閉器をOFFにしてインバータをOFFにする	INV_ON=0; MC_ON=0;
リセット	A05	故障フラグをすべてリセット、変数を初期化する	flag_reset(); ini_inv();
故障	A99	連系開閉器をOFFにしてインバータをOFFにする。外部に故障ステータスを出す	INV_ON=0; MC_ON=0;

図12 シーケンス・ソフトウェアの考え方…フローチャートから状態マトリクスへ

第12章 制御系の構成方法

（a）連続時間制御系

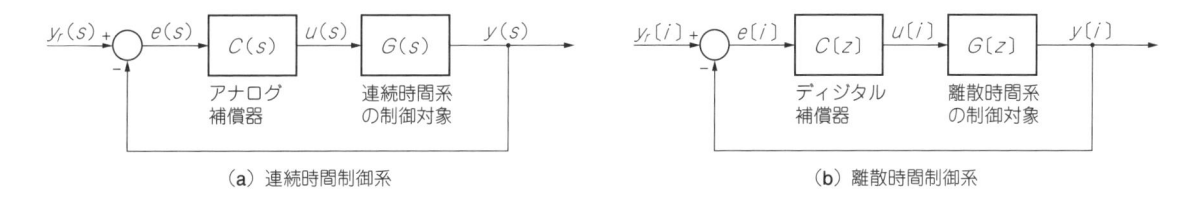

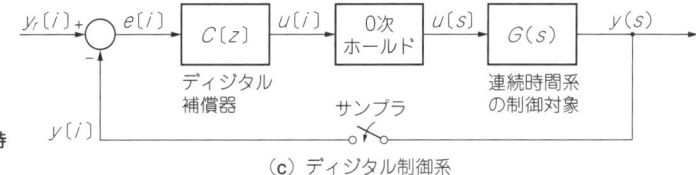

（b）離散時間制御系

（c）ディジタル制御系

図14 マイコン制御の連系インバータの制御系には連続時間の世界だけではなく離散時間の世界も混在する

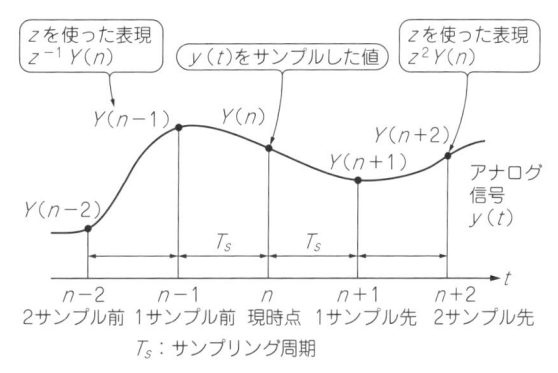

図13 サンプル値の順番と記号zの関係

14(a)のブロック線図に示す連続時間の世界で，アナログ量を扱っています．一方，実際にはマイコンで制御をします．マイコンの内部は，連続時間ではなく，図13に示すようなサンプリング周期T_sごとに一定間隔に値が存在する離散時間の世界です．図13(b)のブロック図では，$X(i)$，$Y(i)$，$i = 0, 1, 2, 3, \cdots, n$ というように，各変数がすべて離散値で値が存在することになります．

マイコンで制御される連系インバータにおいて，制御対象（主回路）は連続時間領域（アナログ量）で，制御回路は離散時間領域となり，両者が混在する世界です．このような制御系をディジタル制御系と呼びます．図14(c)に示すように，離散時間系と連続時間系の間には，値をホールドするホールダと制御量をサンプリングするサンプラがあります．実際の制御系では，演算した結果，PWMをセットすると自動的にキャリア1周期間，演算結果はホールドされます．サンプラはA-D変換器を指すことになります．

ここでの制御系のゲイン設計は，すべて連続時間領域において行いました．制御系の帯域（カットオフ周波数）f_nがサンプリング周波数の1/10 ～ 1/5程度であれば，連続時間領域での設計でもほとんど影響がありません．しかし，1/5以内である場合，離散化の影響が出ますので，安定性や特性解析は離散時間系に変換して行わなければなりません．

*　　　　　*

第10章～第12章では，制御回路の制御理論，ハードウェアの構成，ソフトウェアの構成について説明してきました．パワーエレクトロニクスでは，回路や制御の知識がないと製品設計はできません．電流や電圧などを目で見える形にして動きを理解するには，シミュレータを活用するといいでしょう．次章はシミュレータの有効な活用法を紹介します．

◆参考文献◆
(1) 明石 一，今井弘之；詳解 制御工学演習，共立出版社．
(2) Donald G. Schultz, James L. Melsa著，久村富持訳；状態関数と線形制御系，学献社．
(3) 美多 勉，近藤 良，原 辰次；大学講義シリーズ 基礎ディジタル制御，コロナ社．

（初出：「トランジスタ技術」 2013年4月号）

制御系の性能を上げるヒント　　Column

● 制御系の遅れ要素の低減

上記に示したゲイン程度まで上げられないと，正弦波電流に制御ができません．上げられない原因はほとんどの場合，フィードバック・ループ内にある「遅れ」です．ゲインを上げられないからと言って，難しい制御を考えるまえに，「遅れ」を探して改善したほうが良い制御ができます．主に遅れの改善方法は次のとおりです．

(1) ノイズ取りのためにフィルタは極力フィードバック信号系には使わないようにします．その代わりのノイズ対策として，例えば検出線を撚り線やシールド線にするか，ノイズ源から遠ざけます．インバータのスイッチング素子を駆動するためのPWMゲート信号線とフィードバックの信号線は，間違っても一緒に束ねてはいけません．

(2) 前回解説したように，キャリアの山または谷と同期してサンプリングすることにより，電流の平均値を検出できます．

(3) マイコンでの演算遅れは致命的です．A-D変換のサンプルからキャリアと比較する電圧指令の書き込みまで1サンプル以内で行います．演算時間が入らない場合，例えば電流制御系よりも制御帯域が低い直流電圧の制御系の計算を本文の図11に示す遅いレベル2(L2)に移動します．電流制御は常に最優先で計算します．1サンプル内でも，A-D変換器でフィードバック信号をサンプル＆ホールドしたときからPWMの出力電圧指令の変調開始までの時間が極力少ないほうがよいです．マイコンで実行する場合，この遅れ時間を計測しておいたほうがよいです．

● 安定性を改善する微分補償器

微分補償器は，不安定な制御系を安定にする働きがあります．少し話が発展しますが，連系インバータでは自立運転という機能があり，連系せずに正弦波電圧を出力します．連系時は正弦波の電流出力で

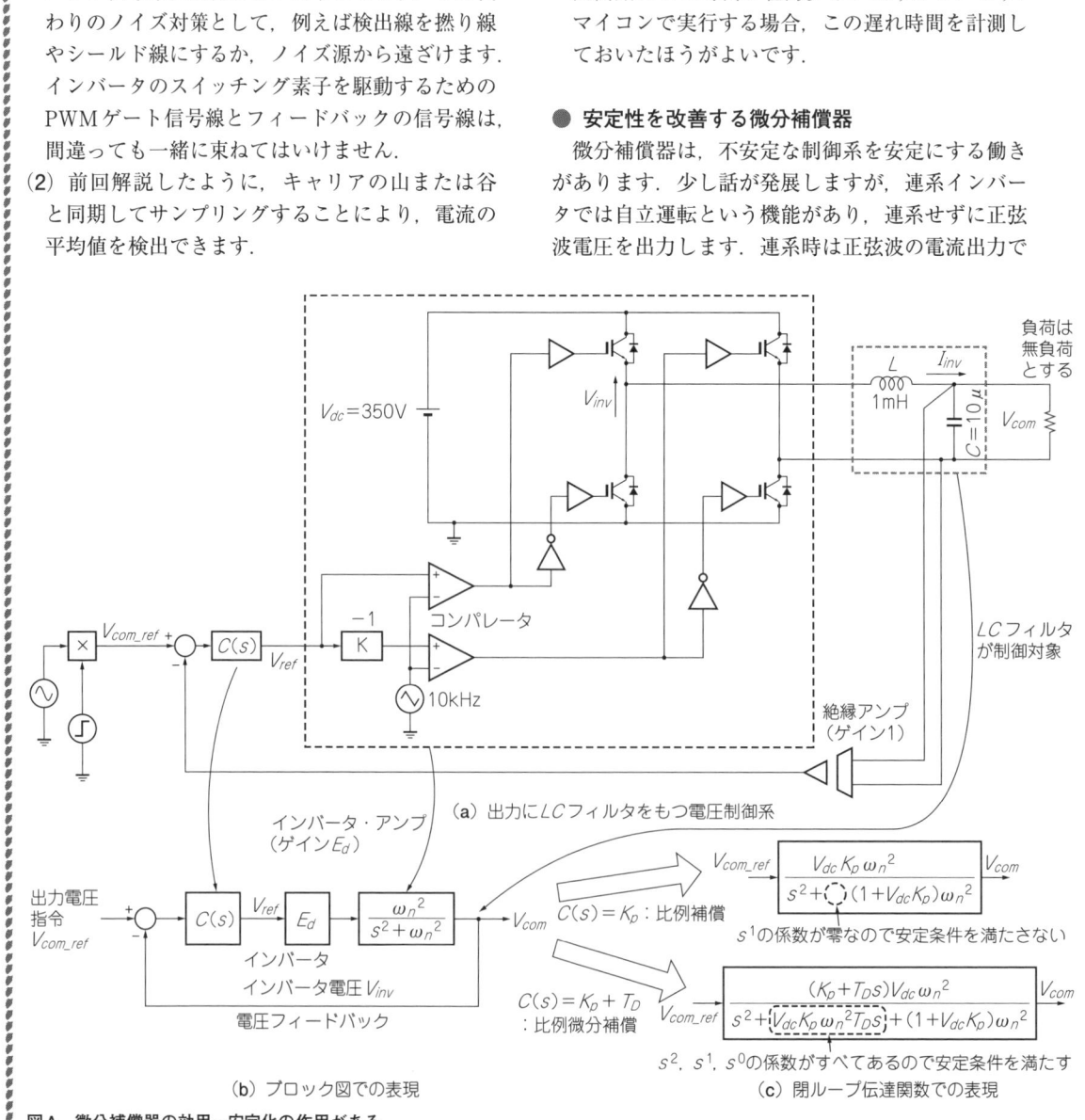

(a) 出力にLCフィルタをもつ電圧制御系

(b) ブロック図での表現

$C(s) = K_p$：比例補償

$$\frac{V_{dc}K_p\omega_n^2}{s^2 + (\ )(1+V_{dc}K_p)\omega_n^2} \quad V_{com}$$

s^1の係数が零なので安定条件を満たさない

$C(s) = K_p + T_Ds$：比例微分補償

$$\frac{(K_p+T_Ds)V_{dc}\omega_n^2}{s^2 + V_{dc}K_p\omega_n^2T_Ds + (1+V_{dc}K_p)\omega_n^2} \quad V_{com}$$

s^2, s^1, s^0の係数がすべてあるので安定条件を満たす

(c) 閉ループ伝達関数での表現

図A　微分補償器の効用…安定化の作用がある

すが，このときの電圧制御系は**図A**(a)のようになり，LC（フィルタ）回路が制御対象となります．LCフィルタが制御対象で，無負荷の場合，比例制御でも理論的には不安定です．下記に指令値伝達関数を示します．

$$G_r(s) = \frac{E_d K_p \omega_{LC}^2}{s^2 + (1 + E_d K_p) \omega_{LC}^2} \quad \cdots\cdots (A)$$

上記で示したとおり，s^1の係数がゼロのため，安定条件を満足できません．次に，補償器として比例＋微分（$K_p + T_D s$）とすると，次のように各項が発生し，安定条件を満足できます．

$$G_r(s) = \frac{(K_p + T_D)E_d \omega_n^2}{s^2 E_d K_p \omega_n^2 T_D s + (1 + E_d K_p)\omega_n^2} \cdots (B)$$

● 電流を正確に制御するマイナ・ループ

図Bのように，LCフィルタを$1/Ls$と$1/Cs$の二つのブロックに分けて示します．リアクトルの電流をコンデンサCで積分し，電圧として出力されるの

で，電流を正確に制御したほうが性能が向上します．したがって，主の制御量としては電圧ですが，電流をフィードバックします．これをマイナ・ループとも呼びます．マイナ・ループの補償器をK_{pi}としたときの伝達関数は下記のようになり，安定条件を満足します．

$$G_r(s) = \frac{\dfrac{V_{dc} K_{pv} K_{pi}}{LC}}{s^2 + \dfrac{V_{dc} K_{pi}}{L}s + \dfrac{1 + E_d K_{pv} K_{pi}}{LC}} \cdots (C)$$

マイナ・ループの制御帯域をメジャ・ループの制御帯域のおおよその目安として5倍以上とできれば，マイナ・ループの伝達関数を1に近似して（指令値に完全に追従），メジャ・ループの設計ができます．例えば，マイナ・ループでは外乱抑圧特性に着目して，メジャ・ループでは指令値追従性に着目して設計することができ，2自由度制御系とも言えます．微分補償による安定化よりも設計はしやすいです．

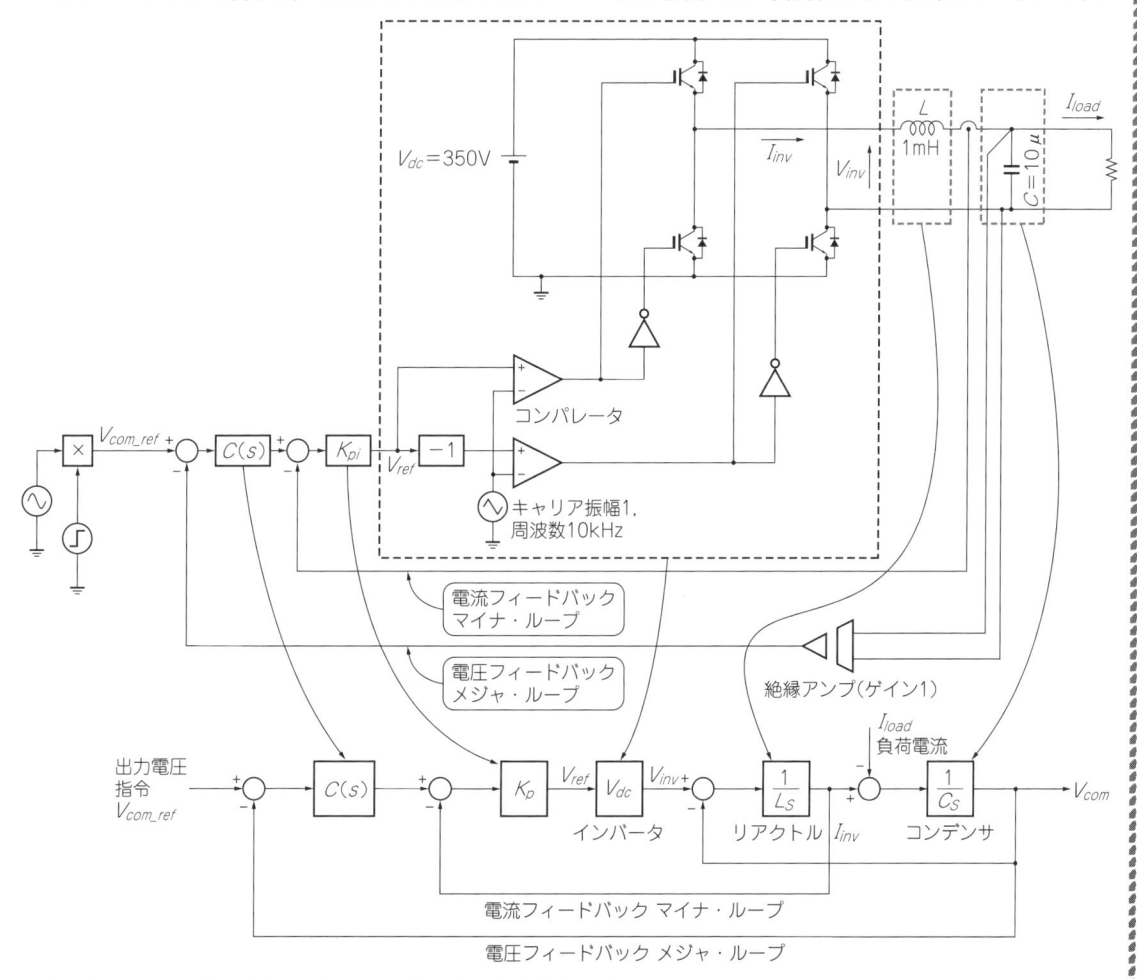

図B 電流をフィードバックするマイナ・ループ…電流を正確に制御する

第13章 作る前に帯域や安定性をパソコンで確認する
パワエレ装置の設計とシミュレーションの活用

本章では，今までの知識を統合して，実際に太陽光発電用パワーコンディショナの設計検討をしてみます．パワエレの感覚をつかむにはいろいろな経験が必要です．いうまでもなく，電気は目に見えないというのがとっつきにくい理由です．このとき重要になるのが，シミュレーションの活用です．実機のデバッグを速めたり，設計を簡単にしたり，計算の確認ができます．

13-1 設計のケーススタディ

■ 設計仕様と回路設計

図1に太陽光発電用パワーコンディショナの構成を示します．この章では表1の仕様の太陽光発電用インバータを例に検討を進めます．

この表に基づき，まず第2章でスイッチング素子を選びました．この仕様からすると，スイッチング素子は600 V/50 A，6素子パッケージのIGBT，6MBI50VA-060-50（富士電機）を使用できます．詳細な選び方は第3章にて解説しました．

また，第5章で説明したように受動部品（リアクトル，コンデンサ）を選定すると，表2のようになります．

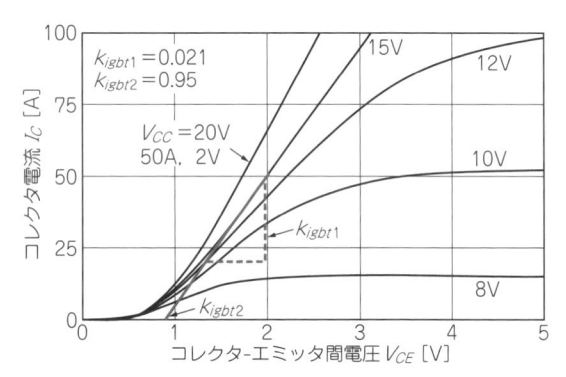

図2 IGBTのオン電圧降下特性（$T_j = 150℃$／チップ）

受動部品は，各部のリプル電圧，リプル電流の大きさから設定します．この章ではこの値を元に，損失の算定，冷却器の選定，検出回路の設計，制御器の設計などを行っていきます．

■ 損失計算と冷却器の選定

● インバータ部

損失の計算方法は，第8章で解説しました．第3章で選んだ600 V，50 Aの素子が妥当かどうか，損失計算をして，検討します．発熱が大きすぎたり，効率が

表1 太陽光発電用インバータの設計仕様

定格出力電力	4 kW	定格出力周波数	50 Hz, 60 Hz
定格出力電圧	200 V（単相）	入力電圧	DC160～380 V
スイッチング周波数	20 kHz	直流中間電圧	380 V
最大入力電流	25 A_{DC}	最大出力電流	20 A_{RMS}

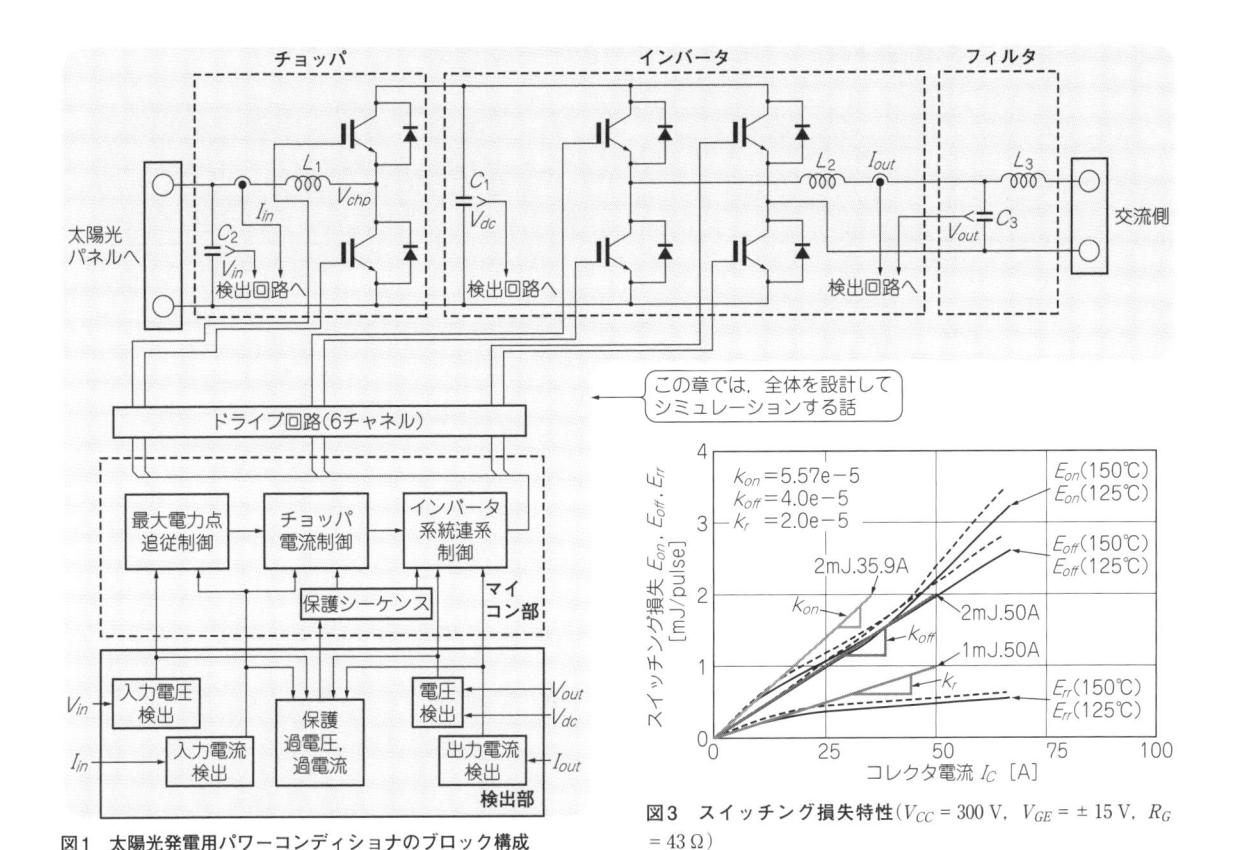

図1 太陽光発電用パワーコンディショナのブロック構成

図3 スイッチング損失特性（$V_{CC} = 300$ V, $V_{GE} = \pm 15$ V, $R_G = 43\ \Omega$）

所望の値にならない場合は，使用するIGBTの定格電流を大きくしたり，違う種類のスイッチング素子の使用を考えたり，スイッチング周波数を落とすなどして，調整します．IGBTの導通損失は式(1)にて，FWDの導通損失は式(2)にて求められます．

素子のオン電圧降下特性を図2に示します．ここから，IGBTのオン電圧の係数K_1, K_2およびFWDのオン電圧の係数を読み取ります．同じようにFWDのほうもK_1, K_2を選びます．また，スイッチング損失は式(3)で求められます．データシートのスイッチング損失のグラフ(図3)から係数E_{on}, E_{off}, E_{rr}を読み取ります．係数をまとめると表3のようになります．

$$P_{con\_igbt\_inv} = 4 \times \left\{ I_{out}^2 k_{igbt1}\left(\frac{1}{8} + \frac{\lambda}{3\pi}\cos\theta\right) + I_{out} k_{igbt2}\left(\frac{1}{2\pi} + \frac{\lambda}{8}\cos\theta\right)\right\} \cdots (1)$$

$$P_{con\_fwd\_inv} = 4 \times \left\{ I_{out}^2 k_{fwd1}\left(\frac{1}{8} - \frac{\lambda}{3\pi}\cos\theta\right)\right.$$

パワエレ王になったら
やっぱり，パワエレでも一つなぎの財宝が手に入るってことですよね．
それを手に飲み屋に直行だ！熱く語ってパワエレ兄弟盃を交わそう！
魚仙で，きみも僕と握手っ，待ってるよ！

13-1 設計のケーススタディ

表2　表1の仕様を満たす太陽光発電用インバータ(図1)のコンデンサとリアクトルのパラメータ
二つの条件がある場合は両方を満たすように決める．

部　品	記号	決め方(一例)	規　格	選定部品例(メーカ)
平滑コンデンサ	C_1	● 電源とインバータのリプル電流で設定 ● リプル電圧で設定(例えば5%以下)	2700 μF, 450 V耐圧, 耐リプル電流10.1 A, 85℃ 5000時間保証, 2並列	ERWF451LGC272MDB5M (日本ケミコン)
入力コンデンサ	C_2	L_1 と で C_2 でフィルタになっており, スイッチング周波数の1/10〜1/20以下のカットオフに設定	4.7 μF, 400 V耐圧, 耐リプル電流8.92 A, フィルム(2並列)	FTACD401V475JFLEZ0 (日本ケミコン)
フィルタ・コンデンサ	C_3	L_2 と で C_3 でフィルタになっており, スイッチング周波数の1/10〜1/20以下のカットオフに設定	0.33 μF, 115 VAC耐圧, 耐リプル電流3.8 A, フィルム	FTACD3B1V334JDLCZ0 (日本ケミコン)
昇圧リアクトル	L_1	電流リプルが規定値以下(例えば30%以下)になるようにする	25.2 A, 660 μH, スーパーEXコア	P006-150 (LC63SE-660U28A, ポニー電機)
連系リアクトル	L_2	● 電流リプルが規定値以下(例えば10%以下)になるようにする ● 機器容量の5〜7%	28 A, 2.5 mH, アモルファス, カット・コア	P006-123A (LC32AM-25M28A, ポニー電機)
フィルタ・リアクトル	L_3	系統容量の1〜3%	200 μH, 20 A, アモルファス, カット・タイプ	P008-233 (LS8HAM-200U20A, ポニー電機)

表3　素子の損失係数
データシートに近似線を引いて，それぞれの傾きや切片を読み取る．

IGBT	k_{igbt1}	0.021
	k_{igbt2}	0.95
	E_{on}	1.996×10^{-3}
	E_{off}	1.433×10^{-3}
FWD	k_{fwd1}	0.0136
	k_{fwd2}	1
	E_r	7.17×10^{-4}

$$+ I_{out}k_{fwd2}\left(\frac{1}{2\pi} - \frac{\lambda}{8}\cos\theta\right)\bigg\} \cdots (2)$$

$$P_{sw\_inv} = \frac{4}{\pi}f_s(E_{on} + E_{off} + E_r) \cdots (3)$$

● **チョッパ部**

　損失が最も大きくなるのは，入力電圧が最も低いときです．したがって，仕様から入力電圧が160 Vのときの電流を考えます．このときのデューティ比は直流電圧380 Vであることから，0.421(= 160/380)です．これを元に損失を計算します．電流は25 Aです．

　導通損失は式(4)にて求められます．チョッパの場合のスイッチング損失は，昇圧リアクトルのリプル電流によって変化し，式(6)で表されます．

$$P_{con\_chop} = P_{con1} + P_{con2}$$
$$= k_{fwd1}\left(I_{in}^2 + \frac{\Delta i^2}{12}\right)D + k_{fwd2}I_{in}D$$
$$+ k_{igbt1}\left(I_{in}^2 + \frac{\Delta i^2}{12}\right)(1-D)$$
$$+ k_{igbt2}I_{in}(1-D) \cdots (4)$$

ここで，I_{in} は入力電流の平均値，Δi は昇圧リアクトルのリプル電流です．このとき，Δi は式(5)で表されます．

$$\Delta i = \frac{D(V_{dc} - V_{in})}{f_{sw}L_{in}} \cdots (5)$$

$$P_{sw\_chop} = \bigg\{(k_{on} + k_r)\left(I_{in} - \frac{\Delta i}{2}\right)$$
$$+ k_{off}\left(I_{in} + \frac{\Delta i}{2}\right)\bigg\}\frac{V_{dc}}{E_{nom}}f_s \cdots (6)$$

　以上から，インバータ部の損失を求めると，導通損失は50.3 W，スイッチング損失が105.6 Wです．チョッパ部の損失は，導通損失が36.0 W，スイッチング損失が70.0 Wです．

● **冷却フィンの選定**

　チョッパとインバータの損失の合計が261.9 Wであり，ジャンクション温度を最大150℃，周囲温度を45℃とすると，トータルの熱抵抗は0.4℃/W以下でなくてはなりません．図4のように，半導体チップとフィンの間の熱抵抗が最大0.123℃/Wですので，ここから放熱フィンの熱抵抗は0.28℃/W以下でなくてはなりません．

　ここでは小型化を重視して，強制空冷を採用します．用途によって長寿命が重要な場合は，自然空冷を選んでください．これをフィンのカタログから選ぶと，強制空冷ではリョーサンの90WKBS335が該当します．大きさは335×90×50 mm，体積は1.51リットルです．

　なお，ここでは攻めた設計をしましたが，実際はジャンクション温度はもう少し余裕を持った方が良いかもしれません．150℃品だったら20%位余裕を見て120℃ぐらいで設計するといいでしょう．

パワエレ王になったら
王様権限でパワエレに関するものをすべて
マンガにする法律作りますよ∑d(≧ω≦*)
ふふ！これで私も読めますw

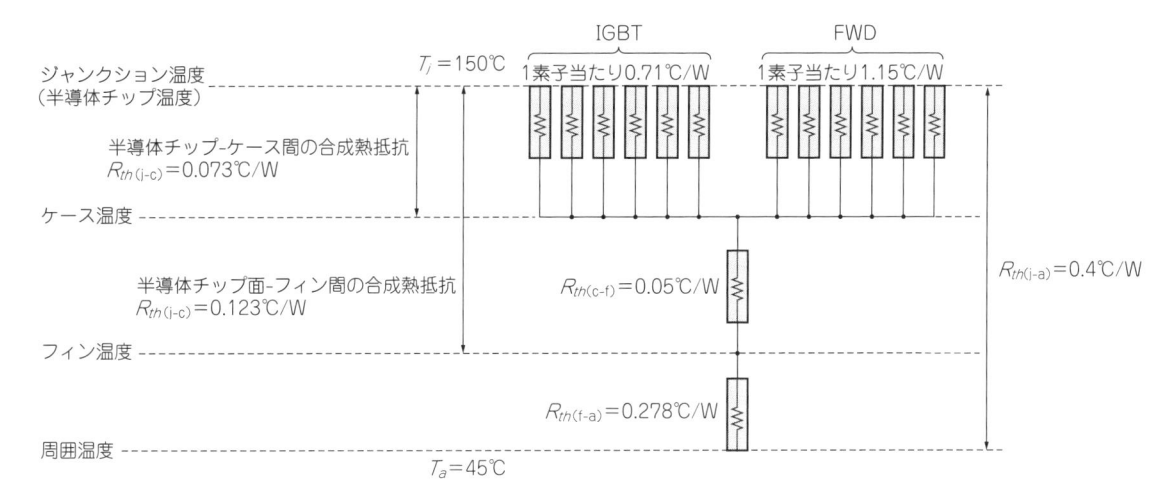

図4 半導体チップから周囲温度までの熱抵抗

● 検出回路の設計

　制御装置は第12章で紹介したFPEG-Cを使います．コスト的には合いませんが，機能が充実しており，連系インバータの動作を知るうえでは十分です．A-Dコンバータは±10Vで12ビットのものを搭載しているので，これにあわせて検出回路を設計します．

　太陽光発電連系システムは，電流検出として直流側と交流側の両方を検出します．入力側は25Aが最大，出力側は20Aが最大であり，過負荷は考えません．スイッチング素子が定格50Aなので，壊さないように過電流保護は余裕を見て40Aで保護します．以上から，50Aまで検出できる電流センサを選定します．

　ここでは，ナナレムの電流センサHAS 50-Sを選びます．これは電圧出力タイプで50A流れたとき，CTから4Vが出力されます．これをゲイン調整して，A-Dコンバータの入力電圧に合うようにします．

　CTの巻き数は，想定する最大電流40Aなのに対し，センサが50Aターンで4Vなので，この場合は1ターンでOKです．例えば100AのCTを使うときは2ターン巻けば，50Aで4Vと高精度になります．また，検出回路のゲインは，過電流も見込んで，40Aで検出回路の出力が10Vになるように設定します．電流センサは50Aで4V出力するので，ゲインは$k_i = 10/4 \times 5/4 = 3.125$倍となります．さらに，ソフトウェアのゲインを設計します．12ビットA-Dコンバータなので，正負両方使えば11ビットとなります．従って，A-Dコンバータ入力10Vで2047が出力されます．2047がA-Dコンバータのポートから返ってきたとき40Aなので，ソフトウェアの検出ゲインは40/2047となります．また，定格値20Aが検出されたときに，1.0を返すようにする場合は，$40/(2047 \times 20)$となります．最後に，過電流は40Aで検出しますので，コ

表4 各パラメータ
パワエレ装置を開発するにはこんなにたくさんのパラメータを決めないといけない．だが，それがいい．設計者の腕の見せ所．

IGBT		6MBI50VA-060-50, 6in1, 600V, 50A (富士電機)	
電流センサ		HAS 50-S(ナナレム)	
電圧センサ (絶縁アンプ)		HCPL-7840-300E (アバゴ・テクノロジー)	
検出回路		電流検出ゲイン	3.125
		分圧比	1/50
チョッパ	IGBT	導通損失 [W]	21.7
		スイッチング損失 [W]	59.1
	FWD	導通損失 [W]	14.3
		リカバリ損失 [W]	10.9
	チョッパ部合計損失		106
インバータ	IGBT	導通損失 [W]	40.8
		スイッチング損失 [W]	87.3
	FWD	導通損失 [W]	9.5
		リカバリ損失 [W]	18.2
	インバータ部合計損失 [W]		155.9
チョッパ部+インバータ部合計損失 [W]			261.9
f_{sw} = 20 kHz時の体積およびヒートシンクの熱抵抗		昇圧リアクトル [リットル]	0.19
		連系リアクトル [リットル]	0.47
		DCリンクコンデンサ [リットル]	0.73
		ヒートシンク [リットル]	0.72
		(ヒートシンクの熱抵抗 [℃/W])	0.28
		合計 [リットル]	2.11
制御パラメータ	ACR (チョッパ)	ω_n [rad/sec]	3000
		ζ	0.7
		K_p [V/A]	0.00729
		T_i [ms]	0.467
	ACR (インバータ)	ω_n [rad/sec]	6000
		ζ	0.7
		K_p	0.0553
		T_i [ms]	0.233
	AVR	ω_n [rad/sec]	50
		ζ	0.7
		K_p [A/V]	0.38
		T_i [ms]	28

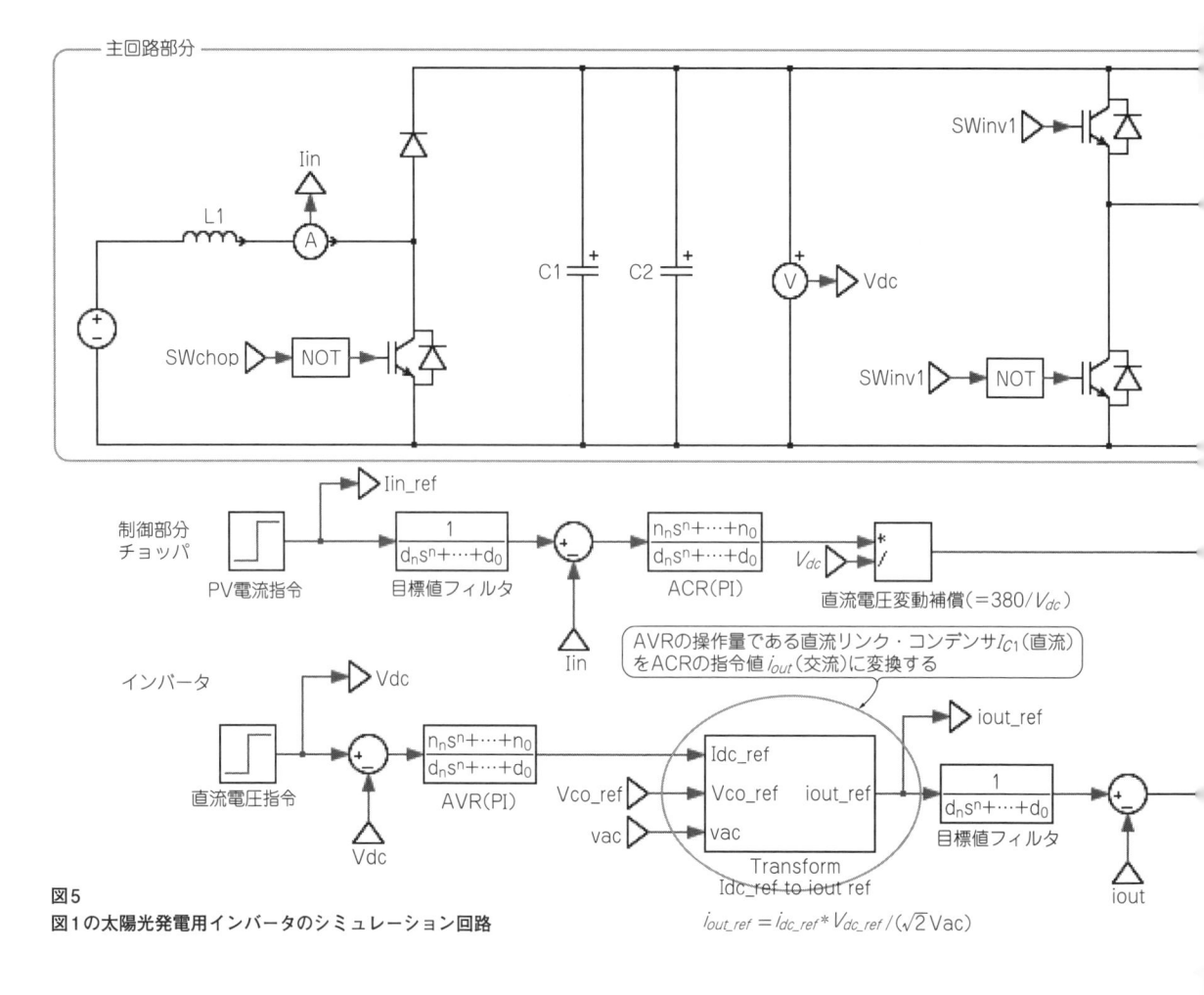

図5
図1の太陽光発電用インバータのシミュレーション回路

$$i_{out\_ref} = i_{dc\_ref} * V_{dc\_ref} / (\sqrt{2}\text{Vac})$$

ンパレータの閾値は10Vにセットしておきます.

一方,電圧検出は,直流リンク電圧,太陽電池電圧,交流側の電源電圧の検出が必要です.太陽電池の電圧は380Vまで想定しているので,直流リンク電圧の検出と同じでできます.

デバイスの耐圧を考えて,過電圧は500Vとします.500Vまで検出するとなると,分圧比は1/50である必要があります.470kΩと10kΩで分圧します.大きいほうの抵抗は,大きな電圧がかかるため,電力を消費します.選定の際は抵抗の消費電力を計算しておく必要があります.470kΩのほうは定常的に$380^2/470$k $= 0.3$Wとなりますので,余裕を見て1Wの抵抗を選んでおきます.

● 制御系の設計

系統連系の電流制御系の応答は電源周波数に追従し,5次,7次高調波を考えると,800Hz以上の応答は欲しいところです.ここでは約1000Hzの応答を狙って,6000 rad/secとします.一方,太陽光を制御するチョッパの電流応答は速い必要はないので,3000 rad/sec

とします.

直流電圧の制御はチョッパかインバータのいずれかでできます.太陽光パネルの最大電力制御を考えると,チョッパ側で太陽光パネルの電力を制御するとしたほうがわかりやすいので,インバータ側に直流電圧制御を設けます.直流電圧制御の応答は50 rad/secとします.単相インバータの場合,原理的に電源の2倍の周波数の脈動が直流リンク電圧に表れるので,電圧制御系のゲインをあまり高くすると不安定になります.

以上の条件から,固有角周波数をω_n,制動係数(または減衰定数)ζとすると,PI制御器の比例ゲインK_pと積分時間T_iは式(7),式(8)より求められます(詳細な解説は第12章を参照).電圧制御のPI制御器では,式(7),式(8)のLをCに置き換えれば求められます.

$$K_p = 2\zeta\omega_n L/V_{dc} \quad \cdots\cdots (7)$$

$$T_i = \frac{2\zeta}{\omega_n} \quad \cdots\cdots (8)$$

各パラメータの計算結果を**表4**にまとめておきます.

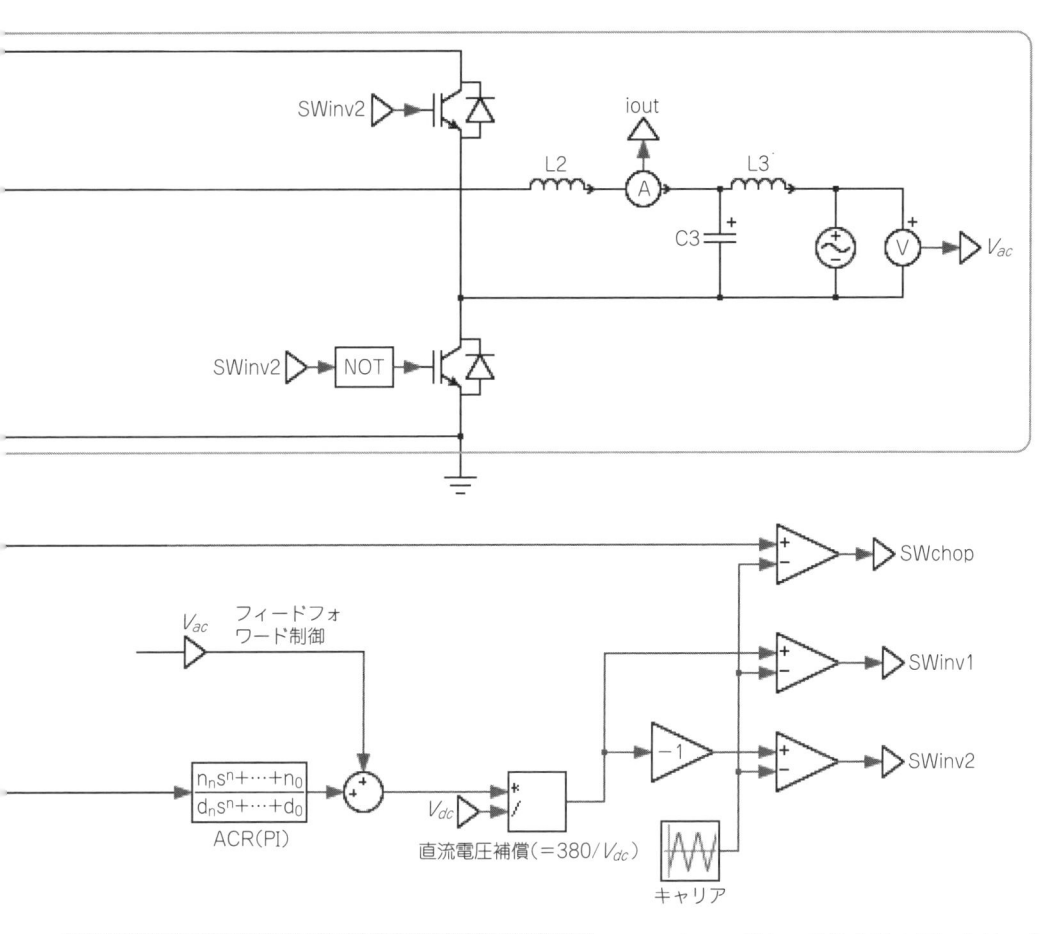

13-2 パワエレ用シミュレーション

● シミュレータの種類

パワエレでよく使用する回路シミュレータはいくつかありますが，それぞれ特徴があります．よく使われるものとして，**PSIM**，**PLECS**，**Simplorer**，**Saber**，**PSpice**，**MATLAB**などがあります．

PSIMやPLECSはパワエレに特化したシミュレータです．PSIMは固定ステップなので安定性は高いのですが，インバータのモータ制御などインバータの動作を表現しながら長い時間のシミュレーションをしようとすると，時間がかかります．

PLECSは最初ちょっととっつきにくいですが，可変ステップなので，比較的長い時間のシミュレーションでも高速でできます．また，制御系のシミュレーションによく使われるMATLABと連係しやすいので，MATLABの強力な解析関数，複雑なプログラムの中でパワエレの回路をシミュレーションできます．

SimplorerやSaberは，機械連成など，システムものものシミュレーションが得意です．

PSpiceはパワー・デバイスのスイッチング時のふるまいや細かい動作を見る際に有効です．

どのシミュレータも一長一短で，価格も含めて自分に合うものを選べばいいです．

● 太陽光発電用インバータのシミュレーション

前節で設計した条件で，**図1**の回路をシミュレーションしてみましょう．**図5**にシミュレーション・ブロックの全体図を示します．制御系とインバータを同時に描くことができます．

インバータの場合は，直流リンクのコンデンサC_1に流れ込む電流が，出力電流I_{out}より小さくなるので，そのぶんゲインを換算しておきます．換算ゲインkは，インバータの入力電力が直流部の電力と出力電力が等しいことから，直流電圧をV_{dc}，電源電圧の最大値をV_{out}とすれば，下記の式で求められます．

$$k = \frac{V_{dc}}{\sqrt{2}\,V_{out}} \quad\cdots\cdots(9)$$

また，直流電圧が変わると電流制御のゲインが変わってしまいます．そこで，設計値を実際の直流電圧で割ったゲイン($380/V_{dc}$)を，ACRの出力に掛けておくと，直流電圧が変わっても応答が変わりません．これを直流電圧補償といいます．なお，実機に組み込むと

きは，起動時V_{dc}はゼロですので，ゼロ割を回避するようにしないといけません．正しく実装すれば簡単に動きますが，自分一人でやるとなかなか難しいと思います．このとき，デバッグの手順が重要です．このようなシミュレーションを行うときは，下記の手順で行うと簡単です．

① オープン・ループ制御で回路動作の確認

チョッパおよびインバータのシミュレーションをオープン・ループ(デューティ指令を与えるだけ)で行います．設計値のデューティ比を入力し，チョッパの負荷は適当な抵抗を使います．また，インバータ側も系統連系すると大変なので，抵抗負荷で行います．

オープン・ループ制御でも，設計のときに検討したリアクトルの電流リプルやコンデンサの電圧リプルが設計値に入っているかどうか確認できます．

② 電流制御の確認

電流制御系を確認するため，直流リンク・コンデンサC_1の代わりに直流電源をおいて，ACRを動かします．インバータとチョッパの電流指令は適当でも，直流電源が電力を吸収したり吐き出したりしますので，安定に動きます．

ここで，電流制御の応答が設計で狙った値を得られているか確認してください．これを確認するには伝達関数モデルのブロック図を並列において，応答を比べるか，得られた応答の時定数(オーバーシュート量や立ち上がり時間)などを確認するといいでしょう．

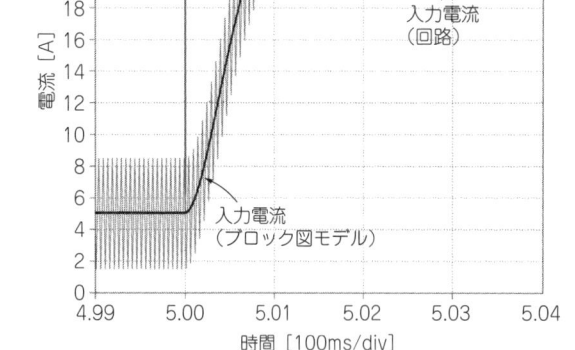

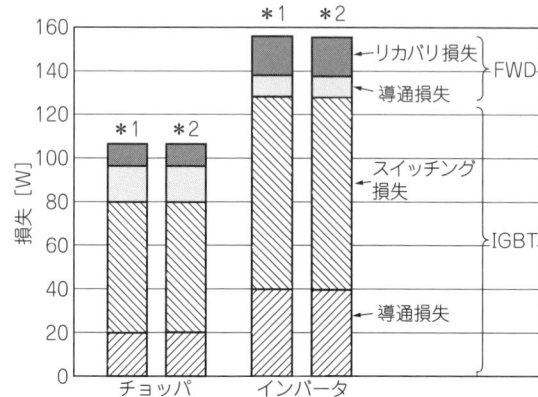

図6 図5の入力電流の応答波形(入力電圧160 V，入力電流 5 A → 25 A)
ブロック図モデルとインバータ・モデルの応答が一致しており，設計したとおりの応答が得られていることが確認できる．このような確認がとても大事．

図8 損失解析結果(スイッチング周波数20 kHz，入力電圧160 V，系統電圧200 V，出力4 kW，出力周波数50 Hz，受動素子の損失を考慮しないと効率93.1%)
計算結果とシミュレーション結果は完全に一致しており，計算式が正しいことがわかる．このようにシミュレーションは式の検算にも使える．

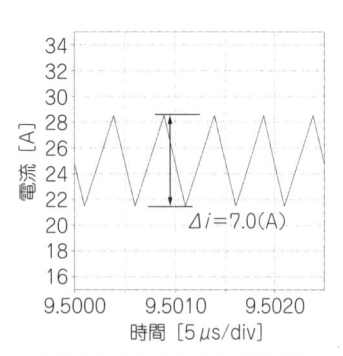

(a) リアクトルL_1のリプル電流
設計値：30%以内(7.5 A以内)

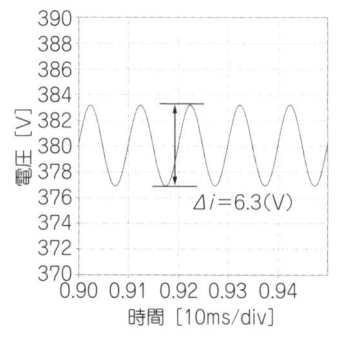

(b) 直流コンデンサのリプル電圧
設計値：5%$_{P-P}$以内(5 V_{P-P}以内)

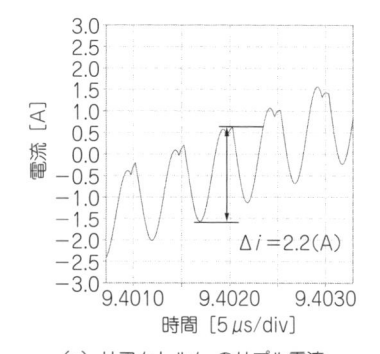

(c) リアクトルL_2のリプル電流
設計値：10%以内(2.5 A以内)

図7 シミュレーションによる各波形の確認(入力電圧160 V，入力電流25 A)
リプル電流，リプル電圧ともに設計値に収まっており，妥当であることが言える．

インバータでうまくいかないときは，連系電圧の交流電源の初期位相π/2，周波数ゼロに設定するといいでしょう（もちろん電流指令も）．こうすると，連系電圧が直流になるので，動作確認がやりやすいです．ちょっとしたテクニックです．

③ 電圧制御系の確認

電流制御系まで所望の応答が得られたら，最後に電圧制御系(AVR)です．AVRはACRより十分に遅い応答で設計します．特に単相連系インバータは，前述のように電圧制御系は不安定になりやすいので，不安定になったら，ここでも交流電源の周波数をゼロにして動かしてみるといいでしょう．電源周波数ゼロのとき，狙った電圧応答が得られていれば，設計は正しくて，あとはゲインの設定値が高すぎただけ，と判断できます．

ここで重要なのは，設計値どおりの応答が出ているかどうかです．シミュレーションの難しさ（怖さ）は，とりあえず結果が出てしまうことです．シミュレーションによって得た結果の中身を吟味することがとても重要です．特に最初のうちは，スイッチング素子に短絡電流や過大な電圧がかかっていないかチェックしたほうがいいでしょう．

以上のようにして得られた結果を図6に示します．図6は，入力電流指令を5Aから25Aに変化させたときの応答波形です．ブロック図の電流応答とスイッチングにより制御した電流応答は重なっており，狙った設計どおりになっていることがわかります．図7は，コンデンサのリプル電圧，リアクトルL_1のリプル電流，リアクトルL_2のリプル電流です．いずれも設計した値以下になっていることがわかります．同様に，コンデンサのリプル電流も確認しておきましょう．

図8に損失解析結果を示します．この結果を見ると，IGBTのスイッチング損失が支配的です．IGBTで20kHzスイッチングは少し無理があるかもしれません．シミュレーションによる解析と数式による計算結果が完全に一致しており，数式による計算が正しいことがわかります．

● シミュレータの使い方（上級編）

数値が正しいかどうか確かめるほかに，パワエレのシミュレータは上手に使うと，開発を非常に速く進めることができます．

▶ 制御ソフトウェアのデバッグ

図5では，制御はブロック図で書きました．一方，DSPやマイコンに組み込むときはC言語で書きます．図5を元にC言語を書くわけですが，直接DSPやマイコンに書き込んでデバッグすると大変です．そのまえに，シミュレーション上で制御部分をC言語ですべて記述してしまいます．PSIMもPLECSもC言語を記述できるブロックがあるので，それを使います．

今は，MATLABのブロック図から直接Cコードを作れるような優秀なコンパイラもありますが，パワエレではリミッタや切り替えスイッチ，積分器の初期値の書き換えなど複雑な動きがあるので，ブロック図ベースでは難しいことがあります．そこで，前もってシミュレーションで検証することで，効率よくデバッグできます．シミュレーションであれば，前項で紹介したデバッグの手順でプログラムをデバッグするのは簡単です．前項の手順を実機でやろうとしたら，準備が相当大変です．

▶ 設計計算の簡単化

シミュレーションを積極的に活用すると，設計計算で解くのが難しい場合でも，数式化することができます．例えば，正弦波三角波比較変調をしているときの三相インバータのコンデンサの電流は，最終的に式(10)で求められます．

$$I_{DCcap} = I_m \left[\sum_{n=1}^{\infty} \frac{2}{n\pi} \sin\left(\omega t - \frac{2}{3} + \phi\right) \sin\left(\frac{n\pi}{2}\left(1 + a\sin\left(\omega t - \frac{2}{3}\pi\right)\right)\right) \cos n\omega_c t \right.$$
$$\left. + \left(\sum_{n=1}^{\infty} \frac{2}{n\pi} \sin\left(\omega t - \frac{4}{3} + \phi\right) \sin\left(\frac{n\pi}{2}\left(1 + a\sin\left(\omega t - \frac{2}{3}\pi\right)\right)\right) \right) \cos n\omega_c t \right] \quad \cdots (10)$$

ただし，I_m：出力電流最大値，ω：出力電圧の角速度，ϕ：力率角，a：変調率

式(10)より，この電流は変調率と力率に応じて変化することがわかります．したがって，コンデンサ電流の実効値は次のように書けます．

$$I_{DCcap(RMS)} = I_m K_{DCcap}(a, \phi) \quad \cdots (11)$$

K_{DCcap}は変調率aと力率角ϕの関数であり，手計算で求めるのはものすごく大変ですが，シミュレーショ

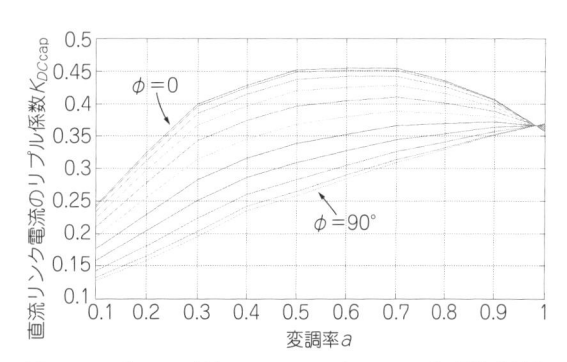

図9 インバータの直流リンク・コンデンサのリプル電流実効値
シミュレータを設計計算に応用した例．直流リンク・コンデンサの電流は力率と変調率に依存するので，力率と変調率をパラメータにグラフを作れば，定格電圧や定格電力が変わっても使える．

ンで変調率と力率角を変化させながら，関係を求めると，図9となります．

変調率0.5〜0.7付近でピーク(0.46)となり，力率の低下とともに減少します．よって，三相インバータの場合，コンデンサのリプル電流は負荷電流最大値の0.46倍を見ておけばよいことになります．しかもK_{DCcap}は，出力電圧の大きさや負荷電流，周波数によらないので，どんな電力容量，定格電圧の三相インバータにも設計式として使えます．このとき，単位をもたない無次元の係数になるようにして，図を作るのがコツです．

このようにシミュレーションを上手に使うことで，手計算では解けないようなものでも容易に設計式を求めることができます．

そのほか，実験では試すことができない，厳しい条件でのチップ温度推定や制御系の安定限界の探索などを行うことができます．ここでは詳細に説明しませんが，浮遊容量のモデリングができれば，EMCのシミュレーションも可能です．

13-3 設計の最適化

設計計算，シミュレーションの究極的な使い方を紹介します．現在，損失計算の精度が上がり，定格負荷では損失は計算値とほぼ一致するようになってきました(著者の経験では数kWの出力であれば，損失ベースで10%以内の誤差で合います)．また，受動部品の体積や冷却フィンの体積も概略計算できるようになり，EMIフィルタも減衰率や大きさを推定できます．

したがって，試作をするまえにある程度の電力変換器の特性を把握することができます．従来の設計は「どうなるかわからないから試作してみる」でしたが，こうすると作ってから，熱，サージやEMIなどが決められた値に入らず四苦八苦することになります．特に製品試験段階で，このようなことが発生すると対策のためのコスト増加もさることながら，開発者の心労も相当なものです．

● フロント・ローディング

これに対し，フロント・ローディングとは，図10のように従来では最後にかけていた負荷(ロード)を最初(フロント)にもってくることです．徹底した解析とシミュレーションを設計段階で行い，損失はもちろん，熱やサージ，EMIを予測します．そして，究極の研究開発は試作を1回で終わらせることです．

この考え方で設計されたパワエレ機器は「設計があっているか確認するために試作する」というスタンスです．ただ，勘違いしてほしくないのは，シミュレーションできたから終わりということはありません．それではパワエレの本質はわかりません．必ず，実機を作って解析結果と比較することが大事です．

● 効率と体積のトレードオフ

電力変換器はスイッチング周波数を高くすると，リプルが小さくなるので，同じリプルにするとすれば，リアクトルやコンデンサの値を小さくできます．したがって，リアクトルの体積やコンデンサの体積は，スイッチング周波数の増加とともに小さくなります．一方，スイッチング損失はスイッチング周波数に比例して大きくなります．つまり，損失と体積はトレードオフの関係にあります．

図11に，図1の回路で，リアクトルの設計手法にエリア・プロダクトという方法を導入したときの受動部品の体積と，スイッチング素子，放熱フィンの体積を示します．

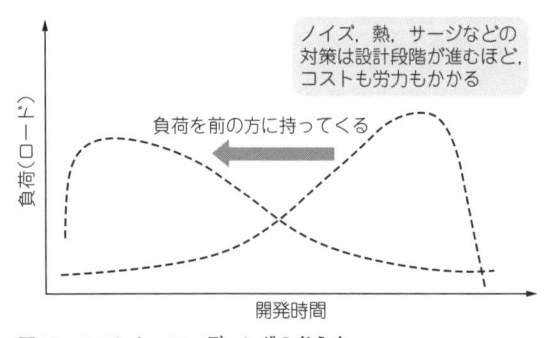

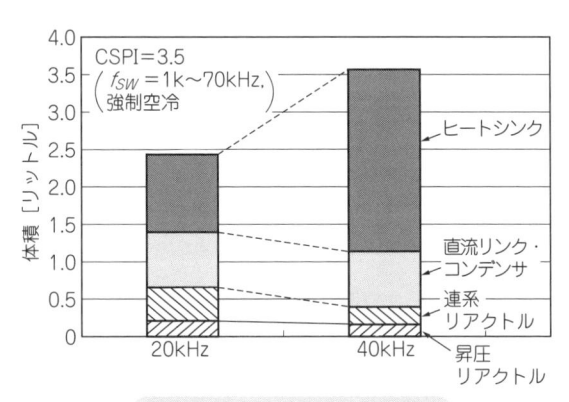

図10 フロント・ローディングの考え方
徹底した解析とシミュレーションを設計段階で実施．損失はもちろん，熱やサージ，EMIを予測．究極的には試作を1回で終わらせる．

図11 受動素子(コンデンサ，リアクトル)およびヒートシンクの体積
キャリア周波数を変化させたときの受動素子の体積比較．定格20 kHzのときと比較してキャリア周波数が40 kHzときリアクトルの体積が小さい．直流リンク・コンデンサの体積がほとんど変化しないのは，リプル電流がキャリア周波数に依存しないため体積がほとんど変化しない．

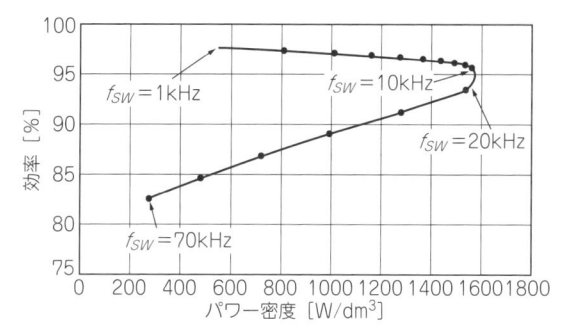

図12 太陽光発電用パワーコンディショナの効率-電力密度曲線
スイッチング周波数を変えたときの体積(電力密度)と効率の変化を表示.全スイッチング周波数においてリョーサン90WKBS335(強制空冷)を使用.電力密度はスイッチング周波数が15 kHz付近で最大になる.

- 効率を優先するなら,回路構成A
- 大きさを優先するなら,回路構成B
- 回路構成Cは,効率や大きさの点では回路構成A,Bに比べてメリットがない

図13 パレート・フロント・カーブによる変換器の特性の把握

スイッチング周波数20 kHzでは冷却フィンに比べ,リアクトルやコンデンサなどの受動部品が大きいことがわかります.一方,スイッチング周波数を40 kHzにすると,今度は冷却フィンが大きくなります.今回,冷却フィンを強制空冷としていますが,この関係は,冷却フィンを自然空冷にしても変わります.

● パレート・フロント・カーブ

図12は,横軸に電力密度(出力電力/体積),縦軸に効率[出力電力/(出力電力+損失)]を取り,スイッチング周波数を変化させたときの効率の変化の様子で,パレート・フロント・カーブといいます.スイッチング周波数の増加とともに,受動部品が小さくなって電力密度は上昇しますが,あるところから,冷却フィンの増加割合が大きくなると電力密度は低下します.そのため,図12のようなフの字カーブを描きます.

このような特性を計算して,仕様にあった最適点(体積優先なのか,効率優先なのか)で設計することで,電力変換器を小形化できます.

また,電力変換器の回路構成や部品を変更した場合に,このパレート・フロント・カーブを描くことで,その回路の本質的な性質や,ある仕様を達成するために何が必要かがわかるようになります.

例えば,図13のようにある回路構成A,B,Cについてパレート・フロント・カーブが描けるとすれば,効率を優先する要求なら回路構成A,大きさを優先する設計なら回路構成Bということになります.一方,回路構成Cは回路構成A,回路構成Bのパレート・フロント・カーブにすべて内包されているので,効率や大きさの点では回路構成A,Bに比べてメリットがないことがわかります.従って,大きさや効率以外の所(重量,コストや信頼性など)で,回路構成A,Bに勝る特徴がないと回路構成Cの価値はありません.このように,回路の本質の部分を評価することができます.

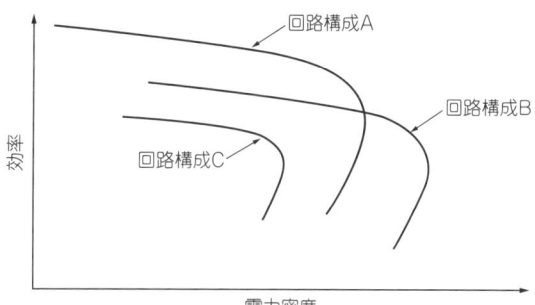

*　　　　　　*　　　　　　*

以上,本章は太陽光発電用パワーコンディショナを例としてこれまで解説してきた知識を利用して,設計してみました.その検証にシミュレーションを使っています.シミュレーションを上手に使うことで,設計の具体化や開発の効率化を図ることができます.

次章は最終章,パワエレのもっとディープな世界,製品を作るための規格の話や三相交流への展開,さらなる大容量の世界を紹介します.

(初出:「トランジスタ技術」 2013年5月号)

第14章 いろいろなものと融合するパワエレの果てしない広がり

実用化技術と発展技術

これまでの勉強であたかもブロックを組み立てるようにパワエレ機器が設計できると思います．最終章では，実際の製品に適用する際の実用化技術や三相交流への展開，モータ駆動への展開を説明していきます．

14-1 太陽光発電用パワーコンディショナの実用化技術

図1にこれまで説明してきた太陽光発電用パワーコンディショナの構成を示します．太陽光発電用パワーコンディショナという製品を考えた場合，システムの制御（どのように電力を制御するか）に加え，性能やコストだけでなく，いろいろ守らなくてはならない規格があります．まず，これらの実用化技術について解説します．

● 最大電力追従制御

図2に太陽電池の発電特性と最大電力制御（Maximum Power Point Tracking：MPPT）の一例を示します．

太陽電池は日射量により取り出せる電力が決まります．日射量により山の高さが変わります．山の高さが最大に取り出せる電力を表しています．一番電力が高いところの電流になるように，太陽電池からの電流をチョッパによって調整します．電流を自動調整する方法として比較的簡単な山登り法を紹介します．

図2(b)のように，電流をある刻みでゼロから徐々に増やしていきます．電流が山の左側にあるときは電流を増やすと電力も増えます．電流を増やしたときに山の右側に入ると電力が減ります．そこで，今度は半分電流を減らします．これを繰り返すことで，山の頂点に電流を自動調整することができます．この関係は日射量に関係なく成り立つわけです．

図3に山登り法のフローチャートの一例を示します．日射量が変化した場合は，探し直しになります．短時間でまた山の頂点に達することができるアルゴリズムがいろいろと研究されています．

● 系統連系保護

電力はどんなに小さくても大きくても発生した量と消費した量が同じでなければならず，電力会社の発電所は季節や天気，時間，社会情勢から予測をして非常にシビアに発電量を調整しています．それが崩れたときに，大きな電圧変動や周波数変動が発生し，最悪の場合は大規模な停電が起きるわけです．このようなシビアな系統に太陽光で発電した電力を，インバータ（PCS；Power Conditioning Systemとも言う）を使用して送るわけですから，どんなものでもよいとは言えません．「電力品質確保に係る系統連系技術要件ガイドライン（資源エネルギー庁）」や「系統連系規程（JEAC9701）」という規則に従ったインバータにより接続することができます．

パワエレよ永遠に——
社会に出て以来，小さな火力発電所1基分くらいは省エネに貢献してきたかなぁ，と思っているけど，毎日，新しいことに気づかされるぞ．これからもワクワク・ドキドキだ．ビバ，パワエレ！

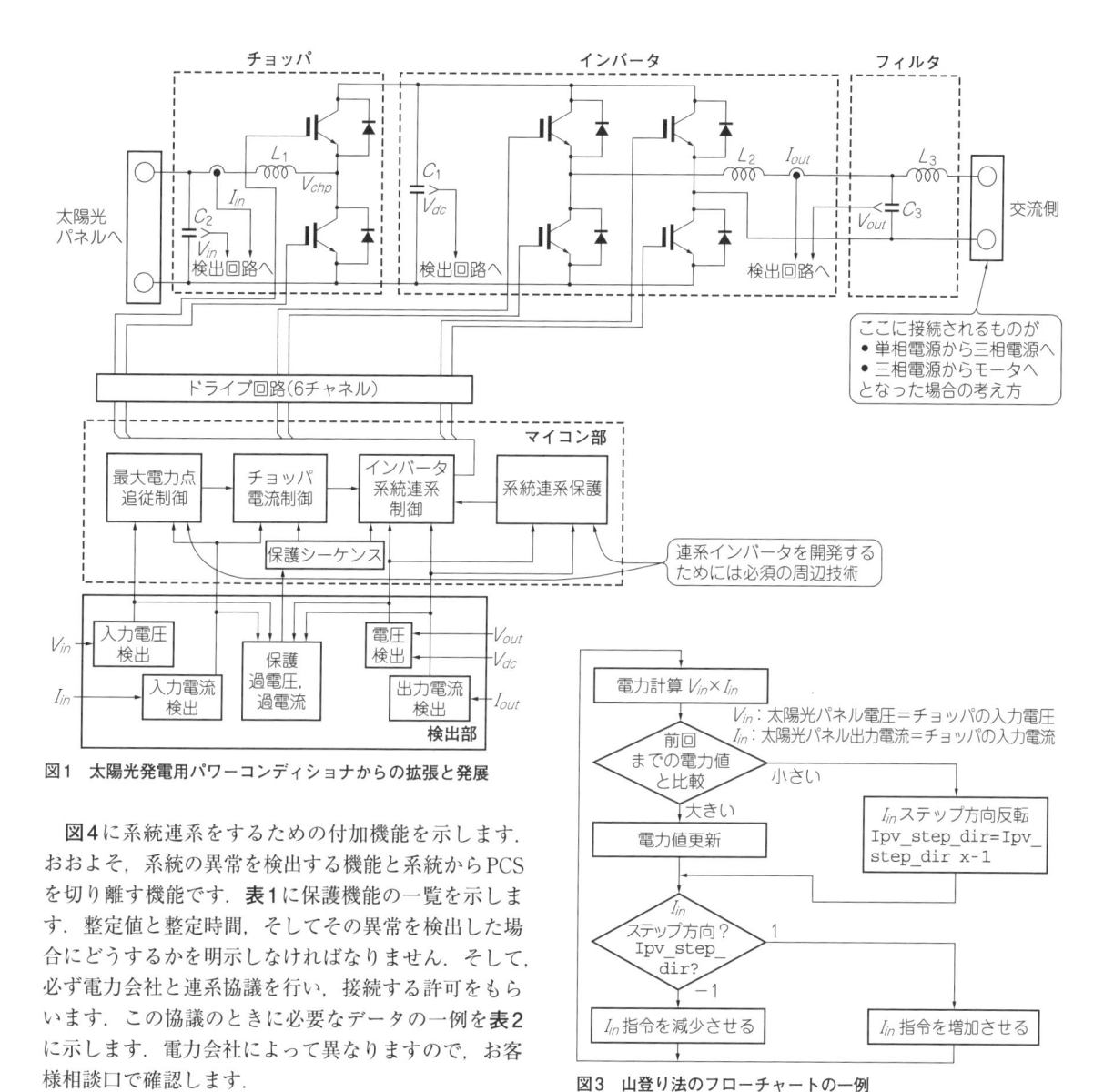

図1 太陽光発電用パワーコンディショナからの拡張と発展

図4に系統連系をするための付加機能を示します．おおよそ，系統の異常を検出する機能と系統からPCSを切り離す機能です．**表1**に保護機能の一覧を示します．整定値と整定時間，そしてその異常を検出した場合にどうするかを明示しなければなりません．そして，必ず電力会社と連系協議を行い，接続する許可をもらいます．この協議のときに必要なデータの一例を**表2**に示します．電力会社によって異なりますので，お客様相談口で確認します．

今回取り扱っている単相の家庭用PCSの場合，PCS

図3 山登り法のフローチャートの一例

V_{in}：太陽光パネル電圧＝チョッパの入力電圧
I_{in}：太陽光パネル出力電流＝チョッパの入力電流

パワエレよ永遠に—
本当のパワエレは，みんな，それぞれに，はてしない技術なんだよ．パワエレだけを愛して名誉も地位も金もいらぬ人ほど強い人はいない．パワエレ！フォーエバー

14-1 太陽光発電用パワーコンディショナの実用化技術

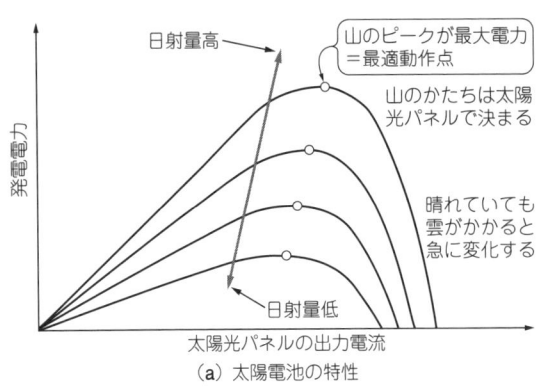

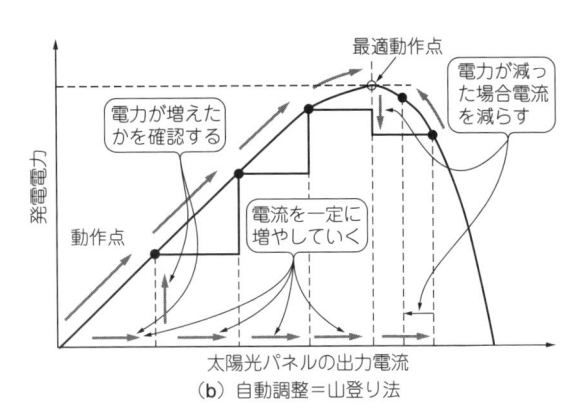

図2 太陽電池の特性と最大電力追従制御法の一例

(a) 太陽電池の特性
(b) 自動調整＝山登り法

を購入した人ごとに電力会社と連系協議をするのは現実的ではありません．JET［(財)電気安全環境研究所］による認証制度があり，この機関で認証登録されたPCSは電力会社と協議をしなくても系統に接続できます．下記の規定に従って試験をされます．現在10 kWまでのPCSについて規定されています．

> JETGR0002-1-20小型分散型発電システム用系統連系保護装置等の試験方法通則
> 小型分散型発電システム用系統連系保護装置等の認証（太陽光発電用）

● 単独運転状態の検出

表1の保護機能の中でわかりにくいのが単独運転検出だと思います．単独運転状態とは，系統が停電しているにもかかわらず，PCSが停電を検出できず，運転を継続する状態です．図5に，なぜそのようなことが起きるのかを示します．通常系統には多くの負荷が接続されています．これら負荷をすべて合わせた合成抵抗値をR_Lとします．簡単のため純抵抗とします．このとき，発電していますのでインバータの電流$\dot{I}_{inv}$は系統に向かって流れています．負荷抵抗R_Lに流れ込む電流を$\dot{I}_L$，系統に流れ出る電流を$\dot{I}_{com}$としたとき，次の状態があります．

▶ケース1：$|\dot{I}_{inv}| > |\dot{I}_L|$の場合

通常時，$\dot{I}_{com} = \dot{I}_{inv} - \dot{I}_L$の電流が，系統へ流れ出ます．$R_L \dot{I}_L = \dot{V}_L = \dot{V}_{com}$です．

停電すると，$\dot{I}_L = \dot{I}_{inv}$になりますので，電流が増えて$R_L$の電圧$V_L$は上がります．従って，OVRで異常を検出できます．

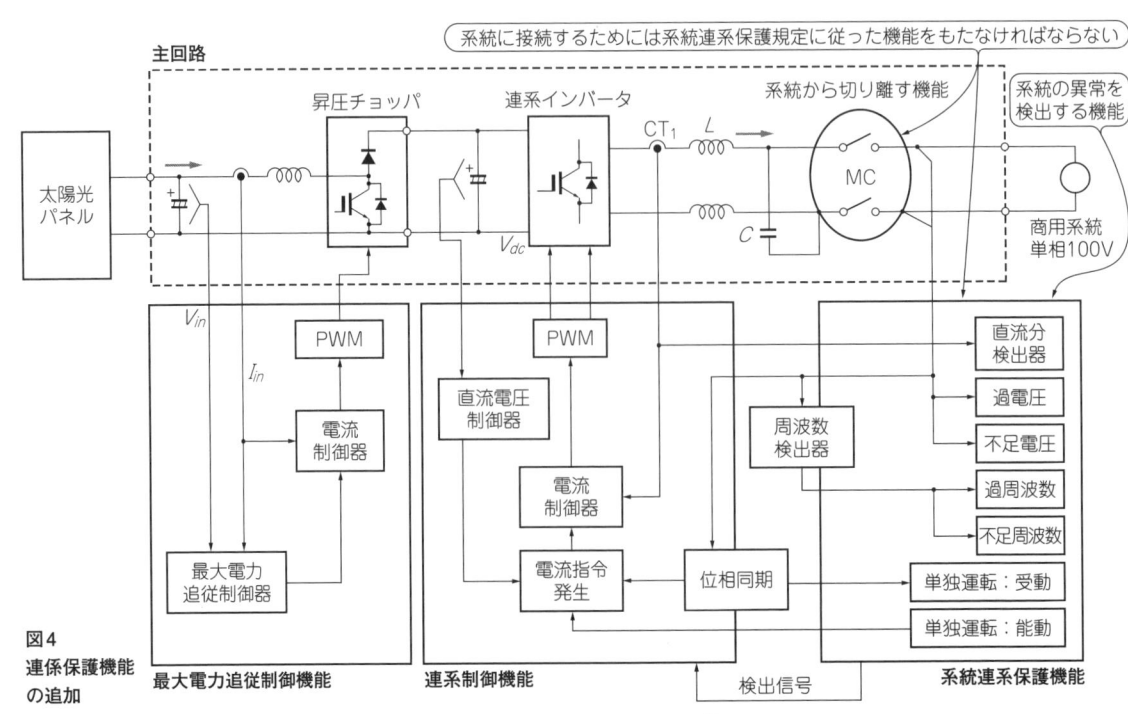

図4 連系保護機能の追加

第14章 実用化技術と発展技術

▶ケース2：$|\dot{I}_{inv}| < |\dot{I}_L|$の場合

通常時，$\dot{I}_{com} = \dot{I}_{inv} - \dot{I}_L$の電流が，系統から$R_L$へ流れます．$R_L \dot{I}_L = \dot{V}_L = \dot{V}_{com}$です．停電すると，$\dot{I}_L = \dot{I}_{inv}$になりますので，電流が減って$\dot{V}_L$は下がります．従って，UVRで異常を検出できます．

▶ケース3：$|\dot{I}_{inv}| = |\dot{I}_L|$の場合

通常時，$\dot{I}_{com} = \dot{I}_{inv} - \dot{I}_L = 0$で，系統に電流は流れません．$R_L \dot{I}_L = V = \dot{V}_{com}$です．停電しても$I_L$の変化がなく，UVRでもOVRでも異常を検出できません．単独運転状態となってしまいます．従って，何らかの検出を付加する必要があります．

通常，受動検出方式と能動検出方式の二つの方法を組み合わせて検出します．これらについて，いろいろな方式が提案され使用されています．

図6に受動検出方式としての位相跳躍方式を示します．上記のケース1，ケース2は抵抗でしたが，通常は遅れまたは進みのインピーダンス負荷です．簡単に考えれば，ケース1，ケース2ともに抵抗の場合は振幅が異なりましたが，インピーダンス負荷の場合，停電したと同時に位相がずれることになります．そのずれを検出するのが位相跳躍方式です．3°～5°に設定されることが多いです．この方式では負荷が純抵抗の場合，位相が変わらないので検出できません．

図7に能動検出方式の無効電力変動方式を示します．純抵抗負荷でも検出できるようにインバータから系統に無効電力を出力します．あまり多いと装置の効率や系統に良い影響を与えませんので，定格の10%くらいを目安に加えています．通常時は図7(a)のように無効電力を注入しても系統が吸収しますので，インバータの電圧は系統の電圧と一緒です．停電時，図7(b)に示すように無効電力を注入したぶんだけ位相がずれます．インバータ内部のPLLは，この電圧を利用し

表1　系統保護項目の一覧

大項目	中項目	設定値	備　考
系統過電圧 (OVR)	検出相数	三相	
	検出レベル	220 ～ 227 V	定格入力 + 10%， 1 V刻みで設定 変更可
	検出時間	0.5 ～ 2.0 s	0.5 s刻みで 設定可
	解列箇所	連系MC開放	
系統不足電圧 (UVR)	検出相数	三相	
	検出レベル	183 ～ 189 V	定格入力 − 10%， 1 V刻みで設定 変更可
	検出時間	0.5 ～ 2.0 s	0.5 s刻みで 設定可
	解列箇所	連系MC開放	
系統過周波数 (OFR)	検出相数	単相	
	検出レベル	50.5 ～ 57 Hz	0.5 s刻みで 設定変更可
	検出時間	0.5 ～ 2.0 s	0.5 s刻みで 設定可
	解列箇所	連系MC開放	
系統不足周波数 (UFR)	検出相数	単相	
	検出レベル	43 ～ 49.5 Hz	0.5 s刻みで 設定変更可
	検出時間	0.5 ～ 2.0 s	0.5 s刻みで 設定可
	解列箇所	連系MC開放	
保護リレー復帰 時間	整定値	10 ～ 300 s	10 s刻みで 設定可
単独運転受動的 検出	検出レベル	OFF， 3 ～ 15°	1°刻みで設定可
	検出時間	0.5 ～ 2.0 s	0.5 s刻みで 設定可
	解列箇所	ゲート・ ブロック	10 s後復帰
単独運転能動的 検出	検出レベル	ON，OFF	1 V刻みで設定 変更可
	復帰時間	0.5 ～ 2.0 s	0.5 s刻みで 設定可
	解列箇所	連系MC開放	
直流分検出	検出相数	三相	
	検出レベル	定格電流の 1%	
	検出時間	0.5 s以下	
	解列箇所	連系MC開放	

表2　連係協議に必要な資料とデータの一例

番号	項　目	番号	項　目
1	直流分検出	9	運転力率
2	交流過電圧および 不足電圧	10	出力高調波電流
3	周波数上昇および低下	11	漏洩電流
4	逆電力防止	12	電圧上昇抑制機能
5	逆充電防止	13	ソフト・スタート
6	単独運転防止	14	入力電圧急変
7	復電後の一定時間 投入阻止	15	瞬時電圧低下
8	瞬時(不平衡) 過電圧試験	16	電波障害
		17	電導障害

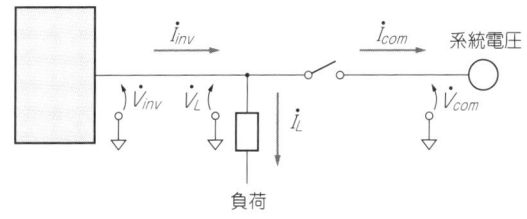

系統連系時：$\dot{V}_{inv} = \dot{V}_{com}$
解列時：$R_L \dot{I}_L = \dot{V}_L = \dot{V}_{com}$の場合，停電検出できない
停電時，系統に電圧が出てしまう→**保安上危険**

図5　単独運転検出の必要性

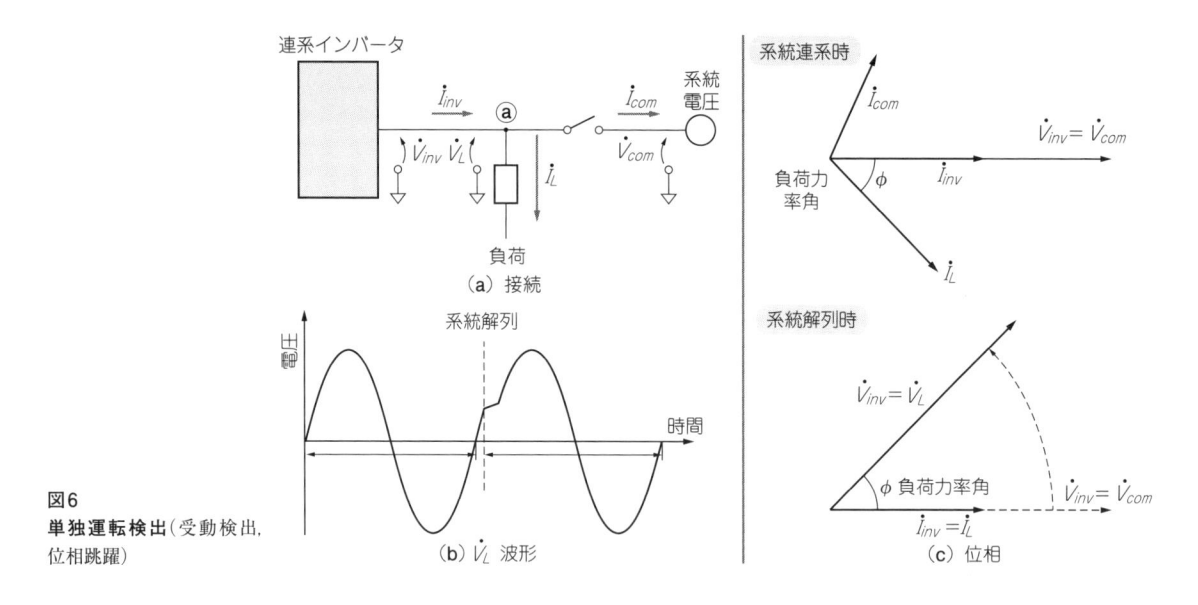

図6
単独運転検出（受動検出，位相跳躍）

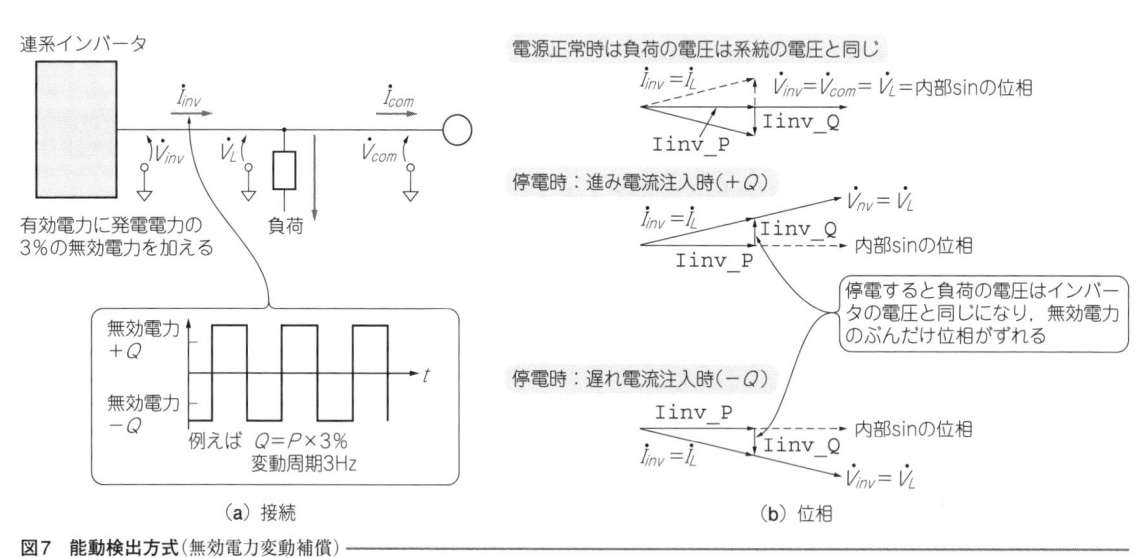

図7　能動検出方式（無効電力変動補償）

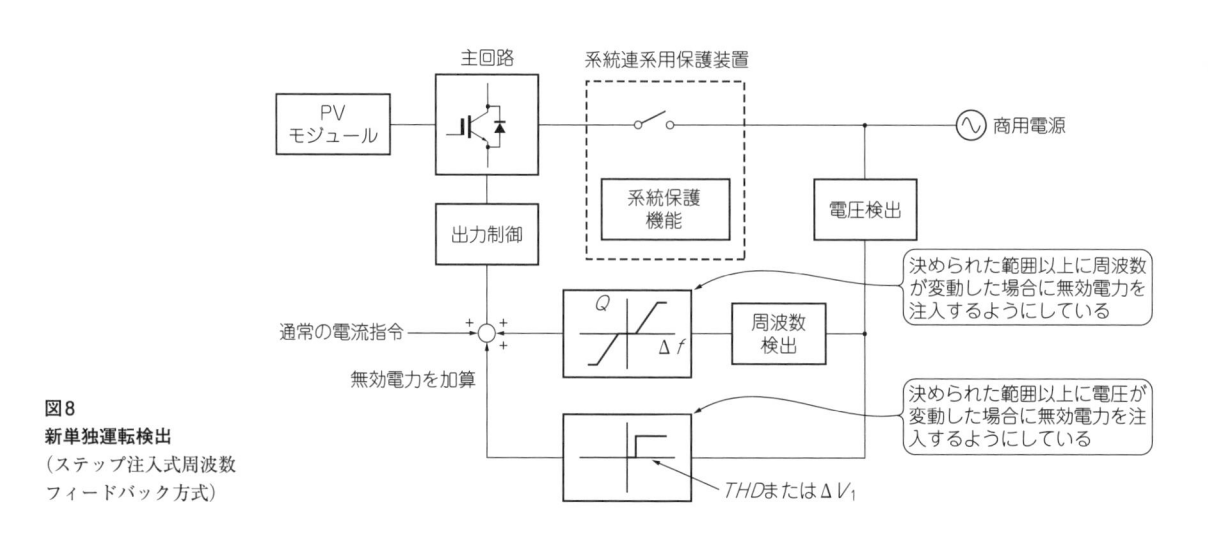

図8
新単独運転検出
（ステップ注入式周波数フィードバック方式）

て正弦波を作成しているので，V_Lに位相を合わすように進みます．さらに，これに無効電力を注入しているので，どんどん位相が進み，つまり周波数が変化します．従って，進みを注入した場合はOFRで，遅れを注入した場合はUFRで異常が検出されます．

最近ですが，JETの規定が改定されて図8に示す方式搭載することを要求しています．この理由は，太陽光発電の設置台数が急速に増えて同じ配電系統（フィーダ）に複数のPCSが接続された場合，いろいろな単独運転検出があると，それぞれ干渉する恐れがあるためです．

● なるべく系統から切り離さない

上記と矛盾しますが，系統に異常があってもすぐには切り離さないようにする規定ができました．なぜなら，莫大な数の太陽光発電が接続された場合，一斉に異常を検出して系統から切り離した場合，ちりが積もれば山となるで，系統に送っていた電力が急になくなるわけです．そうすると系統に影響を与えて，最悪，大停電を引き起こす可能性が出てきます．

そこで，図9のような範囲の電圧低下であれば運転を継続するように要求されています．FRT要件といいます．

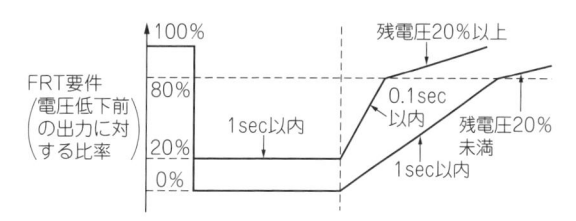

図9 連系インバータの運転継続の条件

14-2 単相交流から三相交流への発展

● 三相交流の特徴

図10に示すように，単相交流電源を三つ接続したものが三相交流電源です．それぞれ位相が120°ずれています．あまり私たちの生活に関係ないようですが，実は身近にあります．今度，電柱の上の電線を見てください．3本あります．三相交流です．

図11に示すように，電力は遠くにある発電所から送電線，変電所を経由して，近くの電柱まで三相交流で来ています．電柱に取り付けてあるトランスで電圧を調整したあと，単相交流として家庭内に引き込んできています．電力会社との契約は，三相交流電源を使用する場合は「動力」，単相交流電源を使う場合は「電灯」です．電気料金は「動力」のほうが安くなります．大型の業務用エアコンや冷凍機などは，ほとんどの場合「動力」で動いています．最近では電力の安定供給や効率運用のために，スマート・グリッドやマイクログリッドと呼ばれる次世代の系統制御技術か開発/実証試験中ですが，パワエレ技術が活躍する場がますます出てきました．

さて，前置きが長くなってしまいましたが，三相交流電源を使ったときのうれしさは，主に二つあります．一つ目は，電力を送るときの銅線の量が単相の半分で

（a）三つの単相交流電源　　　　　　　　　　　　（b）三相交流電源

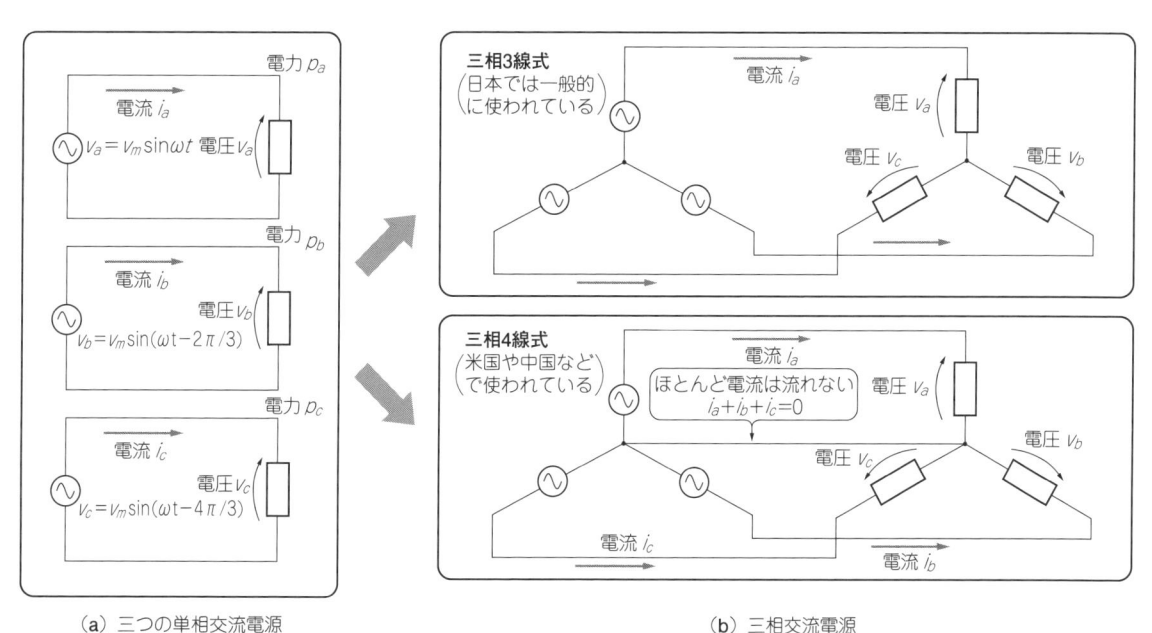

図10 単相交流電源が三つで三相交流電源となる
120°ずつずれている．

14-2 単相交流から三相交流への発展 151

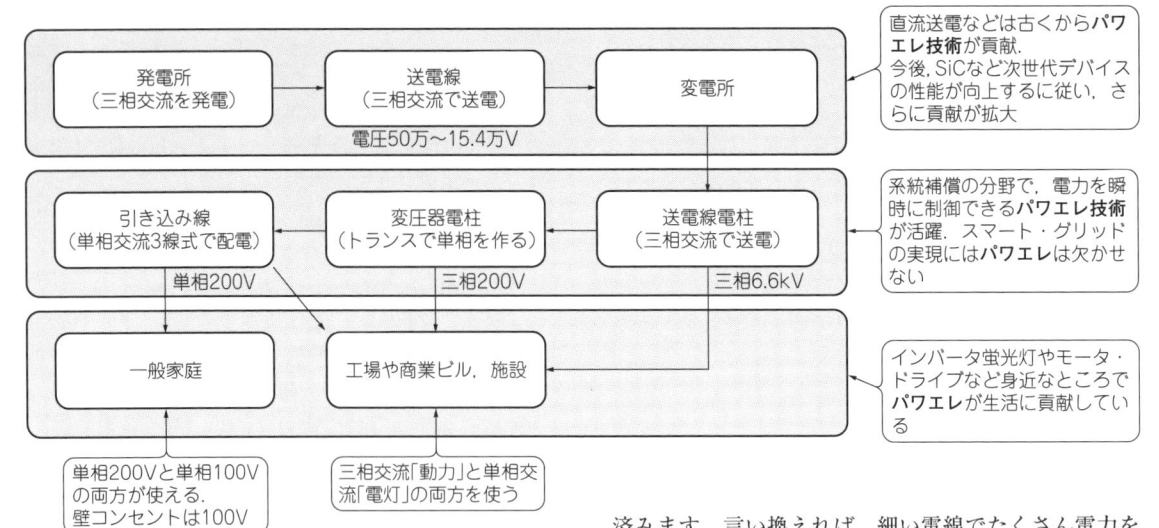

図11 意外に身近な三相交流電源

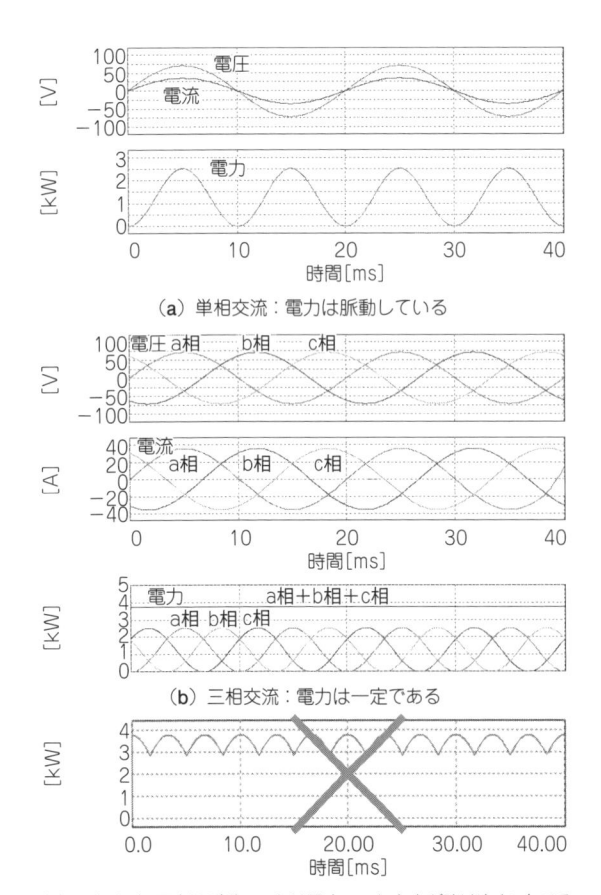

- 発電所（三相交流を発電）→ 送電線（三相交流で送電）→ 変電所
- 電圧50万～15.4万V
- 直流送電などは古くからパワエレ技術が貢献．今後，SiCなど次世代デバイスの性能が向上するに従い，さらに貢献が拡大

- 引き込み線（単相交流3線式で配電）← 変圧器電柱（トランスで単相を作る）← 送電線電柱（三相交流で送電）
- 単相200V　三相200V　三相6.6kV
- 系統補償の分野で，電力を瞬時に制御できるパワエレ技術が活躍．スマート・グリッドの実現にはパワエレは欠かせない

- 一般家庭 / 工場や商業ビル，施設
- インバータ蛍光灯やモータ・ドライブなど身近なところでパワエレが生活に貢献している
- 単相200Vと単相100Vの両方が使える．壁コンセントは100V
- 三相交流「動力」と単相交流「電灯」の両方を使う

済みます．言い換えれば，細い電線でたくさん電力を送れます．このため，送電は三相を使います（図12）．

もう一つは，位相が120°ずつずれていることで，回転磁界が簡単に作れることです．これは，交流モータや発電機を簡単に作ることができます．パワエレではコイルに加える電流を瞬時に調整することができますので，きめ細かいモータ制御ができるわけです．

● 三相交流の扱いかた

考えかたですが，図10に示したように日本の場合，三相3線式と言われる配線がされます．そうすると三相ありますが，一相は他の二相により決まります．すなわち，電流の総和はゼロ，電圧の総和はゼロとなります．従って，三つありますが，二つだけについて考えればよいわけです．制御方法を考えるときは，このことを頭に入れておかないと物理的に矛盾する制御を考えてしまうかもしれません．例えば，三相の各相U相，V相，W相の電流を個別に制御しようとしてもできません．これらの中から二つの電流しか制御できません．

図13に示すように三相の系統に連系する場合は，単相の主回路に，もう1レグ追加された三相の主回路（第9章で説明）を使用します．リアクトルの電流を制御する場合は，単純に二つの電流制御系を用意すればできます．これらは同じ補償器や同じ制御ゲインでよいですが，指令値だけ120°の位相差をもたせる必要があります．

また，制御を考えるとき，どうせ二相しか制御しないので，図14のように座標を二相に直して考える場合があります．一般的には直交2軸の座標に変換します．このときは，i_a, i_bは90°位相がずれた二相交流になります．三相交流量を二相交流で表したときに同じ大きさの電圧や電流になるようにする相対変換，電力やトルクを一致させる絶対変換があります．ソフトウ

（a）単相交流：電力は脈動している

（b）三相交流：電力は一定である

（c）三相交流：電力は脈動⇒これは間違い！　初心者が陥りやすいところ

図12　三相交流電源の特徴（瞬時電力が一定である→効率良く電力を伝達できる）

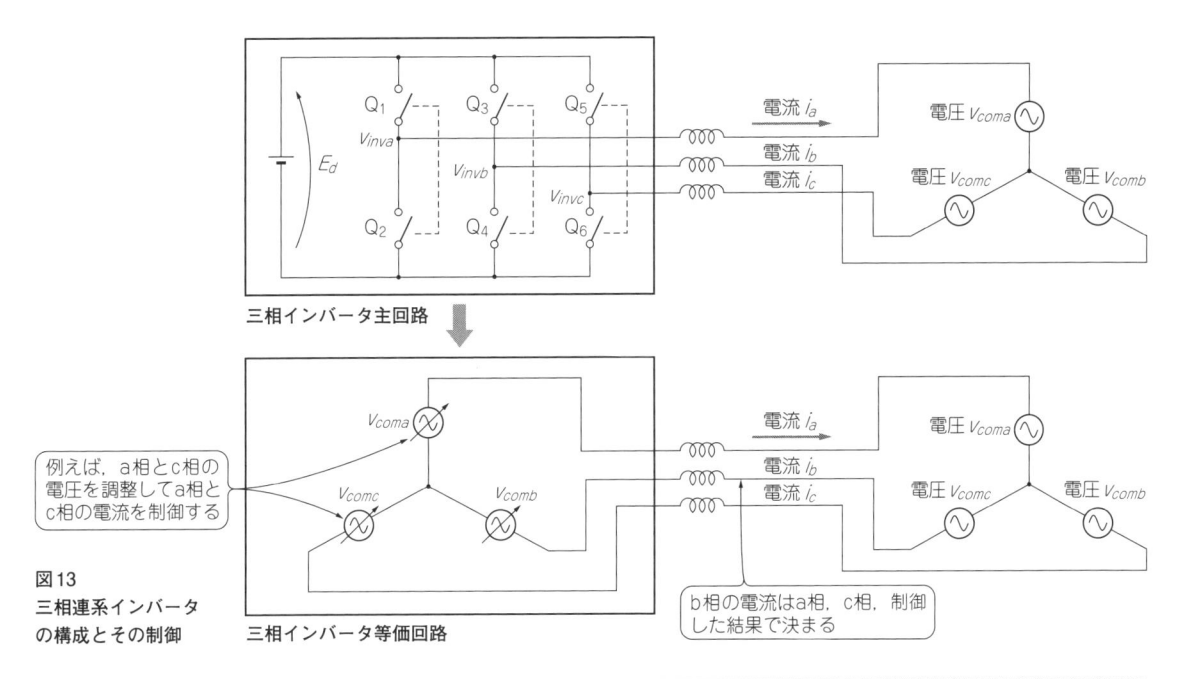

図13 三相連系インバータの構成とその制御

エアの実装には相対変換がよく使われ，解析には絶対変換がよく使われます．

さらに発展して，**図15**のように「回転座標変換」という操作をするともっと制御が簡単にできます．直流量にする経緯は一つだけではないです．その方法によって呼ばれかたが違います．

直交2軸の座標 α, β で表せるということは，$v = v_\alpha + jv_\beta$ とすれば，三相交流は一つのベクトルで表せることになります．これを計算してみるとわかりますが，実は電圧も電流も複素平面で表すと，三相交流のベクトルは時々刻々と回転するベクトルになるのです（回転磁界と同じです）．このとき，α, β の座標の方をベクトルと同じ速度で回転させてみたらどうなるでしょう．走っている車も同じ速度で走っている車からみれば，止まって見えますね．これと同じで，回転している座標（d-q座標）から見ると三相ベクトルは止まって見えます．つまり，d-q座標上から見れば，三相交流が直流に見えるわけです．電流・電圧が直流になると，交流外乱や位相遅れを心配しなくてよくなりますので，制御系の設計が簡単になります（**図16**）．また基準軸をうまく設定することにより物理的な意味が明確になります．例えば，d軸を電源電圧ベクトルの方向に取れば，d軸方向の電流が有効電流，q軸方向の電流が無効電流となり，制御器で有効電力，無効電力を直接制御できます．これが p-q 理論による電力制御です．一般的に三相インバータでは回転座標変換して制御した方が，簡単に高性能化が実現できます．マイコンが発達していない時代は，正弦波/余弦波発生回路と乗算器を駆使して回転座標変換を行いましたが，マイコンがあるので今では簡単にできます．

14-3 系統連系インバータから交流モータ・インバータへの発展

交流モータを制御するための主回路も制御回路も制御方法も，基本的に，今まで解説した系統連系インバータの技術を適用することができます．**図17**に等価回路を示します（第2章で示しています）．連系インバータの場合，連系リアクトルの電流を制御しましたが，モータでは，モータの漏れインダクタンスの電流を制御することになります．インダクタンス値は違いますが，同じ制御対象になります．

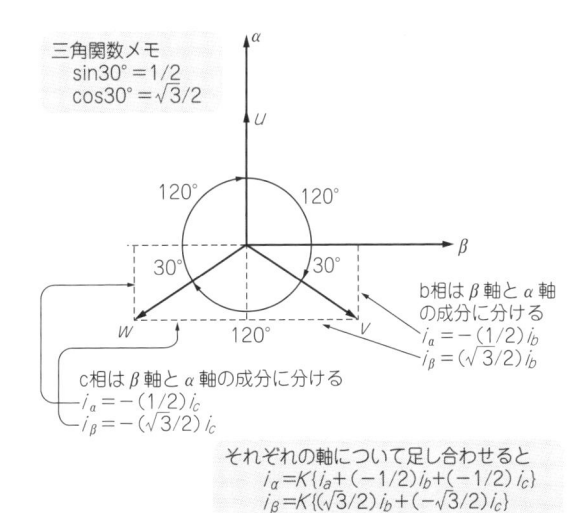

三角関数メモ
$\sin 30° = 1/2$
$\cos 30° = \sqrt{3}/2$

b相は β 軸と α 軸の成分に分ける
$i_\alpha = -(1/2)i_b$
$i_\beta = (\sqrt{3}/2)i_b$

c相は β 軸と α 軸の成分に分ける
$i_\alpha = -(1/2)i_c$
$i_\beta = -(\sqrt{3}/2)i_c$

それぞれの軸について足し合わせると
$i_\alpha = K\{i_a + (-1/2)i_b + (-1/2)i_c\}$
$i_\beta = K\{(\sqrt{3}/2)i_b + (-\sqrt{3}/2)i_c\}$

$K = 2/3$ 相対変換（振幅不変）
または
$K = \sqrt{(2/3)}$ 絶対変換（電力不変）
を得る

図14 三相の量を2軸 α, β で扱う⇒三相-二相変換と呼ばれる

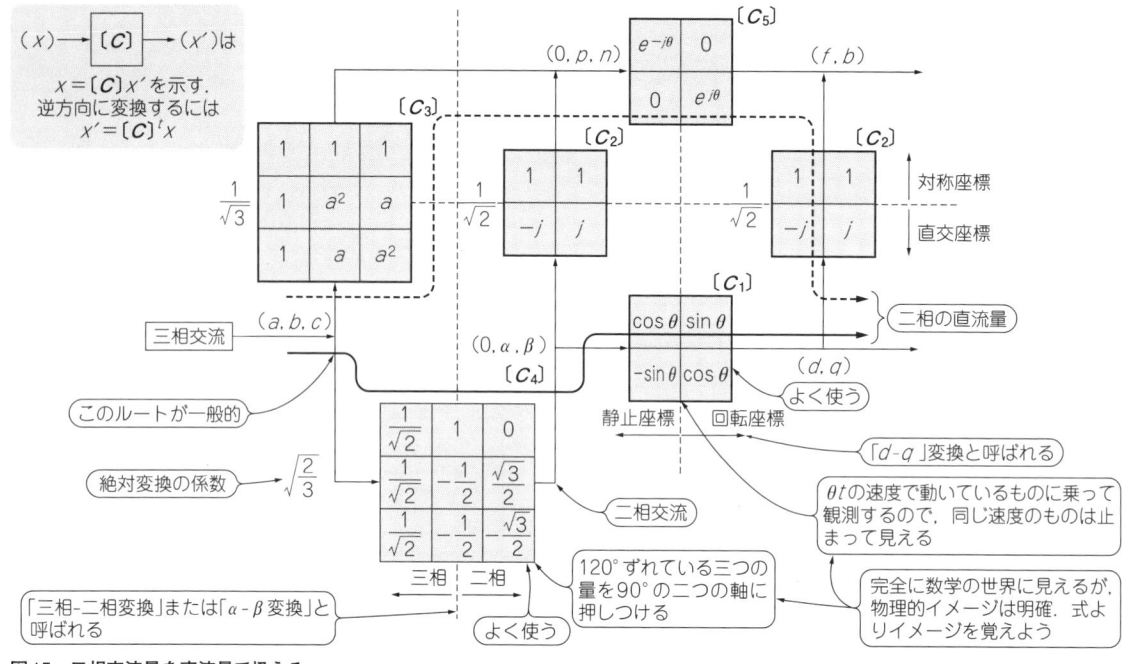

図15 三相交流量を直流量で扱える

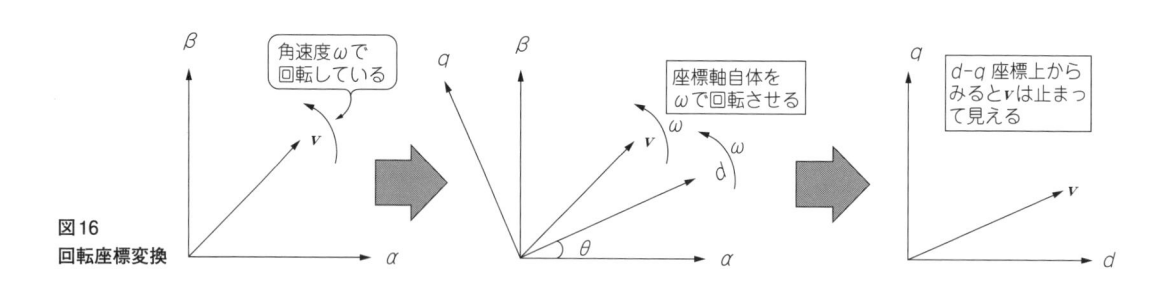

図16 回転座標変換

　前述したとおり交流モータは三相の世界です．二相変換や回転座標変換を使うと，三相モデルから二相モデルや直流モデルを機械的に導出できて，簡単に交流量を直流量として扱うことができます．本質的に誘導機でも永久磁石モータでも，必ず逆起電力(速度起電力)が発生しており，その逆起電力に対して，力率が1になるように制御します．これがベクトル制御のもう一つの見方であり，このとき，逆起電力と同相分(＝有効電力)がトルク電流となり，直交分(＝無効電力)が励磁電流となります．

　モータの制御では，先に説明した**図15**にある回転座標変換(d-q変換)を使います．連系インバータの場合は50 Hz/60 Hzの固定周波数ですが，モータの場合は周波数(回転数)が0～数百Hzと広範囲に変わり，交流の状態量では電流制御系の設計が難しくなります．そこで，d-q変換を使用して直流量にして制御するこ

(a) 誘導機のL形等価回路

(b) 同期機/永久磁石モータの等価回路

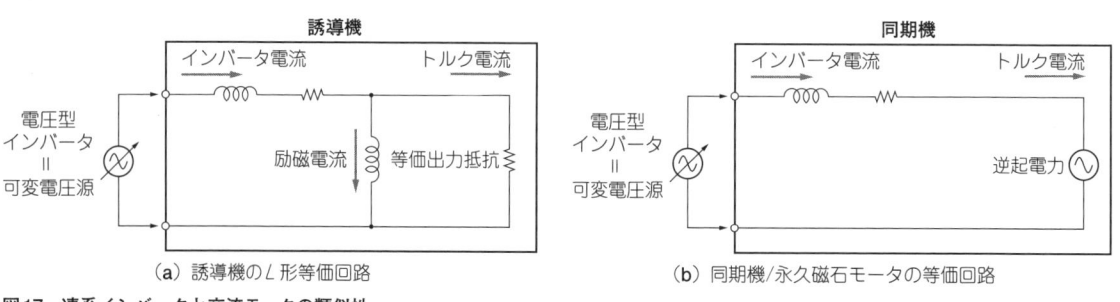

図17 連系インバータと交流モータの類似性

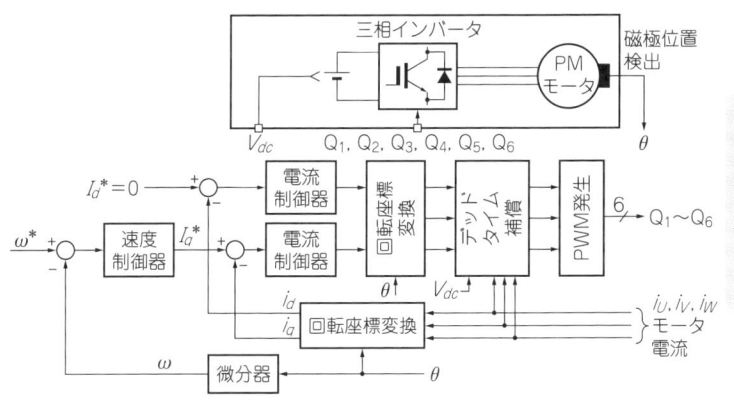

図18 永久磁石モータの制御ブロック図

- 基本原理：単相と同じ
- 回転座標変換を使うことで三相を直流量として制御＝簡単化
- 実は三相PWM整流器の制御ブロック図も同じ．
  PMモータ→三相系統，
  磁極位置→電源位相，
  速度制御→直流電圧
  に置き換わるだけ

とで，制御系の設計が楽になります．

図17(a)の誘導機の等価回路では，q軸を逆起電力の方向と一致させると，その同相成分（q軸）が有効電力となるのでトルク電流，直交成分（d軸）が無効電力となるので励磁電流となります．励磁を一定に保つためにd軸の電流を一定に制御します．そして，速度指令やトルクに追従するようにq軸電流を制御します．一方，同期機では図17(b)のように励磁インダクタンスがないので，本質的に，逆起電力と同相電流（トルク電流であり有効電力成分）です（励磁は永久磁石で作る）．d軸電流はゼロに制御し，速度指令やトルクに追従するようにq軸電流を制御します．図18に永久磁石モータの制御ブロック図を示します．回転座標変換することで，直流信号として扱えるので，回転座標変換から左側は直流機と同じ制御ブロック図になります．つまり，交流機なのにあたかも直流機のように制御でき，直流機並みの制御性能が得られます．また，三相系統連系インバータの制御も図17と同じブロック制御できます．磁極位置が電源位相に置き換わり，速度制御の代わりに直流電圧制御（その際は直流電圧をフィードバックします）に，トルク指令が有効電力指令に置き換わるだけです．

● さらなる大容量の世界

これまで数kWクラスの技術を中心に解説してきま

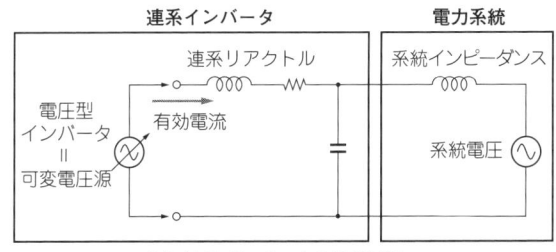

(c) 連系インバータの等価回路

したが，数十kW，数百kWになっても基本的には変わりません．ただ，最も難しくなってくるのは実装の技術です．数百kWから数千kWの世界では，電圧も200V，400Vではなく，3.3kVや6.6kVの世界になります．電圧が高くなると，絶縁距離を確保する必要があります．また，大電流化に対応するには，スイッチング素子を並列に並べないといけません．さらに同じ効率でも電力損失が大きくなるので，それを冷やす放熱器も大型化します．例えば，1000kWの装置では効率99%でも10kWもの熱を冷やさないといけません．

これらは寄生インダクタンスや浮遊キャパシタンスを極力小さくしなくてはならないのに，相反することとなります．寄生インダクタンスや浮遊キャパシタンスに蓄えられるエネルギーは，電流や電圧の2乗に比例するので，10kWと100kWのコンバータでは実装技術は10倍ではなく，100倍難しくなります．このようなことを考えると，大容量では数千kWクラスを一つの電力変換器で作るのではなく，数百kWクラスを並列に接続したり，結合トランスで直列接続したりしたほうが，フレキシブルでリーズナブルなシステムが実現できます．

次に制御技術を見てみましょう．大容量の世界では，制御装置のコストが主変換回路に比べて安くなりますので，制御装置にお金を掛けることができます．しかし，主回路が非常に高価だったり，社会インフラを支えるものだったりしますので，非常に高い信頼性が求められます．「とりあえずやってみよう」が通じない世界になります．小容量と同じ感覚で設計すると，トラブルが発生して夜中に呼び出されるなど，痛い目をみますので，慎重な設計と入念なシミュレーション，および検証が必要です．また場合によっては1/10や1/100ミニモデルを実際に作って主回路や制御方式の妥当性を検証します．

回転磁界とモータの回る原理

Column

　モータの原理を簡単に説明します．図Aのように固定子と回転子にそれぞれ磁石を置いて，固定子にハンドルを付けます．固定子を手で回すと，回転子がつられて回ることは想像つくと思います．ハンドルで回すと疲れるので，三相交流にやってもらいましょう．図のように120°ずつずらしてコイルを巻き，そこに三相交流電流を流します．図Bのように発生する磁力は三相分の合成になりますが，①→②→③→④と時事刻々と右回りに回転していくことがわかります．永久磁石を回転子に置けば，永久磁石(PM)モータになります．アルミの円筒を入れると，磁界中に導体があるので，誘導電流が流れます．この誘導電流により磁界ができて，回転磁界と引き合って回ります．これは誘導モータです．

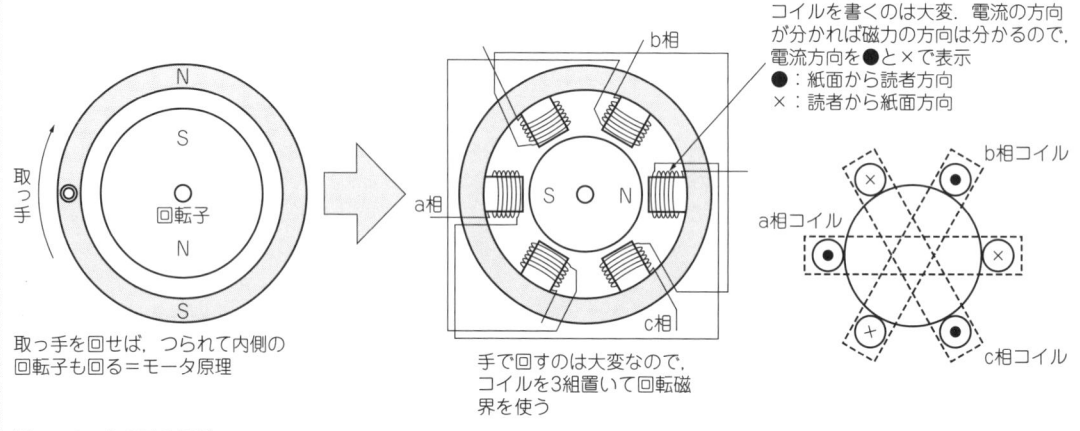

図A　モータの回る原理

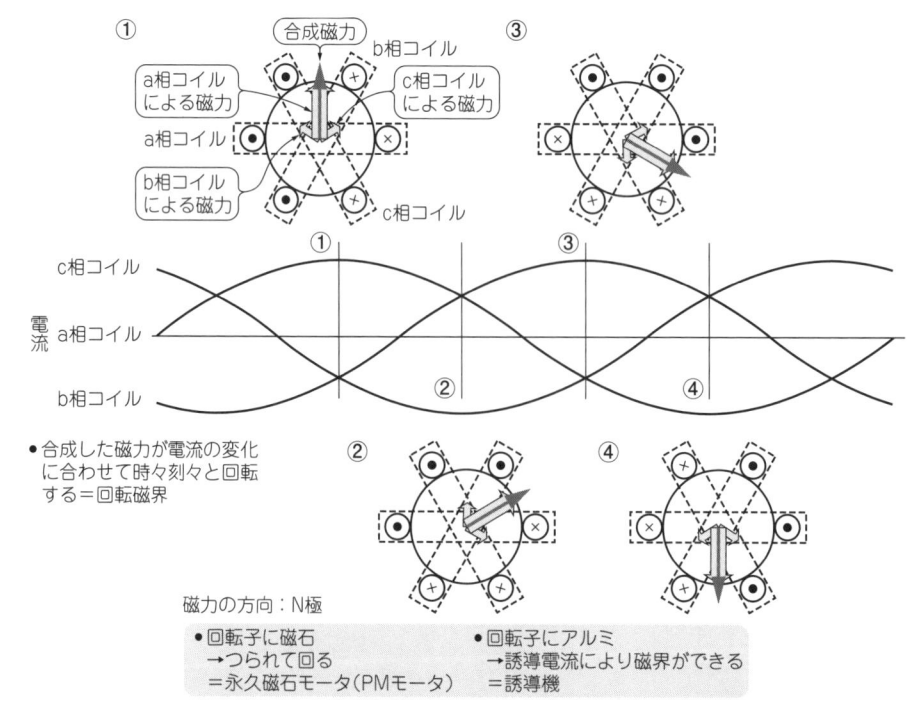

図B　回転磁界の発生の様子

- 回転子に磁石
  →つられて回る
  ＝永久磁石モータ(PMモータ)
- 回転子にアルミ
  →誘導電流により磁界ができる
  ＝誘導機

究極の交流−交流電力変換器 マトリックス・コンバータ　Column

　三相交流を入力して，好きな周波数，好きな大きさの電圧を得るには，三相整流器と三相インバータを接続すればできます．ただ，この場合，電力変換動作が2回になってしまいます．また，直流部には大きな電解コンデンサがあり，大型化や短寿命化の原因になります．もっと簡単に任意の三相交流を得る手段はないでしょうか？その一つの方法が，図Cに示すマトリックス・コンバータです．マトリックス・コンバータは三相電圧を直接，スイッチング素子でチョッピングして任意の大きさ，任意の周波数に変換します．このため，変換回数が1回でよいので，効率がよく，大型の電解コンデンサが必要ないため，小型，長寿命，その上，入力電流が制御できるので電源側高調波の問題がなく，しかも，双方向の電力制御ができるので，モータの回生電力を電源に回生でき高い省エネ効果があります．まさに究極の電力変換器です．瞬停や電源擾乱に弱かったり，電圧利用率（入力電圧と出力電圧の比）が0.866に制限されたりなど，いくつか欠点もあります．三相-三相変換の他，三相-単相，単相-単相などのバリエーションがあり，ファン，ポンプの駆動電源，風力発電や，エレベータ，バッテリ充電器（交流電源と高周波トランスの間の電力変換）などいろいろなところで応用されています．マトリックス・コンバータは高効率，小型，長寿命というこれらか時代ますます必要とされる特徴を持っていますので，今後の期待が高まっています．

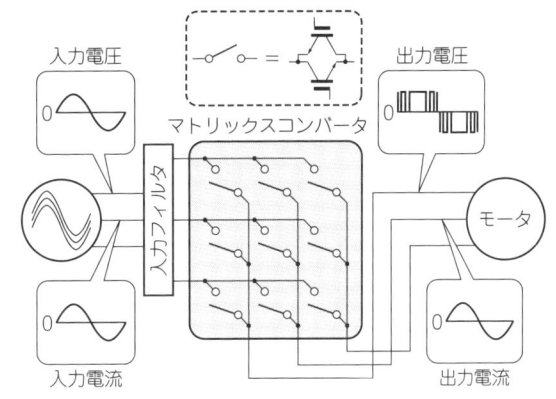

図C　究極の交流−交流電力変換器 マトリックス・コンバータ
交流電圧を直接スイッチング素子でチョッピングして出力電圧を得る．高効率，小型，長寿命の特徴がある．

14-4　最後に

　さて，これまでパワエレのディープな部分をなるべく簡単に解説してきたつもりです（ときに筆者の気持ちが入り過ぎで難しくなったところ多々ありましたが）．パワエレの教科書はたくさんあり，アナログ回路，ディジタル回路，制御理論などの専門書もたくさんあります．でもそれだけじゃ，パワエレ回路の設計／製作ができないのが，この奥深さです．

　単相の太陽光インバータを例にとって解説してきましたが，本書の本質を理解できていれば，三相システムやモータなどにも応用可能です．パワエレはもともと電力と電子と制御の融合でした．その後も世の中の発展，ニーズに合わせて，いろいろな分野と融合して，これからも発展し続けます．つまり，パワエレは「終わりなき世界」，そう Never Ending Story です．

　ここまで，偉そうなことを書いてきた著者らも，新しいことが次々に出てきますので，日々精進が必要です．我々の戦いに休息はなく，パワエレで地球環境貢献のため，昼夜問わず戦い続けるのでしょう（完）．

◆参考文献◆
(1) 電気学会：基礎電気機器学（電気学会大学講座），1984年1月，オーム社．

（初出：「トランジスタ技術」 2013年6月号）

索 引

【アルファベット】

CMRR	40
EEコア	51
EIコア	51
EMC	64
EMI	63
EMS	63
FPEG-C	118
GaN	13
IGBT	28
IPM	31
MATLAB	141
MOSFET	29
MPPT	146
P	124
PEバス	118
PI	124
PID	124
PLECS	141
PSIM	141
PSpice	141
PWM	90, 115
Saber	141
SiC	13
Simplorer	141
U字型コア	51

【あ・ア行】

アーム	89
アナログ・アウトプット	115
アナログ・インプット	113
アモルファス材	50
アレニウスの法則	48
安定性	125
位相検出	71
インバータ	16
エッジ・ワイズ巻き	51
エリア・プロダクト	144
演算装置	111
オーバーシュート	124

遅れ要素の低減	134

【か・カ行】

回転座標変換	153
外乱抑圧特性	126
カットオフ周波数	25
規格化	128
寄生インダクタンス	56
強制空冷	79
許容リプル電流	47
駆動回路	37
軽故障	72
ケイ素鋼板	50
系統連系保護	148
減衰定数	105
現代制御	99
降圧チョッパ	89
高速リカバリ・ダイオード	28
後退差分近似	130
古典制御	99
コモン・モード・フィルタ	64
コンデンサ	16, 47

【さ・サ行】

最大電力追従制御	146
サイリスタ	26
三相インバータ	90
三相交流	151
磁気カプラ	42
自然風冷	79
シミュレーション	136
重故障	71
寿命	47
瞬時値制御	23
純鉄ダスト	50
昇圧チョッパ	89
昇降圧チョッパ	90
状態遷移	130
ショットキー・バリア・ダイオード	28
指令値追従特性	125
スイッチング素子	24

スイッチング損失	26, 78	熱抵抗	74
スナバ	60	熱流体解析ソフトウェア	85
制御技術	19	ノイズ	63
制御帯域	125	【は・ハ行】	
制御理論	97	ハーフ・ブリッジ・インバータ	90
整流ダイオード	28	ハイ・サイド・ドライバ	39
絶縁技術	16, 34	パルス伝達関数	130
セラミック・コンデンサ	49	パルス・トランス	38
前進差分近似	130	パルス幅変調	90
センダスト	50	パレート・フロント・カーブ	145
双一次近似	130	パワーエレクトロニクス	4
双対回路	93	ヒートシンク	79
ソフト・リカバリ	33	微小オンパルス・リカバリ	33
【た・タ行】		比例積分微分補償器	124
ダイオード	27	比例積分補償器	124
太陽光発電	14	比例補償器	124
ダスト・コア	50	ファン	81
単相交流	151	フィードバック制御	100
単独運転状態	148	フィードフォワード補償	128
ダンピング・ファクタ	105	フィルタ	15
直流電圧補償	141	フィルム・コンデンサ	49
チョッパ	15, 87	フェライト・コア	50
通信ポート	116	フォトカプラ	40
ディジタル・アウトプット	113	浮遊キャパシタンス	60
ディジタル・インプット	112	フル・ブリッジ・インバータ	90
ディジタル制御系	133	ブロック線図	103
定常位置偏差	125	フロント・ローディング	144
定常加速度偏差	125	放射ノイズ	64
定常速度偏差	125	ボード線図	102
定常偏差	125	【ま・マ行】	
デッド・タイム	91	マイナ・ループ	135
電圧源	16	マトリックス・コンバータ	157
電圧検出	67	モジュール	30
電解コンデンサ	48	【や・ヤ行】	
伝達関数	103	誘導ノイズ	64
伝導ノイズ	64	【ら・ラ行】	
電流源	16	リアクトル	16, 50
電流検出	69	リカバリ損失	28
電力変換	18, 24, 86	離散時間系	133
導通損失	26, 77	リッツ線	51
銅バー	59	リプル	53
トロイダル・コア	51	冷却技術	17, 74
【な・ナ行】		レグ	89
ナノ結晶軟磁性合金	50	連続時間系	133

■執筆者紹介

伊東淳一（いとう・じゅんいち）

1972年1月生まれ．東京都立高専から長岡技術科学大学に編入．
1996年3月，同大学修士課程修了．同年4月，富士電機(株)入社．博士(工学)．
2004年4月，長岡技術科学大学電気系准教授．
パワエレの研究室に高専4年(18才)から入り，大学でもパワー研(高橋研)に所属．
会社でもパワエレ製品開発，そして大学に戻ってもパワエレ．気がつけばこの世界にもう20年以上．第63回電気学術振興賞進歩賞受賞ほか受賞多数．

伊東洋一（いとう・よういち）

1966年2月東京蒲田生まれ．東京都立高専卒業後，
1990年3月長岡技術科学大学より修士号，2007年6月東京工業大学より博士号を取得．
サンケン電気(株)にて，パワエレ製品の研究開発に従事，制御理論とパワエレの融合に魅せられる．その後，UPS製品の開発に携わり製品ノウハウを学ぶとともに楽しさと厳しさを知る．

■イラスト・マンガ作者紹介

いとう ころやす

小学生の頃からマンガが好き．
毎日マンガやイラストを，描いたり読んだりして暮らしたいと思っていたら実現．
主に子供向けドリルにマンガやイラストを執筆．
現在，絵本準備中．
今回パワエレジャンルに出会えて世界の広さを知る．
twitter@itoukoroyasu

●**本書記載の社名，製品名について** ── 本書に記載されている社名および製品名は，一般に開発メーカーの登録商標または商標です．なお，本文中では™，®，©の各表示を明記していません．

●**本書掲載記事の利用についてのご注意** ── 本書掲載記事は著作権法により保護され，また産業財産権が確立されている場合があります．したがって，記事として掲載された技術情報をもとに製品化をするには，著作権者および産業財産権者の許可が必要です．また，掲載された技術情報を利用することにより発生した損害などに関して，CQ出版社および著作権者ならびに産業財産権者は責任を負いかねますのでご了承ください．

●**本書に関するご質問について** ── 文章，数式などの記述上の不明点についてのご質問は，必ず往復はがきか返信用封筒を同封した封書でお願いいたします．勝手ながら，電話でのお問い合わせには応じかねます．ご質問は著者に回送し直接回答していただきますので，多少時間がかかります．また，本書の記載範囲を越えるご質問には応じられませんので，ご了承ください．

●**本書の複製等について** ── 本書のコピー，スキャン，デジタル化等の無断複製は著作権法上での例外を除き禁じられています．本書を代行業者等の第三者に依頼してスキャンやデジタル化することは，たとえ個人や家庭内の利用でも認められておりません．

JCOPY〈出版者著作権管理機構委託出版物〉
本書の全部または一部を無断で複写複製（コピー）することは，著作権法上での例外を除き，禁じられています．本書からの複製を希望される場合は，出版者著作権管理機構（TEL：03-5240-5088）にご連絡ください．

パワーエレクトロニクス技術教科書

編 集	トランジスタ技術SPECIAL編集部	2014年1月1日	初版発行
発行人	小澤 拓治	2022年5月1日	第5版発行
発行所	CQ出版株式会社	©CQ出版株式会社 2014	
	〒112-8619 東京都文京区千石4-29-14	（無断転載を禁じます）	
電 話	編集 03-5395-2148	定価は裏表紙に表示してあります	
	販売 03-5395-2141	乱丁，落丁本はお取り替えします	
		DTP・印刷・製本 三晃印刷株式会社	
ISBN978-4-7898-4925-8		Printed in Japan	